資產評估
以中國為例

楊芳、劉鑫春、陳平生
編著

前 言

資產評估學是高等院校會計學、財務管理、金融學和審計學的一門專業主幹課程，也是經管類專業開設的一門專業核心課。

資產評估行業作為一個獨立的社會仲介行業，有著上百年的歷史。資產評估行業在維護多元化主體利益、促進經濟全球化、維護市場公共利益、保證證券和金融等資本市場穩定、維持稅源和財政收入穩定、服務於公共財政等領域發揮了至關重要的作用。

資產評估學是為維護產權交易各方權益，保證資產營運機制有效運行而建立的一門新興的應用性學科。該學科以市場經濟中的產權活動所涉及的資產評估行為的基本原理及其變化規律為基本研究對象，是把資產評估思想和方法與會計、審計融為一體的一門新興的綜合性學科，是現代企業管理和決策研究的新方向。資產評估以技術經濟分析為基礎，針對特定的評估目的，結合財務管理理論對資產在某一時點的價值進行評定估算。

本書共12章，內容包括總論、資產評估價值類型、資產評估途徑與方法、資產評估程序、房地產評估、機器設備評估、流動資產評估、無形資產評估、長期投資性資產評估、企業價值評估、資產評估報告、資產評估主體與行業管理。

為了適應現代經濟發展及學生就業的需求，本教材有以下幾個特色：

1. 每一章的開始設置案例導入。讓學生帶著問題去學習，可激發學生的求知欲，學習更有針對性。

2. 每一章結束後布置練習題強化記憶，布置實訓項目提高學生解決實際問題的能力。

3. 創新實用：

（1）內容更有吸引力。教材中有較多貼近現代生活的經典案例，知識來源於生活並服務於生活。

（2）內容更易吸收。每個知識點設置一個情景，學生記住的不僅是知識點本身，更有知識的用途。

（3）內容更實用。每章結束後都有實訓項目，可提升學生的實踐能力，做中學。

（4）符合應用型本科學生人才培養目標要求，充分結合就業市場需求，提高學生動手能力，真正地讓學生學以致用。

由於編寫時間較短，加上編者水準有限，書中不足之處在所難免，敬請廣大讀者不吝指正，以便編者再版時進行修改和完善。

編者

目 錄

第 1 章　總論 (1)
案例導入 (1)
1.1　資產評估的基本概念 (3)
1.2　資產評估及其特點 (4)
1.3　資產評估的目的 (6)
1.4　資產評估的假設與原則 (7)
課後練習 (8)

第 2 章　資產評估價值類型 (12)
案例導入 (12)
2.1　價值類型理論與資產評估目的 (13)
2.2　資產評估的價值類型及其分類 (16)
2.3　價值類型選擇與資產評估目的等相關條件的關係 (20)
課後練習 (27)

第 3 章　資產評估途徑與方法 (29)
案例導入 (29)
3.1　市場途徑 (29)
3.2　收益途徑 (35)
3.3　成本途徑 (38)
3.4　評估途徑及方法的選擇 (43)
實訓　收益法評估實訓 (44)
課後練習 (46)

第 4 章　資產評估程序 (51)
案例導入 (51)

4.1　資產評估程序及其重要性 ………………………………………… (51)
　　4.2　資產評估的具體程序 ……………………………………………… (53)
　　課後練習 …………………………………………………………………… (62)

第 5 章　房地產評估 …………………………………………………… (65)

　　案例導入 …………………………………………………………………… (65)
　　5.1　房地產評估概述 …………………………………………………… (65)
　　5.2　市場途徑在房地產評估中的應用 ………………………………… (72)
　　5.3　成本途徑在房地產評估中的應用 ………………………………… (86)
　　5.4　收益途徑在房地產評估中的應用 ………………………………… (96)
　　5.5　其他評估技術方法在房地產評估中的應用 ……………………… (106)
　　實訓 1　房屋、建築物評估技能與技巧實訓 ………………………… (111)
　　實訓 2　土地評估技能與技巧實訓 …………………………………… (112)
　　實訓 3　工業用房評估實訓 …………………………………………… (114)
　　課後練習 …………………………………………………………………… (115)

第 6 章　機器設備評估 ………………………………………………… (122)

　　案例導入 …………………………………………………………………… (122)
　　6.1　機器設備評估概述 ………………………………………………… (123)
　　6.2　成本法在機器設備評估中的應用 ………………………………… (133)
　　6.3　市場法在機器設備評估中的應用 ………………………………… (159)
　　6.4　收益法在機器設備評估中的應用 ………………………………… (166)
　　課後練習 …………………………………………………………………… (167)

第 7 章　流動資產評估 ………………………………………………… (172)

　　案例導入 …………………………………………………………………… (172)
　　7.1　流動資產評估概述 ………………………………………………… (172)
　　7.2　實物類流動資產評估 ……………………………………………… (175)

  7.3 債權類及貨幣類流動資產評估 …………………………………（183）
  7.4 流動資產評估典型案例分析 ……………………………………（187）
  實訓 流動資產評估實訓 …………………………………………（191）
  課後練習 …………………………………………………………………（192）

第 8 章 無形資產評估 ……………………………………………………（193）

  案例導入 …………………………………………………………………（193）
  8.1 無形資產評估概述 ……………………………………………（193）
  8.2 收益途徑在無形資產評估中的應用 …………………………（198）
  8.3 成本途徑在無形資產評估中的應用 …………………………（203）
  8.4 市場途徑在無形資產評估中的應用 …………………………（206）
  實訓 1 企業商標權評估實訓 ……………………………………（207）
  實訓 2 企業商譽價值評估實訓 …………………………………（208）
  課後練習 …………………………………………………………………（209）

第 9 章 長期投資性資產評估 ……………………………………………（211）

  案例導入 …………………………………………………………………（211）
  9.1 長期投資評估概述 ……………………………………………（211）
  9.2 長期債權投資評估 ……………………………………………（213）
  9.3 長期股權投資評估 ……………………………………………（215）
  9.4 長期投資評估典型案例 ………………………………………（221）
  實訓 長期投資性資產評估實訓 …………………………………（223）
  課後練習 …………………………………………………………………（224）

第 10 章 企業價值評估 ……………………………………………………（225）

  案例導入 …………………………………………………………………（225）
  10.1 企業價值評估及其特點 ………………………………………（225）
  10.2 企業價值評估的基本程序 ……………………………………（231）

10.3　企業價值評估的範圍界定 …………………………………（232）
　　10.4　轉型經濟與企業價值評估 …………………………………（234）
　　10.5　收益途徑在企業價值評估中的應用 ………………………（236）
　　10.6　市場途徑在企業價值評估中的應用 ………………………（248）
　　10.7　資產基礎途徑在企業價值評估中的應用 …………………（252）
　　實訓　企業淨資產價值評估實訓 ………………………………（253）
　　課後練習 …………………………………………………………（254）

第 11 章　資產評估報告 ……………………………………………（256）

　　案例導入 …………………………………………………………（256）
　　11.1　資產評估結果 ………………………………………………（257）
　　11.2　資產評估報告制度 …………………………………………（258）
　　11.3　資產評估報告書的製作 ……………………………………（262）
　　11.4　資產評估報告的使用 ………………………………………（281）
　　課後練習 …………………………………………………………（284）

第 12 章　資產評估主體與行業管理 ………………………………（289）

　　12.1　資產評估主體及其分類 ……………………………………（289）
　　12.2　資產評估師職業資格制度和資產評估機構執業資格制度 ………（290）
　　12.3　資產評估行業規範體系 ……………………………………（294）
　　12.4　中國資產評估的政府管理與行業自律管理 ………………（302）
　　課後習題 …………………………………………………………（304）

第1章 總論

案例導入

紅光實業事件引發的評估問題

　　紅光實業是成都紅光實業股份有限公司的簡稱。1992年經成都市體改委批准，由原國營紅光電子管廠和其他三家機構共同組建而成。1997年6月經中國證監會批准，在上海證券交易所上市，並以每股6.05元的價格向社會公眾發行7,000萬股社會公眾股，實際籌得4.1億元資金。招股說明書中披露了紅光公司經會計師事務所審核的盈利預測數字：1997年全年淨利潤為7,055萬元，每股稅後利潤為0.306元。1997年報披露虧損1.98億元、每股收益為-0.86元。紅光公司於1997年上市，當年虧損，開中國股票市場之先河。為此，中國證監會進行了調查。

　　調查結果：

　　(1) 編造虛假利潤，騙取上市資格。

　　紅光公司在股票發行上市申報材料中稱1996年度盈利5,000萬元。經查實，紅光公司通過虛構產品銷售、虛增產品庫存和違規帳務處理等手段，虛報利潤15,700萬元，1996年實際虧損10,300萬元。

　　(2) 少報虧損，欺騙投資者。

　　紅光公司上市後，在1997年8月公布的中期報告中，將虧損6,500萬元虛報為淨盈利1,674萬元，虛構利潤8,174萬元；在2008年4月公布的1997年年度報告中，將實際虧損22,952萬元（相當於募集資金的55.9%）披露為虧損19,800萬元，少報虧損金額3,152萬元。

　　(3) 隱瞞重大事項。

　　紅光公司在股票發行上市申報材料中，對其關鍵生產設備彩玻池爐廢品率上升，不能維持正常生產的重大事實未做任何披露（黑白玻殼生產線池爐大修，停產8個月，已屬淘汰設備；彩色玻殼生產線池爐也無法正常運轉）。

　　(4) 未履行重大事件的披露義務。

　　紅光公司在招股說明書中稱「募集資金將全部用於擴建彩色顯像管生產線項目」。經查實，紅光公司僅將41,020萬元募集資金中的6,770萬元（占募集資金的16.5%）投入招股說明書中所承諾的項目，其餘大部分資金被改變用途，用於償還境內外銀行貸款，填補公司的虧損。紅光公司改變募集資金用途屬於重大事件，但該公司對此卻未做披露。

處理結果：

2008年10月，中國證監會對紅光實業、承銷商、上市推薦人、會計師事務所、資產評估事務所、財務顧問公司、律師事務所及直接責任人員均做出了處罰。其中對紅光實業股份有限公司的具體處罰是：沒收紅光公司非法所得450萬元並罰款100萬元；認定主要責任人為證券市場禁入者，永久性不得擔任任何上市公司和證券業務機構的高級管理人員職務；對其他責任人分別處以警告處罰。對成都資產評估事務所的處罰是：沒收非法所得10萬元並罰款20萬元，暫停證券類業務資格。

處罰依據：

（1）紅光集團在招股說明書中存在財務詐欺行為。

（2）對最終引發企業經營和財務危機的彩玻池爐超期服役、帶病運轉問題進行了刻意隱瞞。

申訴重點：

第一，紅光集團的刻意隱瞞使得一些仲介機構出具了包含虛假內容的文件。

第二，一些法律文件是在專業機構鑒定結果的基礎上出具的，責任應由專業機構來承擔。

申訴理由：

（1）1997年3月，在規範紅光公司1992年資產評估報告時，補入了部分土地價值，依據的是國有資產管理局〔1993〕60號文件和中國證監會〔1997〕2號文件的規定。兩個規定要求上市公司必須將土地價值納入資產評估報告書中，否則有損國家權益。

（2）與1992年的資產評估報告書相比，規範後的報告書中的總資產增加了16%的土地價值，但所列明的資產是真實的、實在的，價值總額反應了1992年資產的本來面貌，不存在虛假，不會對投資者產生誤導。

（3）規範後的報告書中沒有對這一情況予以披露，是由於疏忽。事務所認為，規範修正後的資產評估報告書已經國資主管部門確認並公告使用，原報告書應自然作廢。

（4）規範修改後的資產評估報告書仍用原報告書的文號和時間，是根據中國證監會〔1996〕12號文件「股份有限公司在籌建時，已依法進行過資產評估的，在公開發行股票時，一般不再需要進行資產評估」的規定和《資產評估操作規範意見》中「一個評估項目只能有一個評估基準日」的規定。這種做法既遵守了「不再進行評估」的規定，又遵守了「一個項目只能有一個基準日」的規定。

問題1：評估基準日的不同對資產價值有何影響？

問題2：鑒定資料真實性是否是評估師的責任？

資料參考來源：李江，洪青. 金融學案例教程［M］. 杭州：浙江大學出版社，2010：177.

1.1 資產評估的基本概念

1.1.1 會計學中的資產概念

會計學中的資產定義是：資產是指從企業過去的交易或者事項形成的、由企業擁有或者控制的、預期會給企業帶來經濟利益的資源。

這個定義具有以下幾個特點：
(1) 資產是由過去的交易或者事項形成的。
(2) 資產是由企業擁有或者控制的資源。
(3) 資產預期會給企業帶來經濟利益。

1.1.2 評估學中的資產概念

(1) 與資產相關的概念。

①財產。財產一般是指金錢、財物及民事權利義務的總和。財產既是一個經濟概念，又是一個法律概念。

②財富。財富一般是指具有價值的東西，與財產相比，財富的含義更抽象一些，可指有形的實物，也可指無形的權利；可指物質的領域，也可指精神的領域。

③資源。資源有多種解釋，一般來講，可以從廣義和狹義兩個方面去理解。廣義的資源包括自然資源、經濟資源和人文社會資源等；狹義的資源，僅指自然資源。一般來說，資源都會給人類帶來預期的經濟利益，從這點來看，資源與資產的含義相同。但如果有的資源的使用價值尚未被發現，或發現後尚不能被當時的科學技術所開發利用，那麼，這些資源便不能被稱為資產，因為它們還不能被確定為可以在較短的未來時期內給人類帶來經濟利益。

(2) 評估學中的資產概念。

①評估學中廣義的資產定義。資產是具有一定稀釋性、目前能夠被開發利用的資源以及相關的權利。該定義具有以下幾個特點：

第一，具有一定的稀缺性。

第二，目前能夠被開發利用。

第三，相關的權利。

②評估學中狹義的資產定義。資產是實體或個人所擁有或控制的、能以貨幣計量的、能夠帶來預期經濟利益的資源。該定義具有以下幾個特點：

第一，採用了實體的概念。

第二，採用了個人的概念。

第三，能以貨幣計量。

從以上可見，評估學中資產概念的含義比會計學中資產概念的含義要廣得多，會計學中的資產概念目前僅限於經濟實體中企業組織所擁有的資源。

1.2　資產評估及其特點

1.2.1　資產評估及其相關概念

1.2.1.1　資產評估概念

資產評估是指通過對資產某一時點價值的估算，從而確定其價值的經濟活動。資產評估是專業機構和人員按照國家法律、法規和資產評估準則，根據特定目的，遵循評估原則，依照相關程序，選擇適當的價值類型，運用科學的方法對資產價值進行分析、估算並發表專業意見的行為和過程。

1.2.1.2　資產評估的構成

資產評估主要由六大要素組成，即資產評估的主體、客體、特定目的、程序、價值類型和方法。資產評估的各要素是整體的有機組成部分，它們之間相互依託，相輔相成，缺一不可，而且它們也是保證資產評估價值的合理性和科學性的重要條件。

1.2.2　資產評估的種類和特點

1.2.2.1　資產評估的種類

（1）從資產評估服務的對象、評估的內容和評估者承擔的責任等角度看，目前國際上的資產評估主要分為三類：

①評估。評估類似中國目前廣泛進行的有關產權變動和交易服務的資產評估。它一般服務於產權變動主體。

②評估復核。評估復核是指評估機構對其他評估機構出具的評估報告進行的評判分析和再評估。

③評估諮詢。評估諮詢是一個較為寬泛的術語。它既可以是評估人員對特定資產的價值提出的諮詢意見，也可以是評估人員對評估標的物的利用價值、利用方式、利用效果的分析和研究以及與此相關的市場的分析、可行性研究等。

（2）從評估面臨的條件、評估執業過程中遵循資產評估準則的程度及其對評估報告披露要求的角度，資產評估又可分為：

①完全資產評估。嚴格遵守資產評估準則的規定進行的資產評估。

②限制性資產評估。沒有完全按照資產評估準則的規定進行的資產評估，需要做更為詳盡的說明和披露。

（3）從資產評估對象的構成和獲利能力的角度看，資產評估還可分為單項資產評估和整體資產評估。

①單項資產評估：對單項可確指資產的評估。

②整體資產評估：若干單項資產綜合體所具有的整體生產能力或獲利能力的評估。如企業價值評估。

1.2.2.2 資產評估的特點

(1) 市場性。
①根據資產業務的不同性質，通過模擬市場條件對資產價值做出評定估算和報告。
②評估結果經得起市場檢驗。
(2) 公正性。
①公正性是指資產評估行為服務於資產業務的需要，而不是服務於資產業務當事人的任何一方的需要。
②公正性的表現有兩點：一是資產評估是按照公允、法定的準則和規程進行的，具有公允的行為規範和業務規範，這是公正性的技術基礎；二是評估人員通常是與資產業務沒有利害關係的第三者，這是公正性的組織基礎。
(3) 專業性。
①從事資產評估業務的機構應由一定數量和不同類型的專家及專業人士組成。
②評估機構及其評估人員對資產價值的估計判斷是建立在專業技術知識和經驗的基礎之上的。
(4) 諮詢性。
①資產評估結論為資產業務提供專業化估價意見，這個意見本身並無強制執行的效力。
②評估者只對結論本身合乎職業規範要求負責，而不對資產業務定價決策負責。

1.2.3 資產評估的功能和作用

1.2.3.1 資產評估的功能

資產評估最基本的內在功效和能力是評價和評值。

1.2.3.2 資產評估的基本作用

(1) 諮詢的作用。
諮詢的作用是指資產評估結論為資產業務提供專業化估價意見，該意見本身並無強制執行的效力。
(2) 管理的作用。
管理的作用是特定歷史時期的特定作用，不是與生俱有的。它是中國特定歷史時期的產物，此作用現在已經消失。
(3) 鑒證的作用。
鑒證包含鑑別和舉證兩個部分，資產評估從事的是價值鑒證，而不是權屬鑒證。

1.3 資產評估的目的

1.3.1 資產評估的一般目的和特殊目的

資產評估的一般目的是為資產交易當事人雙方提供擬交易資產的市場公允價值。

資產評估的特定目的是通過評估活動滿足不同經濟業務的要求，由於經濟業務不同，對評估結果的要求也不同。

1.3.2 引起資產評估的經濟事項

引起資產評估特定目的的經濟行為主要有：
（1）資產轉讓，即特定主體有償轉讓其擁有的資產的經濟行為。
（2）企業兼併，即一個企業被另一個企業接辦，並使被接辦的企業喪失法人資格或改變法人主體的經濟行為。
（3）企業出售，即企業整體產權被出售的經濟行為。
（4）企業聯營，即企業與企業之間相互投入成立聯合經營實體的經濟行為。
（5）股份經營，即出資人投資入股企業自主經營並按股分紅的經濟行為。
（6）中外合資合作。
（7）企業清算。
（8）抵押。
（9）擔保。
（10）企業租賃。

1.3.3 資產評估的特定目的在資產評估中的地位和作用

（1）資產評估特定目的是由引起資產評估的特定經濟行為所決定的，它對評估結果的性質、價值類型都有重要的影響。

資產評估特定目的不僅是資產評估活動的起點，而且還是資產評估活動所要達到的目標。它是評估時必須首先明確的基本事項。

（2）資產評估特定目的是界定評估對象的基礎。

（3）資產評估特定目的對於資產評估的價值類型選擇具有約束作用。

資產評估結果的價值類型要與資產評估的特定目的相適應，但是評估的時間、地點、評估時的市場條件、資產業務各當事人的狀況以及資產的自身狀態等都可能對資產評估結果的價值類型產生影響。

1.4 資產評估的假設與原則

1.4.1 資產評估的假設

1.4.1.1 交易假設

交易假設是指假定被估資產處在交易過程中，評估人員根據交易條件對被估資產進行作價評估。

1.4.1.2 公開市場假設

公開市場假設是指一個自由競爭的市場，在這個市場中，交易雙方進行交易的目的都是最大限度地追求經濟利益，並掌握必要的市場信息，有較充分的時間進行考慮，具有必要的有關交易對象的專業知識，交易雙方的交易行為都是自願的，交易條件公開並不受限制。

1.4.1.3 持續使用假設

持續使用假設是指假定被估資產將按現有的用途繼續使用或能轉換用途繼續使用。

1.4.1.4 清算假設

清算假設是資產評估中的一種特殊假設。由於被評估資產需要強制出售或快速變現，因此，在評估時不能再採用持續使用假設。又由於在這種狀態下交易雙方的地位不平等，因此又不能再採用公開市場假設。由此可見，清算假設是一種特殊情況下的特殊假設。

1.4.2 資產評估的原則

資產評估的原則是規範評估行為與調整相關各方面關係的準則，它包括兩個層次的內容，即資產評估的工作原則和資產評估的經濟原則。

1.4.2.1 資產評估的工作原則

資產評估的工作原則是針對資產評估機構開展評估工作而言的。

（1）科學性原則。科學性原則是指在資產評估過程中，必須根據評估的特定目的，選擇適用的價值類型和方法，制定科學的評估實施方案，使資產評估結果科學、合理。資產評估工作的科學性不僅在於方法本身，更重要的是必須嚴格與價值類型相匹配，價值類型的選擇要以評估的特定目的為依據。

科學性原則還要求資產評估程序科學、合理。資產評估業務不同，其評估程序也有繁簡的差異。在評估工作中，應根據評估本身的規律性和國家的有關規定，結合資產評估的實際情況，確定科學的評估程序。這樣做既節約人力、物力和財力，降低評估成本，又提高了評估效果，保證了評估工作的順利進行。

（2）客觀性原則。客觀性原則是指評估結果應以充分的事實為依據。包括三層含

義：①評估對象客觀存在；②評估中採用的數據和指標等是客觀的，即有一定的依據和來源；③評估結論經得起檢驗。

（3）專業性原則。專業性原則要求資產評估機構必須是提供資產評估服務的專業技術機構。資產評估機構必須擁有一支由懂資產評估業務和精通工程、技術、行銷、財務會計、法律、經濟管理等多學科知識的專家隊伍組成。這支專業隊伍的成員必須具有良好的教育背景、紮實的專業知識和豐富的經驗，這是確保資產評估方法正確、評估結果公正的技術基礎。此外，專業性原則還要求資產評估行業內部存在專業技術競爭，以便為委託方提供廣闊的選擇餘地。這是確保資產評估公平的市場條件。

（4）可行性原則。資產評估的可行性是指在不違背執業標準的前提下，結合考慮資產評估的技術和經濟等因素，採用適當的、可行的評估方法進行評估。

1.4.2.2 資產評估的經濟原則

資產評估經濟原則是針對資產評估作價而言的。

（1）預期收益原則。預期收益原則是指資產價值的高低主要取決於該項資產為其主體帶來預期收益的大小。

預期收益原則是以技術原則的形式概括出資產及其價值的最基本的決定因素。資產價值的高低主要取決於給他的所有者預期的收入的高低，收入越多價值越高。

（2）供求原則。供求原則是指資產價值的高低受供求關係的影響。

（3）貢獻原則。貢獻原則是指某一資產或某一資產的組成部分，其價值高低取決於它對整體資產的價值貢獻。

貢獻原則是預期收益原則的一種具體化。貢獻原則主要適用於構成某整體資產的各組成要素資產的貢獻，或者是當整體資產缺少該項要素資產將蒙受的損失。

（4）替代原則。替代原則是指被估資產的價值不能高於在市場上可以找到的同類替代品的價值。

（5）評估時點原則。評估基準日為資產評估提供了一個時間基準。該原則要求資產評估必須要有評估基準日，評估值就是評估基準日的資產價值。

課後練習

一、單項選擇題

1. 從資產交易各方利用資產評估結論的角度看，資產評估結果具有（　　）。
   A. 現實性　　　　　　　　　　B. 諮詢性
   C. 公正性　　　　　　　　　　D. 市場性

2. （　　）是資產評估業務的基礎，決定了資產價值類型的選擇，並在一定程度上制約著評估途徑的選擇。
   A. 評估目的　　　　　　　　　B. 評估方法
   C. 評估規程　　　　　　　　　D. 評估對象

3. 以下屬於法定評估的資產業務是（　　）。
   A. 企業租賃　　　　　　　　B. 抵押貸款
   C. 國家徵用不動產　　　　　D. 資產清算
4. 資產評估是判斷資產價值的經濟活動，評估價值是資產的（　　）。
   A. 時期價值　　　　　　　　B. 時點價值
   C. 階段價值　　　　　　　　D. 時區價值
5. 根據財政部 2002 年 1 月 1 日公布的《國有資產評估管理若干問題的規定》，佔有單位有（　　）行為的，可以不進行資產評估。
   A. 以非貨幣資產對外投資
   B. 整體或部分改建為有限責任公司或者股份有限公司
   C. 行政事業單位下屬的獨資企業之間的資產轉讓
   D. 確定涉訟資產價值
6. 按存在形態可以將資產分為（　　）。
   A. 可確指資產和不可確指資產　　B. 固定資產和流動資產
   C. 有形資產和無形資產　　　　　D. 單項資產和整體資產
7. 資產評估的主體是指（　　）。
   A. 被評估資產佔有人　　　　B. 被評估資產
   C. 資產評估委託人　　　　　D. 從事資產評估的機構和人員
8. 以下表述不符合資產評估科學性原則的是（　　）。
   A. 必須根據評估的特定目的選擇適用的價值類型和方法
   B. 評估的特定目的必須與價值類型相匹配
   C. 特定的資產業務可採用多種評估方法
   D. 特定的資產業務可採用多種價值類型
9. 資產評估的（　　）是指資產評估的行為服務於資產業務的需要，而不是服務於資產業務當事人的任何一方的需要。
   A. 公正性　　　　　　　　　B. 市場性
   C. 諮詢性　　　　　　　　　D. 專業性
10. 下列選項中不符合資產評估中確認資產標準的是（　　）。
    A. 控制性　　　　　　　　　B. 有效性
    C. 稀缺性　　　　　　　　　D. 市場性

二、多項選擇題

1. 資產評估中的資產具有的基本特徵是（　　）。
   A. 由過去的交易和事項形成的　　B. 能夠以貨幣衡量
   C. 由特定權利主體擁有或控制的　D. 能給其特定主體帶來未來經濟利益
   E. 有形的
2. 資產評估中確認資產的標準有（　　）。
   A. 現實性　　　　　　　　　B. 有效性

C. 稀缺性 D. 合法性
E. 市場性

3. 根據被評估資產能否獨立存在進行分類，資產可分為（　　）。
   A. 整體資產 B. 可確指資產
   C. 單項資產 D. 不可確指資產
   E. 有形資產

4. 根據財務會計制度規定與被評估資產的工程技術特點進行分類，資產可以分為（　　）。
   A. 在建工程 B. 無形資產
   C. 流動資產 D. 不動產
   E. 長期投資

5. 下列原則中，屬於資產評估工作原則的是（　　）。
   A. 科學性原則 B. 獨立性原則
   C. 客觀性原則 D. 貢獻性原則
   E. 替代原則

6. 資產評估的現實性表現在（　　）。
   A. 資產評估是在當前條件下進行的
   B. 資產評估以現實存在的資產作為估價的依據
   C. 資產評估強調客觀存在
   D. 資產評估以現實狀況為基礎反應未來
   E. 資產評估是客觀的

7. 資產評估的科學性原則要求（　　）。
   A. 評估程序要結合具體業務的實際情況，盡量降低評估成本，提高評估效率
   B. 評估結果應以充分的事實為依據
   C. 評估標準的選擇應以特定評估目的為依據
   D. 評估方法的選擇要受到可利用的條件、數據以及被評估資產的理化狀態的制約
   E. 以科學的態度制定評估方案

8. 在資產評估價值類型確定的情況下，資產評估方法選擇具有（　　）。
   A. 多樣性 B. 替代性
   C. 唯一性 D. 隨意性
   E. 科學性

9. 涉及國有資產屬於必須進行資產評估的資產業務有（　　）。
   A. 企業經營，產成品出售 B. 資產轉讓，企業清算
   C. 企業所有權與經營權分離 D. 企業兼併，企業出售
   E. 中外合資、合作

10. 資產評估的公正性表明資產評估具有（　　）。
    A. 技術基礎 B. 程序基礎

C. 思想基礎　　　　　　　　D. 組織基礎
E. 道德基礎

三、判斷題

1. 諮詢性使資產評估結論常用於財產訴訟和政府對財產的徵用和管理。（　）
2. 企業的借入資產不可納入被評估資產的範圍，因為企業不擁有其所有權。（　）
3. 政府發布的經濟信息也是一種經濟資源，具有為企業帶來經濟利益的潛力，因而也是資產評估的對象。（　）
4. 根據權益的性質，整體資產評估對象可以分為：控制權益、投資權益、所有者權益。其中，投資權益包括所有者投資和負債投資，能較好地反應企業穩定的生產能力，是控制權益扣除流動負債的餘額。（　）
5. 根據國際評估準則中的定義，固定資產包括有形和無形兩類。其中，無形固定資產又包括長期投資、長期應收帳款、結轉的費用、商譽、商標、專利以及類似資產。（　）
6. 為了保證資產評估的獨立性，資產評估機構收取的勞務費只與工作量相關，不與被評估資產的價值掛勾，並應受到公眾監督。（　）
7. 根據資產的法律意義分類，全部資產要素可以分為財產與合法權利。（　）
8. 若評估對象是市中心的一塊土地，按照有關規定，該塊土地可以用於建造商務辦公樓，也可以建造一般居民住宅，評估人員應依據最佳利用原則，按照前一個用途進行估價。（　）
9. 資產評估通過對資產的現時價值進行評定和估算，為各項資產業務提供公正的價值尺度。這是資產評估最基本的功能。（　）
10. 科學性原則是指資產評估機構必須是提供評估服務的專業技術機構。（　）

四、簡答題

1. 什麼是資產評估，它由哪些基本要素組成？
2. 市場經濟中，資產評估的功能有哪些？
3. 簡述資產評估的原則有哪些？
4. 資產評估對象可以依據哪些標準進行分類？

第 2 章　資產評估價值類型

案例導入

麥科特案引發的評估問題

公司簡介：

1993 年 2 月麥科特集團機電開發總公司成立，這是一家聯營公司，四家出資者為麥科特集團公司、中國對外貿易開發總公司、香港新標誌有限公司和甘肅光學儀器工業公司。1994 年更名為麥科特集團光學工業總公司；1996 年，中國對外貿易開發總公司將其持有的 30% 股權轉讓給麥科特集團。麥科特集團光學工業總公司佔有麥科特（惠州）光學機電有限公司 75% 的股份。

案件概況：

2010 年 7 月該公司在深圳交易所上市，11 月證監會立案調查。2011 年 5 月移交公安部，廣東公安廳 7 月 15 日立案偵察，7 月 16 日廣東大正聯合資產評估有限責任公司的法定代表人、副總經理因涉嫌提供虛假證明文件罪被監視，同年 11 月 6 日被逮捕。2012 年 1 月 28 日，廣東省惠州市人民檢察院指控其仲介組織人員犯有提供虛假證明文件罪，並向該市中級人民法院提起公訴。2012 年 4 月 30 日，檢察院以事實證據有變化為由撤回起訴。2012 年 6 月 3 日，檢察院再次指控其犯有提供虛假證明文件罪，向法院提起公訴。2012 年 7 月 16 日，法院開庭審理。2012 年 10 月 17 日法院做出一審判決，認定有關當事人犯有詐欺發行股票罪。當事人不服判決，提出上訴。

調查結果：

1. 虛增淨資產 1.18 億元

（1）提高進口設備報關價格 9,463 萬元：將麥科特（惠州）光學機電有限公司在 1993 年 11 月 8 日至 2008 年 12 月 18 日期間已進口的機器設備由原進口報關價格 1,345 萬元提高到 10,808 萬元，價格虛增 9,463 萬元。

（2）虛構固定資產 9,074 萬元。

（3）簽訂虛假融資租賃合同：由惠州市海關出具了內容虛假的「中華人民共和國海關對外商投資企業減免稅進口貨物解除監管證明」，從而確定上述進口設備產權歸屬麥科特（惠州）光學機電有限公司所有。

2. 虛構利潤 9,320 萬元

（1）虛開進出口發票、虛構利潤。

（2）偽造成本經營合同，增加中方利潤。

（3）簽訂虛假購銷合同，虛構銷售收入和成本。

虛構收入 30,118 萬元，虛構成本 20,798 萬元，虛構利潤 9,320 萬元。其中 1997 年虛構利潤 4,164 萬元，2008 年虛構利潤 3,825 萬元，2009 年虛構利潤 1,331 萬元。為達到上市規模，將虛構利潤轉為實收資本。

3. 虛構股東

虛構股權轉讓，將 3 家股東變為 5 家。同時還查明，在麥科特發行上市過程中，廣東大正聯合資產評估有限責任公司為其出具了嚴重失實的《資產評估報告》。

法院審理（對仲介機構）：

檢察院公訴仲介機構提供虛假證明文件罪。

理由：

1. 1999 年 1 月中下旬在麥科特酒店會議室舉行兩次仲介機構協調會，事務所參與了虛假變更、虛增資產和虛增利潤指標的預謀。

2. 被告法定代表人直接授意評估人員作假。

（1）被告法定代表人在明知企業無法提供近 10.8 億元的進口設備報關單時，只按企業補充的一份內容虛假的「中華人民共和國海關對外商投資企業減免進口貨物解除監管證明」界定產權。

（2）涉案的機器設備是以往評估工作中沒有遇到過的對融資租賃的資產的產權界定的情況，也沒有評估過相似的設備。但評估人員在明知麥科特股份有限公司資料不全面的情況下確認產權。尤其是沒有對該公司據以確認產權的重要依據解除監管證明進行調查核實，沒有規範評估導致評估報告虛假。

一審法院亦認同公訴機關的指控。2012 年 10 月 17 日判決其詐欺發行股票罪。

問題 1：誰應對評估對象的權屬界定負責？

問題 2：詢價是否是評估的必經程序？

問題 3：調整成新率就是虛增評估值嗎？

問題 4：《資產評估報告》應由誰承擔法律責任？

問題 5：誰應對委託單位提供的虛假資料承擔法律責任？

資料來源：張念群. ST-PT 與退市案例，解讀富有中國特色的股市現象［M］. 北京：經濟日報出版社，2003：93-107.

2.1　價值類型理論與資產評估目的

2.1.1　資產評估目的對價值類型的約束

資產評估目的就是資產評估所要達到的目標。資產評估的目的有資產評估的一般目的和特定目的之分。資產評估的一般目的泛指所有資產評估活動共同的目的或目標，即評估結論必須公允。資產評估的特定目的是由引起資產評估的特定經濟行為（資產

業務）對資產評估的條件約定和目標約定。資產評估目的不僅會對資產評估所要實現的具體目標具有限定作用，而且也會對具體評估項目的評估結論具有某種約定。從本質上講，評估目的對評估結論的價值定義及其類型的約束，是由引起資產評估的具體經濟事項所要形成的評估條件對評估結果具體價值表現形式的直接約束或間接約束。

2.1.1.1 資產評估的一般目的對價值類型的約束

資產評估的一般目的或資產評估的基本目標是由資產評估的性質及其基本功能決定的。資產評估作為一種專業人士對特定時點及特定條件下資產價值的估計和判斷的社會仲介活動，一經產生就具有了為委託人以及資產交易當事人提供合理的資產價值諮詢意見的功能。不論是資產評估的委託人，還是與資產交易有關的當事人，所需要的都是評估師對資產在一定時間及一定條件下資產公允價值的判斷。也就是說，不論由何原因引起，不論是什麼樣的評估對象，就資產評估的一般目的而言，資產評估結果及其價值類型或價值表現形式必須是公允的。從資產評估的角度來說，公允價值是一種相對合理的評估價值，是一種相對於當事人各方的地位、資產的狀況及資產面臨的市場條件的合理的評估價值，是評估人員根據被評估資產本身的條件及其面臨的市場條件，對被評估資產客觀交換價值的合理估計值。公允價值的一個顯著特點是，它與相關當事人的地位、資產的狀況及資產所面臨的市場條件相吻合，且並沒有損害各當事人的合法權益，也沒有損害他人的利益。資產評估中的公允價值既包含了資產評估中正常市場條件下的合理評估結果，同時也包括了資產評估中非正常市場條件下的合理評估結果。因此，資產評估的一般目的對價值類型的約束是一種原則性的約束。簡言之，就是所有的評估結果（價值類型）都要公允。

2.1.1.2 資產評估的特定目的對價值類型的約束

資產評估作為資產評估活動，總是為滿足引起資產評估的特定資產業務的需要而進行的。人們通常把引起資產評估的資產業務對評估結果用途的具體要求稱為資產評估的特定目的。由於對資產評估的資產業務各種各樣，各種資產業務對資產評估都可能存在著條件約定和目標約定。這些約束條件對評估結果的具體用途和價值定義也不盡統一。下面列舉10種能引起資產評估的資產業務，其對評估結果價值類型的要求不完全相同，如資產轉讓、企業兼併、企業出售、企業聯營、股份經營、中外合資、合作、企業清算、企業擔保、企業租賃以及債務重組。

（1）資產轉讓。資產轉讓是指資產擁有單位有償轉讓其擁有的資產，通常是指轉讓非整體性資產的經濟行為。如果沒有特殊說明，資產轉讓對評估結果的價值類型並無特別要求，評估人員可根據項目具體情況選擇評估結果的價值類型。

（2）企業兼併。企業兼併是指一個企業以承擔債務、購買、股份化和控股等形式有償接收其他產業的產權，使被兼併方喪失法人資格或改變法人實體的經濟行為。企業兼併的種類比較多，情況比較複雜。有些企業兼併活動帶有戰略性，需要從兼併方的角度或被評估資產的角度考慮評估結果的價值類型。有些企業兼併活動具有被動性，需要從被兼併方的角度考慮評估結果的價值類型。有些企業兼併活動具有整合效應，評估時需要將整合因素考慮進去，來把握評估結果的價值類型。

（3）企業出售。企業出售是指獨立核算的企業或企業內部的分廠、車間及其他整體資產產權出售的行為。如果沒有特殊說明，企業出售對評估結果的價值類型並無特別要求，評估人員可根據項目具體情況選擇評估結果的價值類型。

（4）企業聯營。企業聯營是指國內企業、單位之間以固定資產、流動資產、無形資產及其他資產投入組成各種形式的聯合經營實體的行為。企業聯營的種類比較多，情況也比較複雜。有些企業聯營活動帶有戰略性，需要從聯營雙方的角度考慮被評估資產的價值類型。有些聯營活動具有整合效應，評估時需要將整合因素考慮進去，來把握評估結果的價值類型。

（5）股份經營。股份經營是指資產佔有單位實行股份制經營方式的行為，包括法人持股、內部職工持股、向社會發行不上市股票和上市股票。如果沒有特殊說明，股份經營對評估結果的價值類型並無特別要求，評估人員可根據項目具體情況選擇評估結果的價值類型。

（6）中外合資、合作。中外合資、合作是指中國的企業、其他經濟組織與外國企業、其他經濟組織或個人在中國境內舉辦合資或合作經營企業的行為。如果沒有特殊說明，中外合資、合作對評估結果的價值類型並無特別要求，評估人員可根據項目具體情況選擇評估結果的價值類型。

（7）企業清算。企業清算包括破產清算、終止清算和結業清算等引起的資產評估，必須考慮市場條件不正常的因素對評估結果價值類型的影響。

（8）企業擔保。企業擔保是指資產佔有單位以本企業的資產為其他單位的經濟行為擔保，並承擔連帶責任的行為。擔保通常包括抵押、質押、保證等。擔保引起的資產評估對評估時的市場條件的約束可以分為兩種情況——正常市場條件和非正常市場條件。評估人員可根據項目的具體情況和有關要求選擇一種市場條件，並據此選擇評估結果的價值類型。

（9）企業租賃。企業租賃是指資產佔有單位在一定期限內，以收取租金的形式，將企業全部或部分資產的經營使用權轉讓給其他經營使用者的行為。如果沒有特殊說明，企業租賃對評估結果的價值類型並無特別要求，評估人員可根據項目具體情況選擇評估結果的價值類型。

（10）債務重組。債務重組是指債權人按照其與債務人達成的協議或法院的裁決，同意債務人修改債務條件的事項。債務重組的類型比較多，情況也比較複雜，評估人員可根據項目具體情況選擇評估結果的價值類型。

2.1.2 價值類型理論與資產評估目的的實現

價值類型理論引入到資產評估中至少應滿足或實現兩個目標：①為資產評估確定公允價值提供坐標或標誌。②資產評估是專業人員向非專業人士提供的專業服務，因此應當保證資產評估報告和評估結果能被評估報告使用人正確理解和使用。

資產評估的一般目的或基本目標就是要給出資產在各種條件下的合理價值或公允價值。資產的公允價值始終是一個相對的概念，即相對於評估時評估對象自身的條件和市場條件而言是合理和公平的。對於一個相對的概念和指標應如何把握呢？尋找一

個坐標或標誌是非常重要的。國際上通行或認可的市場價值，從其定義和滿足定義的條件來看，市場價值是一個理想條件或正常市場條件下資產得到最佳使用或處於最有可能使用狀態下的價值。毫無疑問，這是一種理想條件下的資產的公允價值，或者說是典型的公允價值。肯定了市場價值是理想條件下的公允價值或典型的公允價值，市場價值就可以作為公允價值的坐標或指標，人們就可以根據評估時的具體條件與市場價值成立的條件的比較來判斷該種條件下的公允價值。如果沒有市場價值作為公允價值的坐標或指標，各種具體條件下的資產的合理價值或資產評估的特定目的也就無從把握和實現。資產評估力圖判斷資產的公允價值的基本目標或一般目的也就無從實現。資產評估價值類型理論就是要通過合理劃分評估結果的價值類型來幫助評估人員合理把握資產評估中的公允價值。

資產評估是專業人士向非專業人士提供的專業服務，保證資產評估報告和評估結論被正確理解和使用是資產評估的最終目的。資產評估價值類型理論要告誡評估人員，什麼樣的價值表現形式是作為資產公允價值的典型標誌或正常條件下的資產公允價值，在資產評估所依據的市場範圍內會得到整體市場的認同，而其他的價值表現形式則是一定特殊條件下的資產公允價值，在資產評估所依據的市場範圍內，其合理性只能得到局部市場認同。明確資產在不同條件下的公允價值表現形式以及其公允性得到市場的認同程度是有差別的事實，這一點是至關重要的。

2.2 資產評估的價值類型及其分類

2.2.1 價值類型的分類

資產評估中的價值類型是指資產評估結果的價值屬性及其表現形式的歸類。不同的價值類型，從不同的角度反應資產的評估價值及其特徵。不同屬性的價值類型所代表的資產評估價值，不僅在性質上存在差別，在數量上往往也存在差異。資產評估的價值類型的形成，不僅與引起資產評估的特定經濟行為（評估的特定目的）有關，而且與被評估對象的功能、狀態、評估時的市場條件等因素具有密切的聯繫。根據資產評估的特定目的、被評估資產的功能狀態以及評估時的各種條件，合理地選擇和確定資產評估的價值類型是每一位資產評估人員必須做好的工作。

由於所處的角度不同以及對資產評估價值類型理解方面的差異，人們對資產評估的價值類型進行了以下幾種分類：

（1）以資產評估的估價標準形式表示的價值類型具體包括重置成本、收益現值、現行市價（或變現價值）和清算價格四種。

（2）從資產評估假設的角度來表述資產評估的價值類型具體包括繼續使用價值、公開市場價值和清算價值三種。

（3）從資產業務的性質，即資產評估的特定目的來劃分資產評估的價值類型，具體包括抵押價值、保險價值、課稅價值、投資價值、清算價值、轉讓價格、保險價值、

交易價值、兼併價值、拍賣價值、租賃價格、補償價值等。

（4）以資產評估時所依據的市場條件以及被評估資產的使用狀態來劃分資產評估結果的價值類型，具體包括市場價值和市場價格以外的價值。

2.2.2 不同價值類型劃分標準的特點與選擇

上述四種分類各有其自身的特色：

第一種劃分標準基本上是承襲了現代會計理論中關於資產計價標準的劃分方法和標準，將資產評估與會計的資產計價緊密地聯繫在一起。

第二種劃分方法有利於人們瞭解資產評估結果的假設前提條件，同時也強化了評估人員對評估假設前提條件的運用。

第三種劃分方法強調資產業務的重要性，認為有什麼樣的資產業務就應有什麼樣的資產價值類型。

第四種劃分方法不僅注重資產評估結果適用範圍與評估所依據的市場條件及資產使用狀態的匹配，而且通過資產的市場價值概念的提出，建立了一個資產公允價值的坐標。資產的市場價格是資產公允價值的基本表現形式，而市場價值以外的價值，則是資產公允價值的突出表現。

從純學術的角度來看，不同的價值類型劃分並無優劣之分，只是劃分標準和角度的差異。但是，從資產評估角度以及對資產評估實踐具有理論指導意義和作用的角度來看，確實存在著是否適當以及最佳選擇的問題。對資產價值進行合理分類，主要基於兩個目的：第一，為評估人員科學合理地進行資產評估提供指引；第二，使資產評估報告使用者能正確理解並恰當使用資產評估結果。從這個意義上講，將資產評估價值劃分為市場價值和市場價值以外的價值更有利於實現劃分資產評估價值類型的目的。

2.2.3 關於資產評估中的市場價值與市場價值以外的價值

2.2.3.1 市場價值（Market Value）

市場價值是一個使用頻率很高的概念，也是一個極易引起誤解的概念，造成這一情況的主要原因是，市場價值是一個多含義的概念，既有習慣性的概念也有專業上的概念。如果對這些概念加以歸類，也可以劃分為廣義的市場價值和狹義的市場價值。廣義的市場價值泛指經過市場（條件下）形成的價值的統稱，或者是指利用市場價值衡量各種貨物或服務的價值的總稱。狹義的市場價值可能並無嚴格的定義，只是相對於廣義的市場價值而言，是針對特定條件或在特定領域使用的有限制條件中的價值概念。本節討論的市場價值，即資產評估中的市場價值，屬於狹義市場價值的範疇，是一個專業術語，而不是廣義的市場價值或泛指的市場價值。明確資產評估中的市場價值是一個狹義的市場價值，而且是一個專業術語是非常重要的。資產評估人員以及資產評估相關當事人，在從事資產評估工作以及使用資產評估報告的過程中，應把市場價值作為一個專業術語或專有名詞來加以理解。

市場價值作為評估結果的價值類型，應該滿足以下基本要求：

（1）評估對象是明確的，包括資產承載的權益。

（2）評估師在整個評估過程中是以公開市場（假設）來設定資產評估所依據的市場條件的。

（3）評估師是以評估對象被正常使用、最佳使用或最有可能使用，並達到正常使用水準和效益水準作為評估對象在評估時的使用狀態的。

（4）評估師在資產評估過程中所使用的數據均來自於市場。

2.2.3.2　市場價值以外的價值（the Value other than Market Value）

市場價值以外的價值也稱非市場價值、其他價值，它並無獨立的定義，而是泛指所有不符合市場價值定義條件的其他價值的統稱。市場價值以外的價值或非市場價值中的市場價值以外或「非」字並不是否定評估結論與市場的聯繫，而是強調非市場價值是那些不滿足、不具備資產評估中市場價值定義條件的價值。因此，市場價值以外的價值或非市場價值是一個相對於市場價格的專業名詞和專業術語。包括國際評估在內，也並沒有直接定義市場價值以外的價值，而是指出凡不符合市場價值定義條件的資產價值，都屬於市場價值以外的價值。從市場價值以外的價值的表述來看，市場價值以外的價值不是一種具體的資產評估價值存在形式，而是一系列不符合資產市場價值定義條件的價值信息的總稱或組合，包括在用價值、投資價值、持續經營價值、保險價值、清算價值、課稅價值等一系列具體價值表現形式。對市場價值以外的價值的理解和把握，不應僅僅局限在它與市場價值的區別上，而是要理解和把握市場價值以外的價值中的具體價值表現形式的確切定義。

在用價值是指作為企業組成部分的特定資產對其所屬企業能夠帶來的價值估計值，而並不考慮該資產的最佳用途或資產變現的情況。

投資價值是指資產對於具有明確投資目標的特定投資者或某一類投資者所具有的價值估計值。市場的投資價值與投資性資產價值是兩個不同的概念。投資性資產價值是指特定主體以投資獲利為目的而持有的資產，在公共市場上按其最佳用途實現的市場價值。

持續經營價值是指企業作為一個整體按照目前正在使用的用途、方式繼續經營下去所能表現出來的價值估計值。由於企業的各個組成部分對該企業整體價值都有相應的貢獻，可以將企業總的持續經營價值分配給企業的各個組成部分，即組成企業持續經營的各局部資產的在用價值。

保險價值是指根據保險合同或協議中規定的價值（理賠）標準所確定的資產價值估計值。

清算價值是指資產處於清算、被迫出售或快速變現等非正常市場條件下所能實現的價值估計值。

課稅價值是指根據稅法中規定的與財產徵稅相關的價值（稅基）標準所確定的資產價值估計值。

市場價值以外的價值是一個開放式的專業術語。除了上面提到的市場價值以外的價值的具體價值表現形式以外，肯定還有不符合或不滿足市場價值定義條件的其他價

值，如殘餘價值、特殊價值等。

2.2.3.3 市場價值與非市場價值

市場價值是各國資產評估行業中普遍使用的概念，各國資產評估理論和評估準則中關於市場價值的定義不盡相同，但大多數只是措辭上的區別，其基本組成要件大致相同。《國際評估準則》將所有的評估業務分為兩大類：市場價值評估和非市場價值評估。市場價值概念是《國際評估準則》中最重要的概念。《國際評估準則》給出了市場價值的嚴格定義，在此基礎上形成了評估準則、應用指南和評估指南。

（1）市場價值。

《國際評估準則》中市場價值的定義如下：

市場價值是指自願買方與自願賣方在評估基準日進行正常的市場行銷之後或達成的公平交易中，某項資產應當進行交易的價值估計數額，當事人雙方應各自理性、謹慎行事，不受任何強迫和壓制。

根據市場價值的定義，市場價值具有以下要件：

第一，自願買方，即具有購買動機，但並沒有被強迫進行購買的一方當事人。該購買者會根據現行市場的真實狀況和現行市場的期望值進行購買，不會特別急於購買，也不會在任何價格條件下都決定購買，即不會付出比市場價格更高的價格。

第二，自願賣方，即既不準備以任何價格急於出售或被強迫出售，也不會因期望獲得被現行市場視為不合理的價格而繼續持有資產的一方當事人。自願賣方期望在進行必要的市場行銷之後，根據市場條件以公開市場所能達到的最高價格出售資產。

第三，評估基準日，即市場價只是某一特定日期的時點價值，僅反應了評估基準日的真實市場情況和條件，而不是評估基準日以前或以後的市場情況和條件。

第四，以貨幣單位表示，即市場價值是在公開市場交易中，以貨幣形式表示的為資產所支付的價格，通常表示為當地貨幣。

第五，公平交易，即在沒有特定或特殊關係的當事人之間的交易，或假設在互無關係且獨立行事的當事人之間的交易。

第六，資產在市場上有足夠的展示時間，即資產應當以最恰當的方式，在市場上予以展示。不同資產的具體展示時間應根據資產特點和市場條件而有所不同，但該資產的展示時間應當使該資產能夠引起足夠數量的潛在購買者的注意。

第七，當事人雙方各自精明，謹慎行事，即自願買方與自願賣方都合理地知道資產的性質和特點、實際用途、潛在用途以及評估基準日的市場狀況，並假定當事人都根據上述知識為自身利益而決策，謹慎行事以爭取在交易中為自己獲得最好的價格。

第八，估計數額，即資產的價值是一個估計值，不是預定的價值或真實的出售價格。它是在評估基準日，滿足對市場價值的其他因素的條件進行交易的情況下，資產最有可能實現的價格。

財產的市場價值反應了市場作為一個整體對其效用的認可，並不僅僅反應物理實體狀況。某項資產對於某特定市場主體所具有的價值，可能不同於市場或特定行業對該資產價值的認同。市場價值反應了各市場主體組成的市場整體對被評估資產效用和

價值的綜合判斷，不同於特定市場主體的判斷。

（2）非市場價值。

《國際評估準則》中並沒有給出非市場價值的定義。非市場價值又稱市場價值以外的價值或其他價值，是指所有不滿足市場價值定義的價值類型。因此非市場價值不是個體概念，而是一個集合概念，指不滿足市場價值定義的一系列價值類型的集合，主要包括在用價值、持續經營價值、投資價值、保險價值、納稅價值、剩餘價值、清算價值、特殊價值等。

在用價值是指作為企業組成部分的特定財產對其所屬企業能夠帶來的價值，而並不考慮該資產的最佳用途或資產變現速度實現的價值量。在用價值是特定資產在特定用途下對特定使用者的價值，因而是非市場性的。

投資價值是指資產對於具有明確投資目標的特定投資者或某一類投資者所具有的價值。這一主觀概念將特定的資產與具有明確投資目標、標準的特定投資者或某一類投資者結合起來。

持續經營價值是指企業作為一個整體的價值。這一概念涉及對一個持續經營企業進行的評估。由於企業的各個組成部分對該企業的整體價值都有相應的貢獻，可以將企業總的持續經營價值分配給企業的各個組成部分，但所有的這些組成部分本身的價值並不構成市場價值。

保險價值是指根據保險合同或協議中規定的定義所確定的價值。計稅、課稅或徵稅價值是指根據有關資產計稅、課稅和徵稅法律中規定的定義所確定的價值。有的司法管轄當局可能會引用市場價值作為徵稅的基礎，但所要求的評估方法可能會產生不同於市場價值定義的結果。

剩餘價值是指假設在未進行特別修理或改進的情況下，將資產中所包含的各組成部分進行變賣處置的價值。剩餘價值不是繼續使用時的價值，且不包括使用價值在內。該價值中，可能還需考慮總的處置成本或淨處置成本。在後一種情況下，它可能等同於可變現淨值。

清算價值或強制變賣價值是指在銷售時間過短，達不到市場價值定義所要求的市場行銷時間要求的情況下，變賣資產所能收到的價值數額。在某些國家，強制變賣價值還可能涉及非自願買方和非自願賣方，或買方在購買時知曉賣方不利處境的情況。

特殊價值是指資產價值量超出和高於其市場價值的部分。特殊價值是由該資產與其他資產存在物理性、功能性或經濟性組合而產生的，如相鄰資產。特殊價值是針對特定的資產所有者或使用者、未來特定所有者或使用者的資產價值升值，而不是針對整個市場，即這種價值升值是針對具有特殊興趣的購買者。

2.3　價值類型選擇與資產評估目的等相關條件的關係

價值類型不僅是一個理論問題，而且是一個實踐問題。它不僅是對評估結果價值屬性與評估條件相互關係規律的總結和歸納，同時它也指明了按評估條件正確選擇價

值類型的要求。正確處理好家庭類型與資產評估目的及其相關條件的關係，對於正確選擇價值類型以及實現評估目的和目標是至關重要的。

關於價值類型的選擇與資產評估目的等相關條件的關係，應該從兩個方面來認識和把握：其一，要從正確選擇價值類型的角度，關注資產評估目的等相關條件對所選擇價值類型的影響；其二，要從價值類型的選擇對實現資產評估目的以及滿足其他相關條件的角度，關注價值類型的正確選擇。

2.3.1　影響價值類型選擇的資產評估條件

從縱向關係上看，資產評估中的價值類型是資產評估結果的屬性及其表現形式。價值類型的選擇本來就應該受到評估目的等相關條件的制約，或者說價值類型是在評估目的等相關條件的基礎上形成的。有什麼樣的評估條件基礎就應該有與之相適應的評估結果屬性及其表現形式。可以說，資產評估目的等相關條件構成了資產評估的價值基礎。除了資產評估的特定目的外，構成資產評估價值基礎的相關條件主要有兩個方面：一個是資產自身的功能、利用方式和使用狀態，另一個是評估時的市場條件。

2.3.1.1　資產評估的特定目的

資產評估的特定目的作為資產評估價值基礎的條件之一，不但決定著資產評估結果的具體用途，而且會直接或間接地在宏觀層面上影響資產評估的過程及其運作條件，包括對評估對象的利用方式和使用狀態的宏觀約束以及對資產評估市場條件的宏觀限定，相同的資產在不同的評估特定目的下可能會有不同的評估結果。資產評估目的對評估結果價值類型的影響，會通過評估目的對評估對象的使用方式、使用空間及使用狀態表現出來。

2.3.1.2　評估對象的條件

評估對象自身的功能、使用方式和使用狀態是資產自身的條件。這是影響資產評估價值的內因。從某種意義上講，資產本身的條件對其評估價值具有決定性的影響。不同功能的資產會有不同的評估結果，使用方式和利用狀態不同的相同資產也會有不同的評估結果。

中國資產評估協會編譯的《國際資產評估標準》中有這樣一段說明：「從根本上說，資產的評估由資產的使用方式或（及）資產如何在市場上正常交易所決定。對於一些資產，如果它們單個使用的話，可以得到最佳的效用。其他資產如果作為一組資產的一部分使用則可以有更大的效用。因此，必須明確資產的獨立使用和作為資產整體中的一部分使用的區別。」

早期的國際資產評估準則已明確說明了資產的使用方式對資產效用的影響。對於一些資產而言，如果作為獨立的資產單獨使用可能或可以得到最佳的使用效果，而另一些資產只有當它們作為整體資產中的局部資產使用時，才能發揮出其最佳效用。這就是說，對於不同類型的資產，其單獨使用或作為局部資產使用將直接影響到其效用的發揮，當然也就直接影響其評估值和價值類型。因此，估價師必須熟悉各種類型使用方式對其效用的影響以及不同使用方式對其效用水準發揮的影響程度。例如，當生

產線上的配套裝備被作為生產線的組成部分使用時，其效用會得到充分的發揮；如果把這些配套設備從生產線上撤下來而單獨使用的話，這些設備幾乎沒有什麼效用。相反，一個年產 50 萬噸鋼的鋼鐵企業購置一臺年軋鋼能力為 100 萬噸的軋鋼機，並把該軋鋼機作為本企業整體資產的一部分，儘管該軋鋼機最多只能發揮出其效用的 50%。

資產的作用空間簡單的解釋就是資產發揮作用的場所或作用的範圍。資產在一個什麼樣的範圍內發揮作用，對其效用發揮的影響也是不容忽視的。例如，一臺通用設備可以是某家企業的資產，也可以是公開市場上待售的資產。作為前者，該設備的作用空間就局限於那家企業，而它能否充分發揮其效用完全取決於那家企業的生產規模、資產匹配是否合理等由企業決定的各種因素上。作為後者，待售資產的作用空間可以理解為社會。作為待售資產，它的具體作用空間與作用方式都還屬於未知數。對於未知因素只能依靠合理的假設加以限定，在通常情況下，對於在公開市場上的待售資產來說，一般假定其作用空間是不受限制的。換句話說，其效用的發揮是不受限制的，即可以理解為其效用可以達到最佳狀態。

資產的作用空間對資產發揮的影響並不是絕對的，有些資產作用空間的大小與其效用發揮的水準是成正比的。例如，有些有形資產的作用空間與其效用水準發揮的正相關關係就不是絕對的，即資產的效用並不隨其作用空間的不斷擴大而無限增加。熟悉各種資產的功能和屬性以及它們的作用空間對其效用發揮的影響，是一名合格的評估師必須掌握的基礎知識。

對於資產或評估對象作用方式和作用空間的分析判斷，並不可以憑主觀想像抽象地設定。作為評估對象，它的作用方式與作用空間首先是由資產評估的特定目的和評估範圍規範的。單項資產、整體資產或整體資產中的局部資產就基本限定了資產的作用方式，而被評估資產用於合資、合作，還是用於抵押擔保，或用於公開出售，其本身就限定了被評估資產的作用空間。從這個意義上講，資產評估的特定目的不僅是資產評估的起點，還規定著資產評估結果的具體用途，同時也在宏觀上規範了被評估資產的作用空間。資產評估的特定目的對被評估資產的作用方式，尤其是作用空間的範疇，具體是通過資產評估的基本前提假設體現出來的。公開市場假設可以把以公開出售為目的的評估對象的作用空間明確到公開市場上，而續用假設則可以把以聯營、合資合作等目的的評估對象的作用空間限定在聯營企業及合資合作企業之中。

從上述分析中可以發現，被評估資產的作用方式和作用空間並不可以由評估人員隨意設定。它是由資產評估的特定目的和評估範圍限定的。當然，被評估資產自身的功能、屬性等也會對其作用方式和作用空間產生影響。有些資產只能作為組合資產中的局部資產發揮作用而不能獨立運作，而另一些資產既可以作為獨立資產發揮作用，也可以成為組合資產中的一部分獨立運作。有些資產的作用空間可以是全社會，包括國內和國際，就其自身的功能而言，其作用空間是沒有界限的，如技術等無形資產；有些資產的作用空間受其自身功能及屬性的限制具有明顯的區域特徵和企業特徵，如碼頭和專用設備等。被評估資產的作用方式和作用空間直接關係到其效用水準的發揮以及評估值的高低。當評估人員明確了資產評估的特定目的、評估範圍以及評估假設與被評估資產作用方式和作用空間之間的關係後，可通過對資產評估的特定目的及評

估範圍的認真分析，並借助於評估假設恰當地反應被評估資產的作用方式和作用空間，以便給出一個相對科學合理的評估結果和價值類型。用來反應被評估資產的作用方式和作用空間的資產評估假設是持續使用假設，具體包括在用續用、轉換續用和移地使用3種。

2.3.1.3 評估依據的市場條件

評估時所面臨的市場條件及交易條件是資產評估的外部環境，是影響評估結果及其價值類型的外部因素。在不同的市場條件下或交易環境中，即使相同的資產也會有不同的評估結果和價值類型。

在資產評估實踐中，資產評估依據的市場條件主要通過資產評估市場條件假設表現出來，其中最基本的市場條件假設有兩個，它們是公開市場假設和清算假設。

（1）公開市場假設。

公開市場假設是假設有一個自願的買者和賣者的競爭性市場。在這個市場上，買者和賣者的地位是平等的，彼此都有獲取足夠市場信息的機會和時間，買賣雙方的交易行為都是在自願的、理智的而並非強制的條件下進行的。

由於公開市場假設假定市場是一個充分競爭的市場，資產在公開市場上實現的交換價值隱含著市場對該資產在當時條件下有效使用的社會認同。當然，在資產評估中要注意市場是有範圍的，它可以是地區性市場，也可以是國內市場，還可以是國際市場。關於資產在公開市場上實現的交換價值所隱含的對資產效用有效發揮的社會認同也是有範圍界定的。它可以是區域性的、全國性或國際性的。

公開市場假設旨在說明一種充分競爭的市場條件。在這種條件下，資產的交換價值受市場機制的制約並由市場行情決定，而不是由個別交易所決定。

公開市場假設也是資產評估中使用頻率較高的一種假設。凡是能在公開市場上交易、用途較為廣泛或通用性較強的資產，可以考慮按公開市場假設前提進行評估。公開市場假設是構成資產評估市場價值的基礎。

（2）清算假設。

清算假設是對資產在非公開市場條件下被迫出售或快速變現條件的假定說明。清算假設首先是基於被評估資產面臨清算或具有潛在的被清算的事實或可能性，再根據相應數據資料推定被評估資產被迫出售或快速變現的狀態。由於清算假設假定被評估資產處於被迫出售或快速變現的條件之下，被評估資產的評估值通常要低於在公開市場假設前提下同樣資產的評估值。因此，在清算假設前提下的資產評估結果的適用範圍是非常有限的，當然清算假設本身的使用也是較為特殊的。

籠統地講，資產評估中的市場價值與公開市場假設和持續使用假設中的資產正常使用或最佳使用相聯繫，市場價值以外的價值的各種價值表現形式更是難以同時滿足公開市場假設和持續使用假設中資產正常使用或最佳使用兩個條件。

資產評估目的作為資產評估結果的具體用途以及對資產評估運作條件起宏觀約束作用的因素，與決定資產評估價值的內因和外因的評估對象自身條件以及評估時的市場條件共同構成了資產評估的價值基礎。這三大因素的不同排列組合便構成了不同價

值類型的形成基礎。

2.3.2 價值類型的合理選擇是實現資產評估目的的重要手段

從逆向來看，資產評估價值類型的合理選擇也應該成為實現資產評估目的以及滿足資產評估相關條件的重要途徑和手段。

資產評估目的有一般目的和特殊目的之分。資產評估的一般目的是要對各種條件下交易中的資產的公允價值做出判斷，並給出這些資產在各種條件下的公允價值，而資產評估的特定目的是一般目的的具體化，其實質是判斷特定條件下或具體條件下資產的公允價值。

公允價值的相對性質主要是指其對於某一資產而言不是一個確定不變的值，而是一個相對值。當該資產處於正常使用及正常市場條件下時，有一個與此條件相對應的合理價值；當該資產處於非正常使用及非正常市場條件下時，也有一個與之相對應的合理價值。當然，這樣的排列組合會很多，相應的合理價值也會很多。儘管就具體資產而言，不同條件下的合理價格各不相同，但是它們有一個共同的特點，即相對於它們各自面對的條件又都是合理和公允的。公允價值與評估條件的相對性和相關性決定了公允價值的相對性質，公允價值的相對性質又決定了公允價值具有抽象性質和高度概括性質，在資產評估實踐過程中還需要將其具體化。

正是由於資產評估的特定目的以及特定條件下資產公允價值的多樣性、複雜性和難以把握性的存在，設計、選擇並利用科學合理的資產評估價值類型就顯得十分重要。市場價值和市場價值以外的價值的分類以及該價值類型分類所包含的具體價值表現形式，不僅僅是根據資產評估目的等相關條件被動選擇。它們對於實現評估目的，特別是把握資產評估中的公允價值具有極其重要的作用。這種作用突出表現在資產評估的市場價值上。由於市場價值與市場價值以外的價值之間的關係，市場價值及其成立條件是這種價值類型分類的基準。確立了市場價值及其成立的條件，就等於明確了市場價值以外的價值及其成立條件。明確了市場價值在資產評估中的作用，也就很容易把握市場價值以外的價值及其具體價值形式在資產評估中的作用，市場價值在資產評估中主要發揮著公允價值坐標的作用。

既然公允價值是資產評估的基本目標，那麼市場價值在資產評估中還起了什麼作用呢？資產評估中的公允價值與市場價值是兩個不同層次的概念。資產評估中的公允價值是一個一般層次的概念，包括了正常市場條件和非正常市場條件兩種情況下的合理評價結果。而資產評估中的市場價值只是在正常市場條件下資產處在最佳使用狀態下的合理評價結果（而非是不滿足市場價值成立條件的其他合理評估結果都是另外一種價值類型——非市場價值）。相對於公允價值而言，市場價值更為具體，條件更為明確，評估人員在實踐中更容易把握。由於市場價值概念的明晰性和可把握性，資產評估中的市場價值更能夠成為資產評估公允價值的坐標和基本衡量尺度。由於市場價值自身優越的條件也確實能夠起到這種作用。①市場價值是正常市場條件下的公允價值。正常市場條件容易理解，也容易把握。②市場價值是資產正常使用（最佳使用）狀態下的價值。正常使用（最佳使用）也容易理解和把握。③資產評估結果只有兩種價值

類型——市場價值和市場價值以外的價值。明確了市場價值也就容易把握市場價值以外的價值，並根據評估對象自身的狀況、使用方式、狀態偏離資產正常使用（最佳使用）的程度以及評估時市場條件偏離正常市場條件的程度，去把握市場價值以外的價值的量及其具體價值形式。④市場價值是資產評估中最為典型的公允價值。市場價值的準確定位是準確把握市場價值的基礎，也是準確把握公允價值的基礎。由於市場價值自身的特點，包括國際評估準則委員會在內的資產評估界廣泛使用市場價值概念，並把資產評估中的市場價值作為衡量資產評估結果公允公正的基本尺度和標準。換一個角度來看，也正是定義了資產評估中的市場價值，才使得較為抽象的資產評估公允價值得以把握和衡量，公允價值也才能夠成為可操作的資產評估的基本目標。我們之所以反覆強調理解和把握資產評估市場價值的重要性，不僅僅因為它是一種重要的價值類型，更重要的是，它是我們認識、把握和衡量資產評估結果公允性的基本尺度和坐標。從理論研究的角度來看，人們可以根據不同的標準將資產評估結果劃分為若干種價值類型。但是，從有助於評估人員理解和把握資產評估基本目標並很好地實現資產評估的目標的角度來看，將資產評估結果劃分為市場價值和市場價值以外的價值是最具有實際意義的。在資產評估基本準則中選擇市場價值和市場價值以外的價值作為資產評估的基本價值類型正是對資產評估運作規律的一種抽象和概括。

　　資產評估的特定目的從本質上講，就是要求評估人員評估特定條件下的資產公允價值，對市場價值和市場價值以外的價值兩大類型的劃分進行正確選擇。這就很好地為實現評估目的提供了技術平臺，即有了市場價值這個公允價值的坐標以及能夠涵蓋各種特殊條件下的市場價值以外的價值的具體價值表現形式，這就為實現評估目的提供了目標載體。

2.3.3　明確資產評估中的市場價值與市場價值以外價值的意義和作用

　　在眾多價值類型中，選擇資產的市場價值與市場價值以外的價值作為資產評估中最基本的資產價值類型具有重要意義。

　　資產評估作為一種專業仲介性服務活動，它對客戶和社會提供的服務是一種專家意見以及專業諮詢。無論是專家意見還是專業諮詢，最重要的是這種意見或諮詢能對客戶的某些行為起到指導作用，應防止和杜絕提交可能造成客戶誤解、誤用或誤導的資產評估報告。就一般情況而言，資產評估機構和評估人員主觀上並不願意提交可能會對客戶及社會造成誤解、誤用或誤導的資產評估報告，但在資產評估實踐中，經常出現評估人員並不十分清楚所做的資產評估結果的性質、適用範圍等，以致在資產評估報告中未給予充分的說明以及使用限定的問題。由於客戶或評估報告適用者絕大部分都是非專業人員，所以他們對評估結果的理解和認識基本上只來源於評估報告的內容。資產評估報告中任何概念的模糊或不合理，都會造成客戶及社會對評估結果的誤解。因此，資產評估結果價值類型的科學分類和解釋具有重要的作用。關於資產的市場價值和市場價值以外的價值的概念及分類，正是從資產評估結果的使用範圍和使用範圍限定方面對資產評估結果進行分類的。因此，這種分類方法符合資產評估服務於客戶和服務於社會的內在要求。其意義和作用具體體現在以下幾個方面：

（1）這種分類方法和概念界定有利於評估人員對其評估結果性質的認識，便於評估人員在撰寫評估報告時更清晰明了地說明其評估結果的確切含義。只有評估人員自己充分認清自己的評估結果的性質，才可能在評估報告中充分說明這個評估結果。當然，一份結果闡述明確的評估報告才能使客戶收益。

（2）這種分類方法及概念界定便於評估人員劃定其評估結果的使用範圍和評估目的。資產評估結果的使用範圍與評估目的所要求的評估結果用途的匹配和適應，是資產評估科學性和合理性的首要問題。把評估結果按資產的市場價值和市場價值以外的價值分類，可以從大的方面決定評估的適應範圍，便於評估人員將其與評估的特定目的相對照。資產評估結果的使用範圍關係到資產評估結果能否被正確使用或被誤用的問題。對於大多數評估報告使用者來說，他們都未必十分瞭解不同價值類型的評估結果都有其使用範圍的限定。限定評估結果的使用範圍的責任應由評估人員承擔，評估人員應在評估報告中將評估結果的使用範圍給予明確限定。

（3）市場價值和市場價值以外的價值是以資產評估面臨的市場條件和評估對象自身的條件為標準設定的。這種價值類型的劃分實際上是以資產評估價值決定的基本要素為依據的。市場價值和非市場價值的劃分既考慮了資產自身的條件、利用方式和使用狀態，也考慮了資產評估時的市場條件。也就是說，這種價值類型的劃分既考慮了影響資產評估價值的內部因素，同時也考慮了影響資產評估價值的外部因素。這至少能在理論上和宏觀層面上為評估人員客觀合理地評估資產價值以及清晰地披露評估結果提供幫助和依據。

（4）一般而言，屬於市場價值性質的資產評估結果主要適用於產權變動類資產業務，但並不排斥運用於非產權變動類資產業務。在特定時點的公開市場上，資產的市場價值對於市場整體而言都是相對公允合理的或整體市場對它認同，即對整個市場上潛在的買者或賣者來說都是相對公平合理的。屬於市場價值以外的價值（或非市場價值）性質的評估結果，既適用於產權變動類資產業務，同時也適用於非產權變動類資產業務。在評估時點，資產的市場價值以外的價值只是一種局部市場或只在局部市場範圍內是公允合理的，即只是對特定市場主體來說是公平合理的。從大的方面講，資產評估的市場價值和市場價值以外的價值都是資產公允價值的表現形式，但是兩者公允的市場範圍是有明顯差異的。如果評估人員及其評估報告使用人明確了資產評估中公平合理的市場價值和市場價值以外的價值的市場範圍，那麼，他們也就能很容易地把握評估結果的適用範圍和使用範圍。

總之，按市場價值和市場價值以外的價值將評估結果劃分為兩大類，旨在合理和有效限定評估結果的適用範圍和使用範圍。因此，把評估結果劃分為市場價值和市場價值以外的價值兩大類是相對合理的，同時也便於操作。

課後練習

一、單項選擇題

1. 資產評估中的市場價值類型所適用的基本假設前提是（　　）。
   A. 在用續用假設　　　　　　B. 公開市場假設
   C. 清算假設　　　　　　　　D. 會計主體假設
2. 下列經濟行為中，屬於以產權變動為評估目的的經濟行為是（　　）。
   A. 資產抵債　　　　　　　　B. 財產納稅
   C. 企業兼併　　　　　　　　D. 財產擔保
3. 在下列事項中，影響資產評估結果價值類型的直接因素是（　　）。
   A. 評估的特定目的　　　　　B. 評估方法
   C. 評估程序　　　　　　　　D. 評估基準日
4. 進行資產評估時判斷資產價值的經濟活動，評估結果應該是被評估資產的（　　）。
   A. 時期價值　　　　　　　　B. 時點價值
   C. 時區價值　　　　　　　　D. 階段價值
5. 機器設備、房屋建築或其他有形資產等的拆零變現價值估計數額通常被稱作（　　）。
   A. 市場價值　　　　　　　　B. 清算價值
   C. 投資價值　　　　　　　　D. 殘餘價值

二、多項選擇題

1. 以資產評估時所依據的市場條件、被評估資產的使用狀態以及評估結論的適應範圍來劃分資產評估結果的價值類型，具體包括（　　）。
   A. 繼續使用價值　　　　　　B. 市場變現價值
   C. 市場價值　　　　　　　　D. 市場價值以外的價值
   E. 清算價值
2. 資產評估中的市場價值成立的基礎條件是（　　）。
   A. 被評估資產處於最佳使用狀態
   B. 被評估資產能按照評估時正在使用的用途和方式繼續使用
   C. 市場條件是公開市場
   D. 評估對象是特殊空間位置的資產
   E. 假設清算
3. 資產評估中的市場價值以外的價值包括（　　）。
   A. 投資價值　　　　　　　　B. 最佳使用價值

　　　　C. 在用價值　　　　　　　　D. 保險價值
　　　　E. 市場價值
　4. 按資產業務的性質來劃分資產評估的價值類型，可以劃分為（　　）。
　　　　A. 持續使用價值　　　　　　B. 拍賣價值
　　　　C. 投資價值　　　　　　　　D. 非市場價值
　　　　E. 租賃價值
　5. 從理論上講，決定資產評估價值的基礎條件是（　　）。
　　　　A. 資產自身的功能、利用方式和使用狀態
　　　　B. 資產的歸屬
　　　　C. 評估師的種類
　　　　D. 評估時的市場條件
　　　　E. 委託方的要求

三、判斷題

1. 對於同一資產而言，不同的價值類型的選擇不會影響其評估價值。（　　）
2. 資產評估中的在用價值是市場價值以外的價值中的一種具體價值形式。（　　）
3. 資產評估結果中，對於特定投資者具有的價值通常被稱為投資價值。（　　）
4. 評估中的市場價值以外的價值，也是公允價值中的某些表現形式的集合。
　　　　　　　　　　　　　　　　　　　　　　　　　　　　　　（　　）
5. 資產評估價值類型完全是由資產評估目的決定的。（　　）

四、簡答題

1. 資產評估價值合理性有什麼意義？
2. 價值類型在資產評估中起什麼作用？
3. 市場價值有哪些基本特徵？
4. 價值類型與評估目的及其相關條件的關係如何？
5. 為什麼說市場價值以外的價值也具有合理性？
6. 資產的投資價值與投資性資產價值有什麼區別？

第 3 章　資產評估途徑與方法

案例導入

某待估資產為某機器設備，年生產能力為 150 噸。評估基準日為 2018 年 2 月 1 日。評估人員收集到的信息：

（1）從市場上收集到一個該類型設備近期交易的案例，該設備的年生產能力為 210 噸，市場成交價格為 160 萬元。

（2）將待估設備與收集的參照設備進行對比並尋找差異。

（3）發現兩者除生產能力指標存在差異外，從參照設備成交到評估基準日之間，該類型設備的市場價格比較平穩，其他條件也基本相同。

問題 1：選擇何種評估方法更合適？
問題 2：根據所選的評估方法評估該機器設備的價值。

3.1　市場途徑

3.1.1　市場途徑的基本含義

市場途徑是指以市場近期出售的相同或類似的資產交易價格為基礎，通過比較被估資產與近期售出相同或類似資產的異同，將類似資產的市場交易價格進行調整，進而確定被估資產價值的一種資產評估方法。

3.1.2　市場途徑的基本前提

（1）要有一個活躍的公開市場。
（2）公開市場上要有可比的資產及其交易活動。
①參照物與評估對象在功能上具有可比性，包括用途、性能上的相似或相同。
②參照物與評估對象面臨的市場條件具有可比性，包括市場供求關係、競爭狀況和交易條件等。
③參照物成交時間與評估基準日時間間隔不能夠過長，同時時間對資產價值的影響是可以調整的。

3.1.3 市場途徑中涉及的相關因素

(1) 資產的功能。
(2) 資產的實體特徵和質量。
(3) 市場交易條件。
(4) 交易時間。

3.1.4 市場途徑中的具體方法

3.1.4.1 直接比較法

(1) 基本原理。

利用參照物的交易價格，以評估對象的某一或者若干基本特徵與參照物的某一及若干基本特徵進行比較，得到兩者的基本特徵修正係數或基本特徵差額，在參照物交易價格的基礎上進行修正從而得到評估對象價值的方法。

(2) 優點。

該方法直觀簡潔，便於操作。

(3) 適用條件。

對可比性要求比較高，參照物與評估對象之間達到相同或者基本相同的程度，或者兩者的差異主要體現在某一或多個明顯的因素上。

(4) 基本計算公式。

①如果參照物與被評估對象可比因素完全一致。

評估對象價值＝參照物合理成交價格

②參照物與被評估對象只有一個可比因素不一致。

公式原理：本思路事實上認可，參照物和評估對象的價值之間受某一特徵（或者因素）的影響，而且成正比關係。

③參照物與被評估對象有 n 個可比因素不一致。

方法一（見圖3.1）：

$$評估值 = 參照物成交價格 \times 修正係數$$

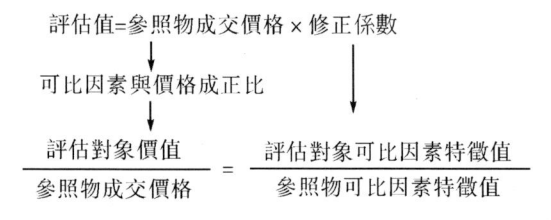

可比因素與價格成正比

$$\frac{評估對象價值}{參照物成交價格} = \frac{評估對象可比因素特徵值}{參照物可比因素特徵值}$$

圖3.1 參照物與被評估對象有 n 個可比因素不一致時的計算公式

方法二：

評估對象價值＝參照物成交價格±基本特徵差額1±基本特徵差額2±…±基本特徵差額 n

原理：分析各個可比因素不同導致參照物價格相對於被評估資產的價格差額，然

後以參照物成交價格為基礎，調整各個差額的影響，得到被評估資產的評估價值。

（5）直接比較法的基本方法——僅僅一個可比因素不一致或者完全一致。

直接比較法主要包括但不限於以下評估方法：

①現行市價法（參照物與評估對象完全一致）。

當評估對象本身具有現行市場價格或與評估對象基本相同的參照物具有現行市場價格的時候，可以直接利用評估對象或參照物在評估基準日的現行市場價格作為評估對象的評估價值。

②市價折扣法。

③功能價值類比法。

功能價值類比類，即以參照物的成交價格為基礎，考慮參照物與評估對象之間的功能差異並進行調整，從而估算評估對象價值的方法。

換句話說，功能指的是生產能力，生產能力越大，則價值就越大。

④價格指數法（物價指數法）。

價格指數法是以參照物價格為基礎，考慮參照物的成交時間與評估對象的評估基準日之間的時間間隔對資產價值的影響，利用價格指數調整估算評估對象價值的方法。

物價（價格）指數的各種表述方法：

A. 定基物價指數。

定基物價指數即以固定時期為基期的指數，通常用百分比來表示。以100%為基礎，當物價指數大於100%，表明物價上漲；物價指數小於100%，表明物價下跌。

例如，某類設備的定基物價指數計算過程如下，經過統計得到了第二列的該類設備的市場平均價格，實際運用中往往省略百分號。如表3.1所示。

表3.1　2012—2018年某類設備的定基物價指數計算過程

年份	該類設備實際均價（萬元）	定基物價指數 =當年實際物價÷基年物價	定基價格變動指數 =（當年實際物價－基年物價）÷基年物價
2012	50	100%＝50÷50×100%	0＝（50－50）÷50×100%
2013	51.5	103%＝51.5÷50×100%	3%＝（51.5－50）÷50×100%
2014	53	106%＝53÷50×100%	6%＝（53－50）÷50×100%
2015	54	108%＝54÷50×100%	8%＝（54－50）÷50×100%
2016	55	110%＝55÷50×100%	10%＝（55－50）÷50×100%
2017	56	112%＝56÷50×100%	12%＝（56－50）÷50×100%
2018	57.5	115%＝57.5÷50×100%	15%＝（57.5－50）÷50×100%

B. 定基價格變動指數與定基價格指數的關係（見表 3.2 和圖 3.2）。

表 3.2　2012—2018 年某類設備的定基價格變動指數與定基價格指數的關係

年份	該類設備實際均價（萬元）	定基物價指數	定基價格變動指數 =（當年實際物價-基年物價）÷基年物價
2012	50	100% = 50÷50×100%	0 =（50-50）÷50×100%
2013	51.5	103% = 51.5÷50×100%	3% =（51.5-50）÷50×100%
2014	53	106% = 53÷50×100%	6% =（53-50）÷50×100%
2015	54	108% = 54÷50×100%	8% =（54-50）÷50×100%
2016	55	110% = 55÷50×100%	10% =（55-50）÷50×100%
2017	56	112% = 56÷50×100%	12% =（56-50）÷50×100%
2018	57.5	115% = 57.5÷50×100%	15% =（57.5-50）÷50×100%

$$定基價格變動指數 = \frac{當年實際物價 - 基年物價}{基年物價} = 定基物價指數 - 1$$

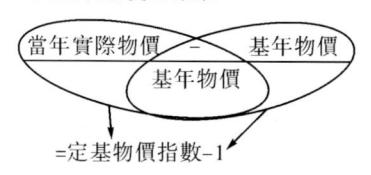

定基價格指數 = 1 + 定基價格變動指數

圖 3.2　定基價格變動與定基價格指數的關係

C. 物價指數與定基價格指數的關係（見表 3.3）。

表 3.3　2012—2018 年物價指數與定基價格指數的關係

年份	該類設備實際均價（萬元）	定基物價指數（%）	定基物價指數 = 當年實際物價÷基年物價
2012（基年）	50	100	100% = 50÷50×100%
2013	51.5	103	103% = 51.5÷50×100%
2014	53	106	106% = 53÷50×100%
2015	54	108	108% = 54÷50×100%
2016	55	110	110% = 55÷50×100%
2017	56	112	112% = 56÷50×100%
2018	57.5	115	115% = 57.5÷50×100%

$$物價指數 = \frac{評估基準日的定基物價指數}{參照物交易的定期物價指數}$$

2017 年相對於 2014 年的物價指數 $=\dfrac{2015\text{ 年定期價格指數}}{2012\text{ 年定基價格指數}}=\dfrac{112}{106}=105.66\%$

D. 物價變動指數與物價指數的關係

物價指數＝1＋物價變動指數

例如，在表 3.3 中，2017 年相對於 2014 年的價格變動指數＝112÷106－1＝5.66%

E. 環比物價指數（見圖 3.3）。

環比物價指數為本年的定基物價指數與上年定基物價指數的商。

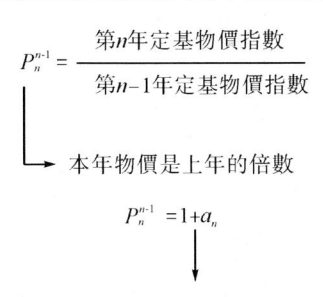

$$P_n^{n-1} = \dfrac{\text{第}n\text{年定基物價指數}}{\text{第}n-1\text{年定基物價指數}}$$

↳ 本年物價是上年的倍數

$$P_n^{n-1} = 1 + a_n$$

↓ 本年相對于上年的物價變動指數

圖 3.3　環比物價指數

F. 環比物價變動指數（見表 3.4）。

環比物價變動指數為本年的定基物價指數比上年定基物價高出的部分與上年定基物價指數的商。

環比物價指數＝1＋環比物價變動指數

表 3.4　2012—2018 年環比物價變動指數的計算

年份	定基物價指數（%）	環比物價指數	環比變動物價指數
2012	100	100%＝100%÷100%	0＝（100%－100%）÷100%
2013	103	103%＝103%÷100%	3%＝（103%－100%）÷100%
2014	106	102.9%＝106%÷103%	2.91＝（106%－103%）÷103%
2015	108	101.9%＝108%÷106%	1.89%＝（108%－106%）÷106%
2016	110	101.9%＝110%÷108%	1.85%＝（110%－108%）÷108%
2017	112	101.8%＝112%÷110%	1.82%＝（112%－110%）÷110%
2018	115	102.7%＝115%÷112%	2.68%＝（115%－112%）÷112%

⑤價格指數法在評估中運用的計算公式。

$$\dfrac{\text{評估值}}{\text{參照物成交價}}=\dfrac{\text{評估基準日物價指數}}{\text{成交時物價指數}}$$

$$=\dfrac{1+\text{評估基準日定基物價變動指數}}{1+\text{參照物成交日定基物價變動指數}}$$

$$= 物價指數$$

$$= 1 + 物價變動指數$$

$$= P_1^0 \times P_2^1 \times \cdots \times P_1^{n-1}$$

$$= \frac{1\ 年}{0\ 年} \times \frac{2\ 年}{1\ 年} \times \cdots \times \frac{n\ 年}{n-1\ 年}$$

$$= \frac{n\ 年定基物價指數}{0\ 年定基物價指數}$$

$$= (1+a_1)(1+a_2) \times \cdots \times (1+a_n)$$

⑥適用條件。

評估對象與參照物之間僅僅有時間因素存在差異的情況，且時間差異不能過長。

【例題3-1】與評估對象完全相同的參照資產6個月前的成交價格為10萬元，半年間該類資產的價格上升了5%，運用價格指數法在評估中運用的計算公式進行計算，則：

資產評估價值 = 10 × (1+5%) = 10.5（萬元）

【例題3-2】被評估房地產於2018年6月30日進行評估，該類房地產2018年上半年各月末的價格同2017年年底相比，分別上漲了2.5%、5.7%、6.8%、7.3%、9.6%和10.5%。其中參照房地產在2018年3月底的價格為3,800元/平方米，運用價格指數法在評估中運用的計算公式進行計算，則評估對象於2018年6月30日的價值接近於：

$$3,800 \times \frac{(1+10.5\%)}{(1+6.8\%)} = 3,932\ （元/平方米）$$

【例題3-3】已知某資產在2016年1月的交易價格為300萬元，該種資產已不再生產，但該類資產的價格變化情況如下：2016年2~5月的環比價格指數分別為103.6%、98.3%、103.5%和104.7%。運用價格指數法在評估中運用的計算公式進行計算，評估對象於2016年5月的評估價值最接近於：

300 × 100% × 103.6% × 98.3% × 103.5% × 104.7% = 331.1（萬元）

3.1.4.2 成新率價格調整法

（1）原理。

成新率價格調整法以參照物的成交價格為基礎，考慮參照物與評估對象新舊程度上的差異，通過成新率調整估算出評估對象的價值。

（2）計算公式。

被評估資產評估價值 = 參照物成交價格 × $\dfrac{被評估資產成新率}{參照物成新率}$

資產的成新率 = 資產的尚可使用年限 ÷ (資產的已使用年限 + 資產的尚可使用年限) × 100%

3.2 收益途徑

3.2.1 收益途徑的基本含義

收益法是指通過估算資產未來預期收益的現值進而確定被估資產價值的評估方法（見圖3.4）。收益法以預期收益為基礎，採用以利求本的思維方式，通過對被估資產預期收益進行折現或資本化的方式確定評估值。

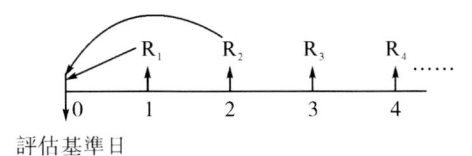

圖3.4 收益法示意圖

收益法的計算公式為：

$$P = \sum_{i=1}^{n} \frac{R_i}{(1+r)^i}$$

3.2.2 收益途徑的基本前提

3.2.2.1 被估資產未來預期收益能夠預測並以貨幣形式計量

影響預期收益的主要因素包含主觀因素和客觀因素，評估人員可以據此分析和測算出被評估資產的預期收益。

3.2.2.2 所有者為獲取預期收益所承擔的風險可以測算並量化

不同的收益可能有著不同的風險，兩個被評估資產即使在未來的收益基本相當，但是由於風險不一樣，大家肯定會選擇購買風險低的資產，或者說大家會認為風險低的資產的價值更高。

從貨幣時間價值和資產股價的角度看，不同風險的收益需要使用不同的折現率來計算現值。

3. 被估資產獲取預期收益的時間可以預測

3.2.3 收益途徑的基本程序

採用收益法進行評估，其基本程序如下：

（1）收集驗證與評估對象未來預期收益有關的數據資料，包括經營前景、財務狀況、市場形勢以及經營風險等。

（2）分析測算被評估對象未來的預期收益。

（3）確定折現率或資本化率。

（4）分析測算被評估資產未來預期收益持續的時間。

（5）用折現率或資本化率評估對象未來預期收益並折算成現值。

（6）分析確定評估結果。

從評估實務的角度看，前 4 個步驟比較關鍵，涉及收益法計算的 3 個關鍵因素：收益額、收益年限、折現率。

但是我們主要是根據已知條件按照第 5 個步驟來計算被評估資產的價值，因此第 5 個步驟也比較重要，應特別重視。

3.2.4　收益途徑的基本參數

3.2.4.1　收益額

（1）收益額是未來預期收益，不是歷史收益和現實收益。

（2）收益額是由被估資產帶來的。

（3）收益額是資產未來的客觀收益。

3.2.4.2　折現率或資本化率

折現率或資本化率是一種預期的投資收益率。

折現率或資本化率在本質上是相同的，都表現為一種投資收益率，只是適用場合不同。折現率是將未來有期限的預期收益折算為現值的比率。資本化率則是指將未來無期限且年金的永續性收益折算為現值的比率。

3.2.4.3　收益期限

收益期限是指資產收益的期間，通常指收益年期。收益期限由評估人員根據未來獲利情況、損耗情況等確定，也可根據法律、契約和合同規定確定。

3.2.5　收益途徑中的具體方法

3.2.5.1　收益法的基本方法

（1）未來收益有期限且不等值：

$$P = \sum_{t=1}^{n} \frac{R_t}{(1+r)^t}$$

（2）未來收益無期限且年金：

$$P = \frac{A}{r}$$

（3）未來收益無期限且不等額（分段法）：

$$P = \sum_{t=1}^{n} \frac{R_t}{(1+r)^t} + \frac{A}{r(1+r)^n}$$

3.2.5.2　收益法的其他方法

（1）未來收益法有期限且年金：

$$P = \frac{A}{r}\left[1 - \frac{1}{(1+r)^n}\right]$$

（2）預期收益按等差級數遞增且收益無期限：

$$P = \frac{A}{r-s}$$

（3）預期收益按等比級數遞增且無期限：

$$P = \frac{A}{r} + \frac{B}{r^2}$$

3.2.5.3　其他方法

【例題 3-4】某收益性資產效益一直良好，經專業評估人員預測，評估基準日後第一年預期收益為 100 萬元，以後每年遞增 10 萬元，假設折現率為 10%，收益期為 20 年，該資產的評估價值最接近於（　　）萬元。

　　A．1,400　　　　　　　　　　B．1,700
　　C．1,800　　　　　　　　　　D．1,970

$$P = \left[\frac{A}{r} + \frac{B}{r^2}\right]\left[1 + \frac{1}{(1+r)^n}\right] - \frac{B}{r} \times \frac{n}{(1+r)^n}$$

『正確答案』A

『答案解析』本題應該使用收益法中，純收益按等差級數遞增，收益年期有限條件下的計算公式：

$$P = \left(\frac{A}{r} + \frac{B}{r^2}\right)\left[1 - \frac{1}{(1+r)^n}\right] - \frac{B}{r} \times \frac{n}{(1-r)^n}$$

本題中 A = 100 萬元，B = 10 萬元，r = 10%，n = 20。

【例題 3-5】經專業評估人員預測，某收益性資產評估基準日後第一年預期收益為 100 萬元，以後每年遞減 10 萬元，假設折現率為 5%，該資產的評估價值最接近於（　　）萬元。

　　A．710　　　　　　　　　　B．386
　　C．517　　　　　　　　　　D．446

『正確答案』D

『答案解析』本題應該使用收益法中，純收益按等差級數遞減，收益年期有限條件下的計算公式，收益年期應該是 10 年（特別注意這種題目，收益年限需要自己計算。即使題目提供了收益年限，也要通過計算，檢查題目給出的收益年限是否超過了真正的收益年限。例如，本題中收益年限最大只能是 10 年，如果題目提供的收益年限是 8 年，則計算時收益年限應該使用 8 年；如果題目提供的收益年限超過 10 年，則計算時收益年限應該使用 10 年），使用的計算公式為：

$$P = \left[\frac{A}{r} - \frac{B}{r^2}\right]\left[1 - \frac{1}{(1+r)^n}\right] + \frac{B}{r} \times \frac{n}{(1+r)^n}$$

在本題中，公式中的 A 應該是評估基準日後的第一期收益 100 萬元，B 應該是等差級數遞增額 10 萬元，$r=5\%$，$n=10$。

所以 $P = (100 \div 0.05 - 100 \div 0.05^2) \times [1 - (1+5\%)^{-10}] + 10 \div 0.05 \times [10 \div (1+5\%)^{10}]$

$= (2,000 - 4,000) \times 0.385, 1 + 1,227.82 = 455.65$（萬元）

【例題 3-6】（2011 年考題）已知被評估資產評估基準日後第一年的預期收益為 100 萬元，其後各年的收益將以 2% 的比例遞減，收益期為 20 年，期滿後無殘餘價值，折現率為 10%。據此，該資產的評估價值為（　　）萬元。

A. 649　　　　　　　　　　　　　　B. 751
C. 974　　　　　　　　　　　　　　D. 1,126

3.3　成本途徑

3.3.1　成本途徑的基本含義

成本法是指首先估算被估資產的重置成本和各種貶值，然後將各種貶值從重置成本中扣除，以取得被估資產評估值的方法。

3.3.2　成本途徑的基本前提

（1）成本法以持續使用為假設，要求被估資產處在繼續使用過程中。
（2）成本法要求必須掌握可以利用的歷史資料。
（3）成本法要求必須能夠測定形成資產價值的必要耗費。

3.3.3　成本途徑的基本要素

被估資產評估值＝被估資產重置成本−被估資產實體貶值−被估資產功能貶值−被估資產經濟貶值

3.3.3.1　重置成本

重置成本是指在現行市場條件下，按功能重置某項資產並使其處於在用狀態所需耗費的成本。

（1）復原重置成本：原消耗按現價格計算的重置成本。
（2）更新重置成本：新消耗按現價格計算的重置成本。
復原重置成本與更新重置成本內容示意圖如圖 3.5 所示。
（3）兩種重置成本在運用中的注意事項。

①在實踐工作中，選擇重置成本時，在同時可獲得復原重置成本和更新重置成本的情況下，應選擇更新重置成本。在無法獲得更新重置成本時也可採用復原重置成本。

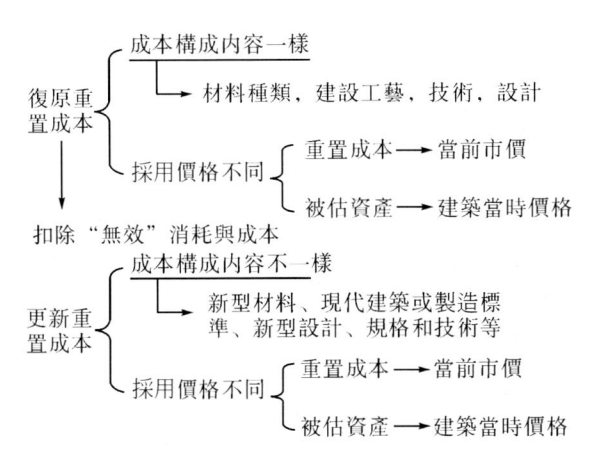

```
                    ┌ 成本構成內容一樣
                    │    └─→ 材料種類、建設工藝、技術、設計
         復原重
         置成本  ┤
                    │                  ┌ 重置成本 ─→ 當前市價
                    └ 採用價格不同 ┤
    │                              └ 被估資產 ─→ 建築當時價格
    ↓
扣除"無效"消耗與成本
                    ┌ 成本構成內容不一樣
                    │    └─→ 新型材料、現代建築或製造標
         更新重  │         準、新型設計、規格和技術等
         置成本  ┤
                    │                  ┌ 重置成本 ─→ 當前市價
                    └ 採用價格不同 ┤
                                       └ 被估資產 ─→ 建築當時價格
```

圖 3.5 復原重置成本與更新重置成本內容示意圖

選擇更新重置成本的原因是：一方面隨著科學技術的進步，勞動生產率的提高，新工藝、新設計被社會所普遍接受；另一方面，新型設計、工藝製造的資產無論從其使用性能，還是成本耗用方面都會優於舊的資產。

②無論哪種重置成本，資產本身的功能始終是相同的，採用的都是資產的現時價格，不同的在於技術、設計、標準方面的差異。

③一般而言，復原重置成本大於更新重置成本。

④如果選用了復原重置成本，那麼復原重置成本和更新重置成本的差額則被視作是功能性貶值的一部分。

3.3.3.2 實體貶值

(1) 實體貶值的含義。資產由於使用及自然力的作用導致的資產的物理性能的損耗或下降而引起的資產的價值損失。

(2) 資產的實體性貶值通常用相對數計量，即實體性貶值率，用公式表示為：

$$實體性貶值率 = \frac{資產實體性貶值}{資產重置成本}$$

3.3.3.3 功能貶值

(1) 功能貶值的定義。功能貶值是指由技術進步引起的資產功能相對落後而造成的資產價值損失。

(2) 功能性貶值一般包括兩個方面：①新工藝、新材料和新技術的採用使得原有資產的建造成本超過現行建造成本的超支額（復原重置成本和更新重置成本的差額，即超額投資成本）。②原有資產超過體現技術進步的同類資產的營運成本的超支額。

3.3.3.4 經濟貶值

(1) 經濟貶值的含義。經濟貶值是指由於外部條件的變化引起的資產閒置、收益下降等資產價值損失。

經濟貶值從概念上講，是企業外部的影響導致企業資產本身價值的損失，與企業

資產本身無關。

經濟貶值主要體現為營運中的資產使用率下降，甚至閒置，並引起資產的營運收益下降。

（2）經濟貶值的影響因素。經濟貶值的影響因素包括政治因素、宏觀政策因素等。

例如，在評估一家化肥廠或化學製品廠時，就要考慮該企業的生產是否達到環保規定，是否使得這一廠家的生產經營受到限制，因而其資產的價值會下降。這種損耗一般稱為資產的經濟性損耗，也稱為經濟貶值。

3.3.4 成本途徑中的具體方法

3.3.4.1 重置成本的估算

重置成本的估算一般可以採用重置核算法、物價指數法、功能價值法、規模經濟效益指數法等。

（1）重置核算法。

重置核算法利用成本核算的原理，根據重新取得資產所需的成本費用項目逐項計算，然後累加得到資產的重置成本，包括直接成本與間接成本。

直接成本是指直接可以構成資產成本支出的部分，如房屋建築物的基礎、牆體、屋面、內裝修等項目支出，機器設備類資產的購價、安裝調試費、運雜費、人工費等。直接成本應按現時價格逐項加總。

間接成本是指為建造或購買資產而發生的管理費、設計制圖費等支出。

【例題3-7】重置購置設備一臺，現行市場價格為每臺60,000元，運雜費2,000元，直接安裝成本1,000元（原材料400元，人工成本600元）。根據統計分析，計算求得安裝成本中的間接成本為每人工成本為0.8元。該機器設備重置成本為：

直接成本＝60,000+2,000+1,000＝63,000（元）

其中：買價　60,000元

　　　運雜費　2,000元

　　　安裝費用　1,000元（原材料400元，人工成本600元）

　　　間接成本（安裝成本）＝600×0.8＝480（元）

　　　重置成本合計＝63,000+480＝63,480（元）。

（2）物價指數法。

物價指數法即利用與資產有關的價格變動指數將資產歷史成本（帳面成本）調整為重置成本。

被估資產重置成本＝被估資產歷史成本×（1+物價變動指數）

或者

被估資產重置成本＝被估資產歷史成本×（被估資產評估時的物價指數÷被估資產購置時的物價指數）

物價指數法與重置核算法的區別在於：

①物價指數法估算的重置成本僅考慮了價格變動因素，確定的是復原重置成本；

而重置核算法既考慮了價格因素，也考慮了生產技術進步和勞動生產率的變化因素，因而可以估算復原重置成本和更新重置成本。

②物價指數法建立在不同時期的某一種或某類甚至全部資產的物價變動水準上，而重置核算法建立在現行價格水準與購置成本費用核算的基礎上。

【例題 3-8】某處資產於 2008 年購置，帳面原值為 200 萬元，2018 年進行評估，已知 2008 年和 2018 年的該類資產定基物價指數分別為 100% 和 150%，計算被估資產重置成本。

（3）功能價值法。

功能價值法又稱生產能力比較法，是指尋找一個與被評估資產相同或相似的資產為參照物，計算其每一單位生產能力價格或參照物與被評估資產生產能力的比例，據以估算被評估資產的重置成本的方法，其計算公式如下：

$$被估資產重置成本 = \frac{被估資產生產能力}{參照物資產生產能力} \times 參照物資產重置成本$$

【例題 3-9】某企業重置全新的一臺機器設備價格為 10 萬元，年產量為 8,000 件。已知被估資產年產量為 6,000 件，計算其重置成本。

這種方法運用的前提和假設是資產的成本與其生產能力為線性關係，生產能力越大，成本越高，而且是正比例關係；否則，不可以採用這種方法估算。

（4）規模經濟效益指數法。

功能價值法是規範經濟效益指數法在 x 取 1 時的特例。

假設資產的成本與生產能力為非線性關係。在這種情況下其計算公式為：

$$被估資產重置成本 = \left(\frac{被估資產生產能力}{參照物資產生產能力}\right)^x \times 參照物資產重置成本$$

式中，x 是一個經驗數據，稱為規模經濟效益指數。在美國，這個經驗數據一般為 0.4~1，加工業的一般為 0.7，房地產業的一般為 0.9。中國目前還未有統一的經驗數據，評估過程中要慎用這個方法。公式中的參照物一般可選擇同類資產中的標準資產。

3.3.4.2 實體貶值的測算

資產的實體貶值是資產的使用和自然力的作用形成的貶值。實體貶值的估算，一般可以採用以下幾種方法。

（1）觀測法。

觀測法又稱成新率法，是以被評估資產為對象，由具有專業知識和豐富經驗的工程技術人員對資產的實體各部位進行技術鑒定，並綜合分析資產的設計、製造、使用、磨損、維護、修理、改造情況和物理壽命等綜合因素，將被評估對象與其全新狀態相比較，考察使用磨損和自然損耗對資產的功能、使用效率帶來的影響，判斷被評估資產的成新率，從而估算實體貶值。計算公式如下：

$$成新率 = \frac{尚可使用年限}{實際已使用年限 + 尚可使用年限}$$

$$資產的實體貶值 = 重置成本 \times (1 - 成新率)$$

(2) 使用年限法。

使用年限法是指通過確定被評估資產的已使用年限與總使用年限來估算其實體貶值程度的一種具體評估方法。其計算公式為：

實體貶值額＝重置成本×（已使用年限÷總使用年限）

式中，如果被評估資產在清理報廢時可收回部分金額，那麼重置成本還需減去預計殘值，如果預計殘值較小則可忽略不計。

總使用年限＝實際已使用年限＋尚可使用年限

實際已使用年限＝名義已使用年限×資產利用率

資產在使用過程中受負荷程度的影響，必須將資產的名義已使用年限調整為實際已使用年限，名義已使用年限是指資產從購進使用到評估時的年限。名義已使用年限可通過會計記錄、資產登記記錄查詢確定。實際已使用年限是指資產在使用中實際損耗的年限。實際已使用年限與名義已使用年限的差異可以通過資產利用率來調整。資產利用率公式如下：

$$資產利用率 = \frac{被估資產累計實際利用時間}{被估資產累計法定利用時間} \times 100\%$$

當資產利用率大於 1 時，表示資產超負荷運轉，資產實際已使用年限要比名義已使用年限要長；當資產利用率為 1 時，表示資產滿負荷運轉，資產實際已使用年限等於名義已使用年限；當資產利用率小於 1 時，表示資產開工不足，閒置時間較多，資產實際已使用年限要比名義已使用年限短。

【例題3-10】某資產於 2008 年 5 月購入，2018 年 5 月評估時，名義已使用年限是 10 年，根據該資產的技術指標，在正常使用情況下每天應工作 8 小時，但實際每天工作 6 小時，計算該資產利用率及實際使用年限。

3.3.4.3 功能貶值的測算

功能貶值是指新型資產的出現導致原有資產的功能相對過時而產生的價值損失。它是由技術進步引起的原有資產的價值損耗，是一種無形損耗。在科學技術不斷發展的今天，資產的功能貶值日益突出。

功能貶值可以用功能貶值額和功能貶值率兩個指標來衡量。

(1) 功能貶值額的計算。資產的功能貶值額可以通過測算超額營運成本和超額投資成本等幾種形式來加以測算。

①超額營運成本的測算。

第一，將被估資產與技術先進的資產相比較，確定年超額營運成本。

第二，扣除所得稅計算年淨超額營運成本。

第三，確定被估資產尚可使用年限。

第四，被估資產尚可使用年限內每年淨超額營運成本折現值之和即為被估資產功能貶值。其公式為：

被估資產功能貶值＝Σ被估資產年淨超額營運成本×折現系數

②超額投資成本的測算。

超額投資成本是指由於技術進步和採用新型材料等原因，具有同等功能的新資產的製造成本低於原有資產的製造成本而形成的原有資產的價值貶值額。

由此可見，超額投資成本實質上是復原重置成本與更新重置成本之間的差額。

超額投資成本＝復原重置成本－更新重置成本

（2）功能貶值率的計算。

功能貶值率＝功能貶值額÷重置成本

3.3.4.4 經濟貶值的測算

經濟貶值是由於外部環境變化造成的資產貶值。計算經濟貶值時，主要是根據產品銷售困難而開工不足或停止生產從而形成資產的閒置、價值得不到實現等因素確定其貶值額。

評估人員應根據資產的具體情況加以分析確定。當資產使用基本正常時，不計算經濟貶值。

資產即將貶值時一般表現為資產利用率下降，資產年收益額減少。

（1）由資產利用率下降造成的經濟性貶值額的具體計算公式如下：

$$經濟貶值率 = \left[1 - \left(\frac{預計可利用生產能力}{原設計生產能力}\right)^x\right] \times 100\%$$

式中，x 為功能價值指數，實踐中多為經驗數據，一般取值為 0.6～0.7。

經濟貶值額＝（重置成本－實體性貶值－功能性貶值）×經濟性貶值率

（2）由資產年收益額減少導致的經濟性貶值的具體計算公式如下：

經濟貶值額＝被估資產年收益損失額×（1－所得稅稅率）×$(P/A, r, n)$

式中，$(P/A, r, n)$ 為年金現值系數。

【例題 3-11】某被評估資產的設計生產能力為年產 1,000 臺產品，因市場需求結構發生變化，在未來可使用年限內每年產量要減少 400 臺左右。該類設備功能價值系數為 0.6，假設每年減少 400 臺，每臺 100 元，該設備尚可使用 3 年，企業投資回報率為 10%，所得稅稅率為 25%。根據上述條件，計算該生產設備的經濟性貶值率及經濟性貶值額。

3.4 評估途徑及方法的選擇

3.4.1 評估途徑之間的關係

3.4.1.1 資產評估方法之間的聯繫

（1）評估方法是實現評估目的的手段，評估基本目的決定了評估方法之間的內在聯繫。

對於特定經濟行為，在相同的市場條件下，對處在相同狀態下的同一資產進行評估，其評估值應該是客觀的。這個客觀的評估值不會因為評估人員所選用的評估方法

的不同而出現截然不同的結果。

(2) 多種評估方法得到的評估結果出現較大差異的原因：
①某些方法不具備應用前提。
②某些支撐評估結果的信息依據出現失真。
③評估師的職業判斷有誤。
④分析過程有缺陷。
⑤結構分析有問題。

3.4.1.2 資產評估方法之間的區別

(1) 各種評估方法都是從不同的角度去表現資產的價值的。
(2) 各種評估方法自成一體，評估結論也是從某一角度反應資產的價值的。
(3) 由於評估條件和各個方法的自身特點決定了各種方法的評估效率不同。

3.4.2 資產評估途徑和方法的選擇

3.4.2.1 評估方法的選擇

評估方法的選擇實際上包含了不同層面的資產評估方法的選擇過程，即三個層面的選擇：
(1) 評估的技術思路層面。
(2) 選擇實現評估技術的具體技術方法。
(3) 對運用各種技術評估方法所涉及的技術參數的選擇。

3.4.2.2 注意因素和建議

在評估方法選擇中，我們應注意以下因素並提出以下的建議：
(1) 評估方法的選擇要與評估目的、評估時的市場條件、被評對象在評估過程中所處的狀態以及由此所決定的資產評估價值類型相適應。
(2) 評估方法的選擇受評估對象的類型、理化狀態等因素制約。
(3) 評估方法的選擇受各種評估方法運用所需的數據資料及主要經濟技術參數能否搜集的制約。
(4) 資產評估人員在選擇和運用評估方法時，如果條件允許，應當考慮三種基本評估方法在具體評估項目中的適用性；如果可以採用多種評估方法，不僅要確保滿足各種方法使用的條件要求和程序要求，還應當對各種評估方法取得的各種價值結論進行比較，分析可能存在的問題並做出相應的調整，確定最終評估結果。

實訓　收益法評估實訓

【實訓目標】

掌握收益法在企業資產評估中應用的技術與方法。

【實訓項目與要求】

一、實訓項目

(1) 進行收益法適應性判斷。
(2) 進行被評估對象企業背景分析。
(3) 進行企業經營狀況分析。
(4) 進行企業未來盈利能力預測分析。
(5) 確定被評估企業所需的主要參數。
(6) 測算被評估對象企業評估值。

二、實訓要求

（1）編寫收益法評估說明。

（2）編製收益法評估工作底稿。

【成果檢測】

（1）每個團隊分別撰寫實訓總結報告，在班級內進行交流。

（2）教師與同學們共同總結流動資產評估實訓中存在的問題，明確今後教學過程中應當改進的方面。

（3）由各團隊負責人組織小組成員進行評價打分。

（4）教師根據各團隊的實訓情況、總結報告及各位同學的表現予以評分。

課後練習

一、單項選擇題

1. 資產功能貶值的計算公式為：被評估資產功能貶值額 $=\sum$（被評估資產年淨超額營運成本×折現系數）。其中，淨超額營運成本為（　　）。

　　A. 超額營運成本乘折現系數所得的數額

　　B. 超額營運成本扣除其抵減的所得稅以後的餘額

　　C. 超額營運成本扣除其抵減的所得稅以後的餘額乘折現系數的所得額

　　D. 超額營運成本加上其應抵減的所得稅額

2. 對被評估的機器設備進行模擬重置，按現行技術條件下的設計、工藝、材料、標準、價格和費用水準進行核算，這樣求得的成本稱為（　　）。

　　A. 更新重置成本　　　　　　B. 復原重置成本

　　C. 完全重置成本　　　　　　D. 實際重置成本

3. 某評估機構採用收益法對一項長期股權投資進行評估，假定該投資每年純收益為 30 萬元且固定不變，資本化率為 10%，則該項長期股權投資的評估值為（　　）。

　　A. 200 萬元　　　　　　　　B. 280.5 萬元

　　C. 300 萬元　　　　　　　　D. 350 萬元

4. 已知某類設備的價值與功能之間存在線性關係，重置全新機器設備一臺，其價值為 4 萬元，年產量為 4,000 件，現知被評估資產年產量為 3,000 件，則其重置成本為（　　）。

　　A. 3 萬元　　　　　　　　　B. 4 萬元

　　C. 3 至 4 萬元　　　　　　　D. 無法確定

5. 評估機器設備一臺，三年前購置，據瞭解該設備尚無替代產品。該設備帳面原值 10 萬元，其中購買價值為 8 萬元，運輸費為 0.4 萬元，安裝費用（包括材料）為 1 萬元，調試費用為 0.6 萬元。經調查，該設備現行價格 9.5 萬元，運輸費、安裝費、

調試費分別比 3 年前上漲 40%、30%、20%。該設備的重置成本為（　　）。（保留兩位小數）

  A. 12.08 萬元   B. 10.58 萬元

  C. 12.58 萬元   D. 9.5 萬元

6. 2015 年 1 月評估設備一臺，該設備於 2011 年 12 月購置，帳面原值為 20 萬元，2013 年進行一次技術改造，改造費用（包括增加設備）為 2 萬元。若 2011 年定基物價指數為 1.05，2013 年為 1.20，2015 年為 1.32。則該設備的重置成本的（　　）。

  A. 22 萬元   B. 27.34 萬元

  C. 27.43 萬元   D. 29.04 萬元

7. 評估資產為一臺年產量為 8 萬件甲產品的生產線。經調查，市場現有類似生產線成本為 25 萬元，年產量為 15 萬件。如果規模經濟指數為 0.7 時，該設備的重置全價為（　　）。

  A. 19.2 萬元   B. 17.35 萬元

  C. 24 萬元   D. 16.10 萬元

8. 某待估設備重置成本為 27 萬元，經查閱，已使用 4 年，評估人員經分析後確定該設備尚可使用 5 年，那麼它的實體貶值額為（　　）。

  A. 10 萬元   B. 12 萬元

  C. 15 萬元   D. 18 萬元

9. 某項專用技術預計可用 5 年，預測未來 5 年的收益分別為 40 萬元、42 萬元、44 萬元、45 萬元、46 萬元，假定折現率為 10%，則該技術的評估價值為（　　）。

  A. 217 萬元   B. 155.22 萬元

  C. 150.22 萬元   D. 163.43 萬元

10. 假定某企業長期負債占全部投入資本的比重為 20%，自有資金的比重為 80%，長期負債的平均利息率為 9%，社會無風險報酬率為 4%，該企業風險報酬率為 12%，則利用加權平均資本成本模型求得其資本化率為（　　）。（不考慮企業所得稅的影響）

  A. 15%   B. 13.2%

  C. 14.6%   D. 12.6%

二、多項選擇題

1. 價格指數調整法通常是用於（　　）的機器設備的重置成本估測。

  A. 技術進步速度不快

  B. 技術進步因素對設備價格影響不大

  C. 技術進步因素對設備價格影響很大

  D. 單位價值較小

  E. 價值量較大

2. 資產評估中不能採用會計學中的折舊年限來估算成新率是因為（　　）。

  A. 會計計價是由企業會計進行，而資產評估是由企業以外的評估人員進行的。

  B. 會計學中的折舊年限是對某一類資產做出的會計處理的統一標準，對同一

類資產具有普遍性和同一性,而資產評估中的成新率則具有特殊性和個別性。

C. 會計學中修理費的增加不影響折舊年限,而資產評估中修理費的增加要影響資產的成新率。

D. 會計學中的折舊年限未考慮同一類資產中個別資產之間在使用頻率、保養和維護等方面的差異。

E. 會計學中的折舊年限是按照折舊政策確定的,而成新率反應了資產實際的新舊程度。

3. 應用市場法必須具備的前提條件是(　　)。

　A. 需要有一個充分活躍的資產市場

　B. 必須具有與被評估資產相同或相類似的全新資產價格

　C. 可收集到參照物及其與被評估資產可比較的指標、技術參數

　D. 被評估資產未來收益能以貨幣衡量

　E. 被評估資產所面臨的風險也能夠衡量

4. 物價指數法中的物價指數可以是(　　)。

　A. 被評估資產的類別物價指數　　B. 被評估資產的個別物價指數

　C. 固定資產投資價格指數　　　　D. 商品零售價格指數

　E. 綜合物價指數

5. 應用市場法估測被評估機組的重置成本時,參照物與被評估機組之間需調整的主要參數有(　　)。

　A. 交易時間的差異　　　　　　　B. 生產效率的差異

　C. 付款方式的差異　　　　　　　D. 新舊程度的差異

　E. 交易情況的差異

6. 市場法中交易情況的調整是指(　　)。

　A. 由於參照物的成交價高於或低於市場正常交易價格所需進行的調整

　B. 因融資條件差異所需進行的調整

　C. 因投資環境差異所需進行的調整

　D. 因銷售情況不同所需進行的調整

　E. 因交易時間差異所需進行的調整

7. 以下對市場法的理解正確的有(　　)。

　A. 市場法是資產評估的基本方法之一

　B. 市場法的優點是能夠反應資產目前的市場情況

　C. 市場法的優點是評估值能較直觀地反應市場現實價格

　D. 市場法的缺點是有時缺少可比較的數據

　E. 市場法是最具說服力的評估方法之一

8. 造成資產經濟性貶值的主要原因有(　　)。

　A. 該項資產技術落後

　B. 該項資產生產的產品需求減少

C. 社會勞動生產率提高

D. 政府公布淘汰該類資產的時間表

E. 市場對該項資產的需求下降

9. 收益法應用中預期收益額的界定應注意（　　）。

A. 收益額指的是被評估資產在未來正常使用中能產生的收益額

B. 收益額是由被評估資產直接形成的

C. 收益額必須是稅後利潤

D. 收益額是一個確定的數據

E. 對於不同的評估對象應該具有不同內涵的收益額

10. 下列有關收益法參數的說法中，正確的是（　　）。

A. 運用收益法涉及的參數主要有3個：收益額、折現率和收益期限

B. 收益額是資產的現實收益額

C. 折現率是一種風險報酬率

D. 收益期限是指資產具有獲利能力持續的時間，通常以年為時間單位

E. 收益額是資產未來的實際收益額

三、判斷題

1. 應用市場法評估資產需要滿足3個前提條件。　　　　　　　　　　（　　）
2. 收益法中的收益是指評估基準日後若干年的平均收益。　　　　　　（　　）
3. 採用市場法評估資產價值時，需要以類似或相同的資產為參照物，選擇的參照物應該是與被評估資產的成新率相同的資產。　　　　　　　　　　（　　）
4. 市場比較法中的個別因素修正的目的在於將可比交易實例價格轉化為待估對象自身狀況下的價格。　　　　　　　　　　　　　　　　　　　　（　　）
5. 政府實施新的經濟政策或發布新的法規限制了某些資產的使用，造成資產價值的降低，這是一種非評估考慮因素。　　　　　　　　　　　　（　　）
6. 對被評估的機器設備進行模擬重置，按現行技術條件下的設計、工藝、材料、標準、價格和費用水準進行核算，這樣求得的成本稱為復原重置成本。（　　）
7. 對於一項科學技術進步較快的資產，採用物價指數法往往會比採用重置核算法估算的重置成本高。　　　　　　　　　　　　　　　　　　　（　　）
8. 收益法涉及的參數主要有3個：收益額、折現率和收益期限。　　　（　　）
9. 收益年限是指資產從購置開始到報廢所經歷的全部時間，通常以年為時間單位。
　　　　　　　　　　　　　　　　　　　　　　　　　　　　　　　（　　）
10. 復原重置成本與更新重置成本相比較，設計差異、功能差異、技術差異和標準差異均是兩者之間的主要差異。　　　　　　　　　　　　　　（　　）

四、計算題

1. 被評估機組為5年前購置，帳面價值為20萬元人民幣，評估時該類型機組已不再生產了，已經被新型機組所取代。經調查和諮詢，在評估時點，其他企業購置新型

機組的價格為30萬元人民幣，專家認定被評估機組與新型機組的功能比為0.8，被評估機組尚可使用8年，預計每年超額營運成本為1萬元。假定其他費用可以忽略不計。

試根據所給條件計算：

(1) 估測該機組的現時全新價格；

(2) 估算該機組的成新率；

(3) 估算該機組的評估值。

2. 某臺機床需評估。企業提供的購置成本資料如下：該設備採購價為5萬元，運輸費為0.1萬元，安裝費為0.3萬元，調試費為0.1萬元，已服役2年。經市場調查得知，該機床在市場上仍很流行，且價格上升了20%；鐵路運價近兩年提高了1倍，安裝的材料和工費上漲幅度加權計算為40%，調試費用上漲了15%。試評估該機床原地續用的重置全價。

3. 現有一臺與評估資產X設備生產能力相同的新設備Y，使用Y設備比X設備每年可節約材料、能源消耗和勞動力等約60萬元。X設備的尚可使用年限為6年，假定年折現率為10%，該企業的所得稅稅率為40%，求X設備的超額營運成本。

4. 某上市公司欲收購一家企業，需對該企業的整體價值進行評估。已知該企業在今後持續經營，預計前5年的稅前淨收益分別為40萬元、45萬元、50萬元、53萬元和55萬元；從第6年開始，企業進入穩定期，預計每年的稅前淨收益保持在55萬元。折現率與資本化率均為10%，企業所得稅稅率為40%，試計算該企業的評估值是多少？

5. 有一待估宗地A，另有與待估宗地A條件類似的宗地B，有關對比資料如表3.28所示：

表3.28 待估宗地A和B的對比資料

宗地	成交價	交易時間	交易情況	容積率	區域因素	個別因素	交易時間地價值數
A		2018年10月	0	1.1	0	0	108
B	780	2017年2月	+1%	1.2	-2%	0	102

表3.28中百分比指標為參照物待估宗地B與待估宗地A相比增減變動幅度。據調查，該市此類用地容積率每增加0.1，宗地單位地價比容積率為1時的地價增加5%。

要求：(1) 計算參照物與待估宗地的容積率與地價的相關係數。

(2) 計算參照物修正係數：交易情況修正係數、交易時間修正係數、區域因素修正係數、個別因素修正係數、容積率修正係數。

(3) 計算參照物修正後的地價。

第 4 章　資產評估程序

案例導入

某食品公司為中外合資企業，經營 10 年來，質量穩定，貨真價實，在市場上其××食品已樹立了信譽，銷量日增，有的產品還進入了國際市場，深受國外用戶的信賴。為了進一步擴大業務，占領國際市場，提高企業競爭能力與應變能力，該食品公司於 2014 年年末進行股權結構的重組。該食品公司在進行股權結構重組中，需要對其所擁有的××商標進行評估。

問題 1：在進行評估之前，評估人員需要收集哪些方面的信息？

問題 2：評估人員可以通過哪些渠道或途徑收集所需要的信息？對於收集到的方方面面的信息，如何進行分析？如何利用這些經過分析處理的信息？

問題 3：對該食品公司的××商標的評估程序是什麼？

4.1　資產評估程序及其重要性

4.1.1　資產評估程序的定義

資產評估程序是指資產評估師執行資產評估業務所履行的系統性工作步驟。資產評估程序由具體的工作步驟組成，不同的資產評估業務由於評估對象、評估目的、資產評估資料收集情況等相關條件的差異，評估人員可能需要執行不同的資產評估具體程序或工作步驟，但由於資產評估業務的共性，不同資產類型、不同評估目的的資產評估業務的基本程序是相同或相通的。通過對資產評估基本程序的總結和規範，可以有效地指導評估人員開展各種類型的資產評估業務。

中國評估實務界從不同角度對評估程序有著不同的理解，總的來說可以從狹義和廣義的角度來瞭解資產評估程序。資產評估是一種基於委託合同基礎之上的專業服務，因此從狹義的角度看，很多人認為資產評估程序開始於資產機構和人員接受委託，終止於向委託人或相關當事人提交資產評估報告書。然而作為一種專業性、風險性很強的仲介服務，為保證資產評估業務質量、控制資產評估風險、提高資產評估服務水準，以便更好地服務於委託人，維護資產評估行為各方當事人合法利益和社會公共利益，有必要從廣義角度認識資產評估程序。廣義的資產評估程序開始於承接資產評估業務

前的明確資產評估基本事項環節，終止於資產評估報告書提交後的資產評估文件歸檔管理。

4.1.2 資產評估的基本程序

資產評估具體程序或工作步驟的劃分取決於資產評估機構和人員對資產評估工作步驟共性的歸納，資產評估業務的性質、複雜程度也是影響資產評估具體程序劃分的重要因素。在2008年7月1日起施行的《資產評估準則——評估程序》中，規定了註冊資產評估師通常執行的資產評估的基本程序，基本程序如下：

(1) 明確資產評估業務基本事項。
(2) 簽訂資產評估業務約定書。
(3) 編製資產評估計劃。
(4) 現場調查。
(5) 收集資產評估資料。
(6) 評定估算。
(7) 編製和提交資產評估報告。
(8) 資產評估工作底稿歸檔。

註冊資產評估師不得隨意刪減基本評估程序。註冊資產評估師應當根據準則，結合評估業務具體情況，制定並實施適當的具體評估步驟。註冊資產評估師在執行評估業務的過程中，由於受到客觀條件限制，無法或者不能完全履行評估程序的，可以根據能否採取必要措施彌補程序缺失或是否對評估結論產生重大影響，決定繼續執行評估業務或者終止執行評估業務。註冊資產評估師應當記錄評估程序履行情況，形成工作底稿。

4.1.3 資產評估程序的重要性

4.1.3.1 資產評估程序是規範資產評估行為、提高資產評估業務質量和維護資產評估服務公信力的重要保證

資產評估機構和人員接受委託，不論執行何種資產類型、何種評估目的的資產評估業務，都應當履行必要的資產評估程序，按照工作步驟有計劃地進行資產評估。一方面，這樣做不僅有利於規範資產評估機構和人員的執業行為，而且能夠有效地避免由機構和人員水準不同而導致的在執行具體資產評估業務中可能出現的程序上的重大疏漏，切實保證資產評估業務質量。恰當履行資產評估程序對於提高資產評估機構的業務水準乃至資產評估行業整體業務水準具有重要意義；另一方面，資產評估是一項專業性很強的仲介服務工作，評估機構和人員履行嚴格的評估程序也是贏得客戶和社會公眾信任、提高評估行業社會公信力的重要保證。

4.1.3.2 資產評估程序是相關當事方評價資產評估服務的重要依據

由於資產評估結論是相關當事方進行決策的重要參考依據之一，因此資產評估服務必然引起許多相關當事方的關注，包括委託人、資產佔有方、資產評估報告使用人、

相關利益當事人、司法部門、證券監督及其他行政監督部門、資產評估行業主管協會以及社會公眾、新聞媒體等。資產評估程序不僅為資產評估機構和人員執行資產評估業務提供了必要的指導和規範，也為上述相關當事方提供了評價資產評估服務的重要依據，也是委託人、司法和行政監管部門及資產評估行業協會監督資產評估機構和人員、評價資產評估服務質量的主要依據。

4.1.3.3　資產評估程序是資產評估機構和人員防範執業風險、保護自身合法權益、合理抗辯的重要手段

隨著資產評估行業的發展，資產評估機構和人員與其他當事人之間就資產評估服務引起的糾紛和法律訴訟越來越多。從各國的實踐來看，由於資產評估工作的專業性，無論是當事人還是司法部門，在舉證、鑒定方面均存在較大難度，都傾向於追究資產評估機構和人員在履行必要資產評估程序方面的疏漏和責任，而避免在專業判斷方面下結論。由於中國資產評估實踐尚處於初步發展階段，各方對資產評估的專業性還存在認識上的差距，中國資產評估委託人和相關當事方、政府和行業監管部門及司法部門在相當長的一段時間裡傾向於對資產評估結論做出「高低」「對錯」的簡單二元判斷，並以此作為對資產評估服務和評估機構、註冊資產評估師的評判依據。隨著中國資產評估行業的發展，有關各方對資產評估的認識逐步提高，目前已經開始逐步轉向重點關注資產評估機構和人員在執行業務過程中是否恰當地履行了必要的資產評估程序。因此，恰當地履行資產評估程序是資產評估機構和人員防範執業風險的主要手段，也是在產生糾紛或法律訴訟後，合法保護自身權益、合理抗辯的重要手段。

【思考】如何理解資產評估程序的重要性？

4.2　資產評估的具體程序

4.2.1　明確資產評估業務基本事項

明確資產評估業務基本事項是資產評估程序的第一個環節，包括在簽訂資產評估業務約定書以前所進行的一系列基礎性工作，其對資產評估項目風險評價、項目承接與否以及資產評估項目的順利實施等都具有重要意義。由於資產評估專業服務的特殊性，資產評估程序甚至在資產評估機構接受業務委託前就已開始。資產評估機構和註冊資產評估師在接受資產評估業務委託之前，應當採取與委託人等相關當事人討論、閱讀基礎資料、進行必要初步調查等方式，與委託人等相關當事人共同明確資產評估業務的基本事項。

4.2.1.1　需要明確資產評估業務基本事項的具體內容

（1）委託方、產權持有者和委託方外的其他報告使用者的基本情況。

資產評估機構和人員應當瞭解委託方和產權持有者的基本狀況。在不同的資產評估項目中，相關當事方的人員組成有所不同，主要包括資產佔有方、資產評估報告使

用方、其他利益關聯方等。委託人與相關當事人之間的關係也應當作為重要基礎資料予以充分瞭解，這對於理解評估目的、相關經濟行為以及防範惡意委託等十分重要。在可能的情況下，評估機構和評估人員還應要求委託人明確資產評估報告的使用人或使用人範圍以及資產評估報告的使用方式。明確評估報告使用人範圍一方面有利於評估機構和評估人員更好地根據使用者的需求提供良好的服務，同時也有利於降低評估風險。

（2）評估目的。

資產評估機構和評估人員應當與委託方就資產評估目的達成明確、清晰的共識，並盡可能細化資產評估目的，說明資產評估業務的具體目的和用途，避免籠統列出通用資產評估目的的簡單做法。

（3）評估對象和評估範圍。

註冊資產評估師應當瞭解評估對象及其權益的基本狀況，包括法律、經濟和物理狀況，如資產類型、規格型號、結構、數量、購置（生產）年代、生產（工藝）流程、地理位置、使用狀況以及企業名稱、住所、註冊資本、所屬行業、在行業中的地位和影響、經營範圍、財務和經營狀況等。註冊資產評估師應當特別瞭解有關評估對象的權利受限狀況。

（4）價值類型及定義。

註冊資產評估師應當在明確資產評估目的的基礎上恰當確定價值類型，確保所選擇的價值類型適用於資產評估目的，並就所選擇價值類型的定義與委託方進行溝通，避免出現歧義、誤導。

（5）資產評估基準日。

資產評估機構和評估人員應當通過與委託方溝通，瞭解並明確資產評估基準日。資產評估基準日是評估業務中極為重要的基礎，也是評估基本原則之一的時點原則在評估實務中的具體實現。評估基準日的選擇應當有利於資產評估結論有效地服務於資產評估目的，減少和避免不必要的資產評估基準日期後事項的發生。評估機構和人員應當憑藉自己的專業知識和經驗，建議委託方根據評估目的、資產和市場變化情況等因素合理選擇評估基準日。

（6）資產評估報告的使用限制和重要假設。

資產評估機構和註冊資產評估師在承接評估業務前，應該充分地瞭解所有對資產評估業務可能造成影響的限制條件和重要假設，以便進行必要的風險評價，並更好地為客戶服務。

（7）評估報告的提交時間及方式。

按委託方要求，結合受託方的實際條件和工作能力，協商約定評估報告提交的具體時間及提交的方式。

（8）評估服務費總額、支付時間和方式。

受託方按收費標準《資產評估收費管理暫行辦法》規定，同時考慮工作量、資產的複雜程度、行為本身的複雜性和需要投入的工作量等綜合因素和委託方協商收費，並約定支付的時間及提交的方式。

4.2.1.2 對資產評估的基本事項做以下因素的分析，以確定是否承接資產評估的項目

根據具體評估業務的不同，評估機構和評估人員應當在瞭解上述基本事項的基礎上，瞭解其他對評估業務的執行可能具有影響的相關事項。資產評估機構和評估人員在明確上述資產評估基本事項的基礎上，應當分析下列因素，確定是否承接資產評估項目。

（1）評估項目風險。

評估機構和人員應當根據初步掌握的相關評估業務的基礎情況，具體分析資產評估項目的執業風險，以判斷該項目的風險是否超出合理的範圍。

（2）專業勝任能力。

評估機構和人員應當根據所瞭解的評估業務的基礎情況和複雜性，分析本機構和評估人員是否具有與該項目相適應的專業勝任能力及相關經驗。

（3）獨立性分析。

評估機構和人員應當根據職業道德要求和國家相關法規的規定，結合評估業務的具體情況分析註冊資產評估師的獨立性，確認與委託人或相關當事方是否存在現實或潛在的利害關係。

4.2.2 簽訂資產評估業務約定書

資產評估業務約定書是資產評估機構與委託人共同簽訂的，以確認資產評估、業務委託與受託關係，明確委託目的、被評估資產範圍及雙方義務等相關重要事項的合同。

根據中國資產評估行業的現行規定，註冊資產評估師並承辦資產評估業務，應當由其所在的資產評估機構統一受理，並由評估機構與委託人簽訂書面資產評估業務約定書。註冊資產評估師不得以個人名義簽訂資產評估業務約定書。資產評估業務約定書應當由資產評估機構與委託方的法定代表人或其授權代表簽訂，資產評估業務約定書應當內容全面具體，含義清晰準確，符合國家法律、法規和資產評估行業的管理規定。2008年7月1日起施行的《資產評估準則——業務約定書》的主要內容如下：

（1）資產評估機構和委託方名稱、住所。
（2）資產評估目的。
（3）資產評估對象和範圍。
（4）資產評估基準日。
（5）資產評估報告使用者。
（6）出具資產評估報告的期限和方式。
（7）資產評估服務費總額、支付時間和方式。
（8）評估機構和委託方的其他權利和義務。
（9）違約責任和爭議解決。
（10）簽約時間。

評估機構在決定承接評估業務後，應當與委託方簽訂業務約定書。評估目的、評

估對象、評估基準日發生變化的，或者評估範圍發生重大變化的，評估機構應當與委託方簽訂補充協議或者重新簽訂業務約定書。

4.2.3 編製資產評估計劃

為高效完成資產評估業務，資產評估機構和評估人員應當編製資產評估計劃，對資產評估過程中的每個工作步驟以及時間和人力安排進行規劃與安排。資產評估計劃是資產評估機構和評估人員為執行資產評估業務擬定的資產評估思路和實施方案，對合理安排工作量、工作進度、專業人員的調配、按時完成資產評估業務具有重要意義。評估計劃通常包括評估的具體步驟、時間進度、人員安排和技術方案等內容。由於資產評估項目千差萬別，資產評估計劃也不盡相同，註冊資產評估師可以根據評估業務的具體情況確定評估計劃的繁簡程度。資產評估機構和人員應當根據所承接的具體資產評估項目情況編製合理的資產評估計劃，並根據執行資產評估業務過程中的具體情況及時修改、補充資產評估計劃。

註冊資產評估師編製的評估計劃的內容應該涵蓋現場調查、收集評估資料、評定估算、編製和提交評估報告等評估業務實施全過程，在資產評估計劃編製過程中應當同委託人等就相關問題進行洽談，以便於資產評估計劃的實施。註冊資產評估師應當將編製的評估計劃報送評估機構相關負責人審核、批准。編製資產評估工作計劃應當重點考慮的因素如下：

（1）資產評估目的、資產評估對象狀況。
（2）資產評估業務風險、資產評估項目的規模和複雜程度。
（3）評估對象的性質、行業特點、發展趨勢。
（4）資產評估項目所涉及資產的結構、類別、數量及分佈狀況。
（5）相關資料收集狀況。
（6）委託人或資產佔有方過去委託資產評估的經歷、誠信狀況及提供資料的可靠性、完整性和相關性。
（7）資產評估人員的專業勝任能力、經驗及專業、助理人員的配備情況。

4.2.4 現場調查

資產評估機構和評估人員執行資產評估業務，應當對評估對象進行必要的勘察，包括對不動產和其他實物資產進行必要的現場調查。進行資產勘察工作不僅僅是資產評估人員勤勉盡責義務的要求，同時也是資產評估程序和操作的必經環節，有利於資產評估機構和評估人員全面、客觀地瞭解評估對象，核實委託方和資產佔有方提供資料的可靠性，並通過在資產勘察過程中發現的問題、線索，有針對性地開展資料收集和分析工作。資產評估人員應在資產勘察前與委託方進行必要的溝通，以便在不影響委託方正常工作的前提下進行資產勘察。資產評估人員應根據被估資產的特點和委託方的時間安排選擇恰當的方式進行資產勘察。

勘察核實資產是在委託方自查的基礎上，以委託方提供評估登記表或評估申報明細表為準，對委託評估資產進行核實和鑒定。

4.2.4.1 現場調查的目的

現場調查是資產評估準備工作中的重要一環，其目的主要在於：

(1) 確認委託評估資產是否存在以及其合法性和完整性。
(2) 確定委託評估資產與帳簿、報表的一致性。
(3) 收集委託評估所需的有關數據資料。

4.2.4.2 現場調查的主要內容

(1) 瞭解企業財務會計制度。
(2) 瞭解企業內部管理制度，重點是企業的資產管理制度。
(3) 對企業申報的資產清單進行初審。
(4) 對企業申報的各項資產進行核實。
(5) 對企業申報的各項資產的產權進行驗證，確認其合法性。
(6) 對企業申報評估的資產中用於抵押、擔保、租賃等特殊用途的資產進行專項核查。
(7) 對勘察中發現申報有誤的資產，根據勘察結果和有關制度規定進行勘察調整。
(8) 收集評估相關資料。

4.2.4.3 現場調查的基本要求

(1) 關於資產勘察範圍的要求。

資產勘察的範圍是以委託方委託評估資產的範圍為準，特別要注意，委託方委託評估資產包括其自身占用以外的部分，如分公司資產、異地資產以及租出資產等，不能將這部分資產遺漏，它們也應包括在勘察之列。

(2) 關於資產勘察的程度要求。

關於資產勘察的程度，不同種類的資產的繁簡程度不同，具體情況可參考以下要求：

對於建築物要逐幢進行勘察核實，並瞭解其使用、維修情況，做好勘察記錄。建築物的產權證明核查是核查中必不可少的項目。

對於機器設備，主要看評估對象的數量，如果項目較小、設備數量不多，要對待估設備逐一核查；如果評估項目較大、設備種類繁多、數量較多時，可先按 ABC 分類法找出評估重點，對 A 類設備要逐一核查並做技術鑒定，對 B 類設備也應盡量逐一核查，對 C 類設備可採取抽樣核查。

對流動資產的核查程度與委託方的管理水準和自查的程度有關。對於企業管理水準較高、自查比較徹底的流動資產一般採用隨機抽樣法進行核查並做好抽查記錄。按照現行規定，流動資產抽查的數量應達到國家規定的比例。例如，對存貨進行抽查，抽查數量應達 40% 以上，價值比例達 60% 以上，其中殘次、變質、積壓及待報廢的應逐項核查。

對於無形資產、長期投資、遞延資產等要逐筆核查。

涉及評估淨資產的，要對負債進行逐筆核查。

4.2.4.4 勘察調整

對勘察過程中發現的帳外資產及盤虧資產以及重複申報和遺漏的資產等，應根據具體情況和管理要求，進行必要的調整，並詳細說明勘察調整的原因、過程和結果。

對於那些受財務會計制度限制，不能直接進行帳務調整的盤虧、損毀資產，雖然可以暫不做會計帳務調整，但評估對象申報表必須做出切實的調整。評估對象必須是客觀存在的，無論是現實存在的還是潛在的，資產的勘察調整必須據實進行。

4.2.5 收集資產評估資料

從資產評估的過程來看，資產評估實際上就是對被評估資產的信息進行收集、分析判斷並做出披露的過程。對資產評估程序加以嚴格的要求，其目的也是要保證評估信息的充分性和準確性。因此，資產評估人員應當獨立獲取評估所依據的信息，並確定信息來源是可靠的和適當的。

在上述幾個環節的基礎上，資產評估機構和評估人員應當根據資產評估項目的具體情況收集資產評估相關資料。資料收集工作是資產評估業務質量的重要保證，不同的項目、不同的評估目的、不同的資產類型對評估資料有著不同的需求，由於評估對象及其所在行業的市場狀況、信息化和公開化程度差別較大，相關資料的可獲取程度也不同。因此，資產評估機構和評估人員的執業能力在一定程度上體現在其收集、佔有與所執行項目相關的信息資料的能力上。資產評估機構和評估人員在日常工作中就應當注重收集信息資料及其來源，並根據所承接項目的情況確定收集資料的深度和廣度，盡可能全面、詳實地佔有資料，並採取必要措施確信資料來源的可靠性。根據資產評估項目的進展情況，資產評估機構和評估人員還應當及時補充收集所需要的資料。

資產評估機構和評估人員應當通過與委託人、資產佔有方溝通，並指導其對評估對象進行清查等方式，對評估對象或資產佔有單位資料進行瞭解，同時也應當主動收集與資產評估業務相關的評估對象資料及其他資產評估資料。收集、整理資料，一方面是為後面的資產評估準備素材和依據；另一方面也是資產評估機構建立評估工作底稿的需要。為滿足上述兩方面的要求，資產評估機構應收集、整理以下重要資料（根據項目的需要可做適當的刪減或增加）：

（1）有關資產權利的法律文件或其他證明資料。主要的產權證明文件包括：①有關房地產的土地使用證、房產執照、建設規劃許可證、用地規劃許可證、項目批准文件、開工證明、出讓及轉讓合同、購買合同、原始發票等；②有關在建工程的規劃、批文；③有關設備的購買合同、原始發票等；④有關無形資產的專利證書、專利許可證、專有技術許可證、特許權許可證、商標註冊證、版權許可證等；⑤有關長短期投資合同；⑥有關銀行借款的合同。

（2）資產的性質、目前和歷史狀況信息。資產的性質、目前和歷史狀況信息主要包括：①有關房地產的圖紙、預算決算資料；②有關在建工程的種類、開工時間、預計完工時間、承建單位、籌資單位、籌資方式、成本構成、工程基本說明或計劃等；③有關設備的技術標準、生產能力、生產廠家、規格、型號、取得時間、啟用時間、

運行狀況、大修理次數、大修理時間、大修理費用、設備與工藝要求的配套情況等；④有關存貨的數量、計價方式、存放地點、主要原材料近期進貨價格統計表等；⑤有關應收及預付款的帳齡統計表、主要賒銷客戶的信譽及經營情況、壞帳準備政策、應收款回收計劃等；⑥有關長期投資的明細表，包括被投資企業、投資金額、投資期限、起止時間、投資比例、年收益、收益分配方式、帳面成本等；⑦原始證據主要包括評估基準日的會計報表、盤點表、對帳單、調節表、應收及應付詢證函、盤盈及盤虧資產情況說明、報廢資產情況說明及證明材料等。

（3）有關資產的剩餘經濟壽命和法定壽命信息。在資產勘察過程中，評估人員應瞭解資產的設計壽命，並通過技術鑒定瞭解和判斷資產的剩餘物理壽命和經濟壽命。

（4）有關資產的使用範圍和獲利能力的信息。資產評估人員可以通過核實資產佔有方的營業執照，瞭解被評估資產的經營範圍和使用範圍，並通過技術鑒定掌握資產的可使用範圍和空間。

（5）資產以往的評估及交易情況信息。資產評估人員通過查詢有關帳簿及相關資料，瞭解被評估對象以往的評估和交易情況。

（6）資產轉讓的可行性信息。資產評估人員通過查詢有關交易合同或意向書及相關的市場調查，瞭解被評估對象轉讓的可行性信息。

（7）類似的資產的市場價格信息。資產評估人員應通過市場調查瞭解和掌握與評估對象類似的資產的市場價格信息。

（8）委託方聲明。委託方聲明包括有關被評估資產所有權、處置權的真實性，產權限制以及所提供的數據資料真實性的承諾等。

（9）可能影響資產價值的宏觀經濟前景信息。

（10）可能影響資產價值的行業狀況及前景信息。

（11）可能影響資產價值的企業狀況及前景信息。

（12）其他相關信息。除上述重要資料外，資產評估人員還應瞭解和掌握其他相關信息。例如，各類資產負債清查表、登記表、評估申報明細表、資產、負債清查情況及調整說明。委託方營業執照副本及其他材料，等等。

4.2.6 評定估算

資產評估機構和評估人員在佔有相關資產評估資料的基礎上，進入評定估算環節，即在充分分析資產評估資料的基礎上，恰當選擇並運用資產評估途徑與具體方法形成初步資產評估結論，再經綜合分析及反覆審核後確定資產評估結論。該環節大致要經歷以下幾個階段：

4.2.6.1 分析資料

資產評估機構人員應當根據本次評估的目的和具體要求，對所收集的資產評估資料進行分析和整理，選擇相關信息並確定其可靠性和可比性，對不可靠、不可比信息要進行必要的調整，以保證評估所用信息的質量。

4.2.6.2 選擇評估途徑和具體評估方法

成本途徑、市場途徑和收益途徑是三種通用的資產評估基本技術思路及其具體評估方法的集合。從理論上講，三種評估途徑及其方法適用於任何資產評估項目。因此，在具體的資產評估執業過程中，資產評估人員應當考慮三種評估途徑及其方法的適用性。如果不採用某種資產評估途徑及其方法，或只採用一種資產評估途徑和方法評估資產的評估項目，資產評估人員應當予以必要說明。對宜採用兩種以上資產評估途徑及其方法的評估項目，應當使用兩種以上資產評估途徑和方法。

4.2.6.3 運用評估途徑和具體評估方法評定估算資產價值

資產評估人員在確定資產評估途徑及其方法後，應當根據已明確的評估目的和評估價值類型以及所收集的信息資料和具體的執業規範要求，恰當合理地形成初步評估結論。採用成本途徑，應當在合理確定被評估資產的重置成本和各相關貶值因素的基礎上，得出評估的初步結論；採用市場途徑，應當合理地選擇參照物，並根據評估對象與參照物的差異進行必要調整，得出評估的初步結論；採用收益途徑，應當在合理預測未來收益、收益期和折現率等相關參數的基礎上，得出評估的初步結論。

4.2.6.4 審核評估結論並給出最終評估結果

資產評估人員在形成初步的資產評估結論的基礎上，評估人員和機構內部的審核人員應對本次評估所使用的資料、經濟技術參數等的數量、質量和選取依據的合理性進行綜合分析，以確定資產評估結論。採用兩種以上資產評估途徑及其方法時，資產評估人員和審核人員還應當綜合分析各評估途徑及其方法之間的相關性和恰當性、相關參數選取的合理性，以確定最終資產評估結論。

4.2.7 編製和提交資產評估報告書

資產評估機構和評估人員在執行必要的資產評估程序並形成資產評估結論後，應當按有關資產評估報告的規範編製資產評估報告書。資產評估報告書主要內容包括委託方和資產評估機構的情況、資產評估目的、資產評估結論價值類型、資產評估基準日、資產評估方法及其說明、資產評估假設和限制條件等內容。資產評估機構和人員可以根據資產評估業務性質和委託方或其他評估報告使用者的要求，在遵守資產評估報告書規範和不引起誤導的前提下選擇恰當的資產評估報告內容詳略程度。

資產評估機構和人員應當以恰當的方式將資產評估報告書提交給委託人。正式提交資產評估報告書之前，可以在不影響對最終評估結論進行獨立判斷的前提下與委託方或者委託方許可的相關當事方就評估報告有關內容進行必要溝通，聽取委託人、資產佔有方對資產評估結論的反饋意見，並引導委託人、資產佔有方、資產評估報告使用者等合理理解資產評估結論。

評估報告的具體內容：
(1) 委託方、產權持有方和委託方以外的其他評估報告使用者基本情況。
(2) 資產評估目的。

（3）評估對象及範圍。
（4）價值類型及定義。
（5）評估基準日。
（6）評估依據。
（7）評估方法。
（8）評估程序實施過程和情況。
（9）評估假設。
（10）評估結論。
（11）特殊事項說明。
（12）評估報告使用限制說明。
（13）評估報告日。
（14）評估機構和註冊評估師簽章。

4.2.8　資產評估工作底稿歸檔

資產評估機構和人員在向委託人提交資產評估報告書後，應當及時將資產評估工作底稿歸檔。將這一環節列為資產評估基本程序之一，充分體現了資產評估服務的專業性和特殊性，不僅有利於評估機構應對今後可能出現的資產評估項目檢查以及法律訴訟，也有利於資產評估工作總結、完善和提高資產評估業務水準。

根據2008年7月1日施行的《資產評估準則——工作底稿》，註冊資產評估師執行資產評估業務，應當遵守法律、法規和資產評估準則的相關規定，編製和管理工作底稿。工作底稿應當真實完整、重點突出、記錄清晰、結論明確；註冊資產評估師可以根據評估業務的具體情況合理確定工作底稿的繁簡程度；工作底稿可以是紙質文檔、電子文檔或者其他介質形式的文檔，電子或者其他介質形式的重要工作底稿，如評估業務執行過程中的重大問題處理記錄、對評估結論有重大影響的現場調查記錄、詢價記錄和評定估算過程記錄等，應當同時形成紙質文檔；註冊資產評估師收集委託方和相關當事方提供的與評估業務相關的資料作為工作底稿，應當由提供方在相關資料中簽字、蓋章或者以其他方式進行確認；註冊資產評估師應當在評估報告日後90日內，及時將工作底稿與評估報告等一起歸入評估業務檔案，並由所在評估機構按照國家有關檔案管理的法律、法規及《資產評估準則》的規定妥善管理；評估業務檔案自評估報告日起一般至少保存10年；工作底稿的管理應當執行保密制度。除下列情形外，工作底稿不得對外提供：

（1）司法部門按法定程序進行查詢的。
（2）依法有權審核評估業務的政府部門按規定程序對工作底稿進行查閱的。
（3）資產評估行業協會按規定程序對執業質量進行檢查的。
（4）其他依法可以查閱的情形。

【思考】如何把握並靈活運用資產評估的具體程序？

課後練習

一、單項選擇題

1. 狹義的評估程序終止於（　　）。
   A. 資產評估文件歸檔管理　　　B. 評定估算
   C. 提交資產　　　　　　　　　D. 委託方交納資產評估費用
2. 與委託人簽訂評估業務約定書的應當是（　　）。
   A. 資產評估師　　　　　　　　B. 資產評估機構
   C. 資產評估師和評估機構　　　D. 以上都不是
3. 資產評估基本程序對於不同資產類型、不同評估目的的資產業務來說（　　）。
   A. 完全不同　　　　　　　　　B. 相同或相通
   C. 部分不同　　　　　　　　　D. 不能確定
4. 下列哪種說法是正確的？（　　）
   A. 資產評估工作計劃一經確定，就不得改動
   B. 資產評估機構在提交正式資產評估報告之前，可以與委託人進行必要的溝通
   C. 資產評估人員可以隨意簡化或刪減資產評估程序
   D. 資產評估人員可以對採用兩種以上資產評估方法得出的結果直接進行算術平均，確定評估結論
5. 編製資產評估工作計劃中不需要重點考慮的因素有（　　）。
   A. 資產評估目的　　　　　　　B. 資產評估業務風險
   C. 資產評估人員的專業勝任能力　D. 資產評估對象的交易地點
6. 註冊資產評估師通常首先應執行的評估程序是（　　）。
   A. 簽訂資產評估業務約定書　　B. 資產勘察
   C. 明確評估業務基本事項　　　D. 評定估算
7. 下列各程序對合理安排工作量、工作進度、專業人員調配、按時完成資產評估業務具有重要意義的是（　　）。
   A. 編製資產評估作業計劃　　　B. 簽訂資產評估業務約定書
   C. 資產勘察　　　　　　　　　D. 評定估算

二、多項選擇題

1. 廣義的資產評估程序開始於（　　），終止於（　　）。
   A. 資產評估機構和人員接受委託　B. 編製資產評估計劃
   C. 明確資產評估基本事項　　　　D. 資產評估文件歸檔管理
   E. 提交資產報告書　　　　　　　F. 收集資產評估資料

2. 下列（　　）屬於資產評估程序的主要環節。
   A. 編製資產評估計劃　　　　　B. 簽訂資產評估業務約定書
   C. 向資產評估管理部門提出申請　D. 資產勘查與現場調查
   E. 明確資產評估業務基本事項
3. 資產評估程序的重要性體現在（　　）。
   A. 資產評估程序是維護資產評估服務公信力的重要保證
   B. 恰當執行評估程序是資產評估機構和評估人員防範執業風險的重要手段之一
   C. 資產評估程序是相關當事方評價資產評估服務的重要依據
   D. 資產評估程序是資產交易雙方定價決策的重要前提
   E. 資產評估程序是規範資產評估行為的重要保證
4. 下列（　　）屬於資產評估業務約定書包括的內容。
   A. 資產評估目的　　　　　B. 資產評估收費
   C. 資產評估基準日　　　　D. 資產評估計劃
   E. 資產評估對象交易時間
5. 評估過程中常用的邏輯分析方法有（　　）。
   A. 比較分析法　　　　　B. 分析和綜合法
   C. 推理法　　　　　　　D. 以上都不對
6. 註冊資產評估師應明確的評估業務基本事項包括（　　）。
   A. 評估目的　　　　　　B. 評估對象和評估範圍
   C. 價值類型　　　　　　D. 評估基準日
   E. 評估報告使用限制
7. 資產評估業務約定書的基本內容包括（　　）。
   A. 評估目的　　　　　　B. 評估假設
   C. 評估收費　　　　　　D. 評估基準日
   E. 評估計劃
8. 資產評估作業計劃應重點考慮的因素包括（　　）。
   A. 評估目的　　　　　　B. 評估假設
   C. 評估收費　　　　　　D. 評估基準日
   E. 評估對象性質
9. 註冊資產評估師收集的評估資料包括（　　）。
   A. 查詢記錄　　　　　　B. 詢價結果
   C. 檢查記錄　　　　　　D. 行業資訊
   E. 分析資料

三、判斷題

1. 註冊資產評估師不得隨意刪減基本評估程序。　　　　　　　　　　（　　）
2. 註冊資產評估師在執行評估業務的過程中，由於受到客觀限制，無法或者不能

完全履行評估程序，可直接決定終止評估業務。 (　)
 3. 只要執行了資產評估程序就可以防範資產評估風險。 (　)
 4. 資產評估程序是規範資產評估行為、提高資產評估業務質量的重要保證。(　)

四、簡答題

 1. 如何理解廣義評估程序與狹義評估程序的關係？
 2. 簡述資產評估業務約定書的基本內容。
 3. 如何編製資產評估作業計劃？
 4. 如何進行評估現場勘察？
 5. 簡述收集評估資料需要注意的事項。
 6. 簡述資產評估程序的意義和作用。
 7. 簡述資產評估的基本程序。

第 5 章　房地產評估

案例導入

　　北京市朝陽區大郊亭中街 2 號院 2 號樓 2-3HA 房地產處於抵押權利狀況，對此進行評估。

　　根據委託方提供的房屋所有權證（X 京房權證朝私字第×××號）知，估價對象房屋所有權人為楊兆林、楊兆剛。根據房屋所有權證（X 京房權證朝私字第×××號）中「設定他項權利摘要」之內容，2012 年 11 月 10 日該房產以人民幣 2,112,541 元的權利價值，全部抵押給中國民生銀行股份有限公司北京南二環支行，截至估價時點，該房產存在該項抵押權利。

　　估價對象屬於北京市朝陽區 CBD 商圈內大郊亭中街 2 號院華騰國際項目，緊鄰城市主幹道西大望路和廣渠路，距離東三環 2,300 米，東四環 300 米。周邊的珠江帝景項目集雙地標甲級寫字樓（與 CBD 的各地標相呼應）、五星級帝景豪廷酒店與會所、酒店公寓、商務公寓、高檔住宅、國際雙語學校、國際雙語幼兒園、五星級商業街、集中式商場於一體，是 CBD 超大型國際化、經典、舒適的豪宅社區。

　　試問用哪種方法評估比較合適？如何評估？

5.1　房地產評估概述

5.1.1　房地產評估相關概念

　　房地產是指土地、建築物及其他地上定著物。房地產有三種存在形態，即單純的土地、單純的建築物、土地與建築物合成一體的房地產。房地產在國外一般稱之為不動產，是實物、權益和區位的結合。其中實物是房地產中看得見、摸得著的部分；權益（物權）是房地產中無形的、不可觸摸的部分，包括權利、利益和收益；區位是指某宗房地產與其他房地產或事物在空間方位和距離上的關係，除了其地理坐標位置，還包括其與重要場所的距離，距離有空間直線距離、交通路線距離和交通時間距離之分。

　　房地產評估是指專業估價人員根據估價目的，遵循估價原則，按照估價程序，選用適宜的估價方法，在綜合分析影響房地產價格因素的基礎上，對房地產在估價時點

的客觀合理價格或價值進行估算和判定的活動。

5.1.2 房地產評估的特點

由於房地產及其價格構成比較複雜,決定了房地產估價業務具有許多特點,其中比較典型的特點如下:

5.1.2.1 房地產估價具有客觀性和科學性

房地產估價建立在科學的估價與方法的基礎之上,具有科學性。雖然房地產價格受多種因素的影響,構成和變化都比較複雜,難以準確地確定,但通過估價人員的長期理論與實踐探索,得出了房地產價格形成與變化的基本理論,這些內容構成了房地產估價的基本理論。在這些估價理論的基礎之上,又形成了一整套系統而嚴謹的估價方法及評估步驟,使房地產估價有章可循。另外,在房地產估價過程中還廣泛地涉及規劃、建築、結構、預算以及宏觀等有關理論和知識。

因此,房地產估價雖然從現象上來看,是估價人員對房地產價格進行的推測與判斷,但究其實質並不是主觀臆斷,而是把房地產的客觀真實價值通過評估活動正確地反應出來,具有很強的客觀性和科學性。

5.1.2.2 房地產估價具有藝術性

房地產估價必須遵循一套科學嚴謹的估價理論和方法,但又不能完全拘泥於有關理論和方法。因為房地產價格形成的因素複雜多變,不是簡單地套用某些數學公式就能夠計算出來。房地產估價在一定程度上具有藝術性,主要體現在以下幾個方面:

(1) 房地產估價人員要有豐富的經驗。房地產估價是一項專業性很強的業務,估價人員必須具備豐富的經驗,才能進行準確合理的判斷。準確、完整地瞭解和掌握估價對象離不開估價人員的經驗。各類房地產都有其固有特徵,不同房地產之間受各種因素的影響差異也較大。對於某一確定的待估房地產來說,土地的形狀、地勢、地質對價格產生影響,建築物的結構、設備、裝修以及維修保養情況直接決定著其重置價格及成新度或貶值額的數值,附近的景觀、建築密度以及某些建築物也在不同程度地影響著該房地產的價值與價格。另外,對於某些房地產所採用的特殊的裝飾、裝修以及附帶的某些特殊設備等的價值,估價人員也需要進行瞭解;對於公寓、單元住宅以及辦公樓等,其公用設施的數量及質量、物業管理及所提供的服務水準等也不同程度地影響著其售價和租金。

準確地運用各種估價方法離不開估價人員的經驗。首先,對於某一確定的待估對象,究竟選用哪幾種估價方法較為適宜,以哪一種估價方法為主,都需要估價人員具備豐富的估價經驗。其次,在運用某種估價方法評估某一房地產時,還有許多具體參數需要估價師解決和確定。例如,運用市場比較法涉及區域因素修正、個別因素修正等,其修正係數的確定在一定程度上是估價人員依據其經驗進行的主觀判斷;運用收益還原法涉及租金或純收益的調整與核定、出租率的確定以及還原利率的選取等;運用成本法估價時,成新度或貶值額的確定也要求評估人員具備豐富的經驗。

(2) 房地產估價需要很強的推理與判斷能力。豐富的估價經驗是順利評估的前提,

在經驗基礎上所形成的推理判斷能力在一定程度上代表著估價師的水準。在房地產估價過程中，推理判斷能力不僅體現為對房地產價格規律的透澈認識，有時也會表現出非邏輯性，體現為估價師的超常觀察力。

房地產估價離不開對房地產價格變化趨勢的判斷。由於房地產價格是在多種因素綜合作用下形成與變化的，這就要求估價師具有較強的綜合分析與推理判斷能力。房地產價格受區域市場因素影響較大，對區域市場的分析往往難以獲得十分準確的數據資料，由於範圍較小，一些統計規律及經驗數據往往與實際情況偏差較大，需要估價師具有一定的洞察力。另外，在最終估價額的決定上以及對特殊物業（例如，某些特殊的商業物業，由於特殊的壟斷地位所形成的超常的壟斷價格）分析時也離不開估價師的判斷能力，有時甚至是依靠一種直覺來進行判斷。

（3）房地產估價需要一定的技巧。房地產估價的技巧性一方面體現在估價過程中，另一方面則體現在如何保證評估結果的權威性，保證委託人及有關當事人能夠接受合理的評估結論。在房地產估價過程中，涉及準確核實待估房地產的權利狀態，如何以最快的速度擬好估價報告，避免以後出現糾紛。這些問題的處理都需要估價師掌握相應的技巧。

房地產估價體現了科學性與藝術性的高度統一。正因為如此，有人將房地產估價定義為：為特定目的評估房地產於特定時間的特定權益的價值的科學與藝術。

5.1.2.3 房地產估價具有綜合性

房地產估價的綜合性主要體現在如下幾個方面：

（1）房地產估價人員需要具備綜合性知識。作為一名業務優良的估價人員，除了必須懂得房地產行業發展的概況以及規劃、建築結構、概預算、法律、經濟等知識外，還應該熟悉各行各業，尤其是主要工業行業的生產、技術以及設備安裝、工藝流程對廠房用地的要求等知識。

（2）評估過程涉及面較廣。單純的房地產評估包括土地和建築物，而建築物又包括建築結構、裝修、設備等多方面，涉及建築物的重置成本以及各方面的貶值等，還要考慮土地與建築物的配置是否均衡、使用情況是否處於最有效利用狀態以及未來的增值潛力等。

房地產評估不僅包括有形資產（實物房地產），也包括無形資產。例如，在評估商業大樓及寫字樓時，商業信譽、商業景觀以及經營管理水準等構成該房地產的無形資產，在整體資產價值評估中必須予以重視。

大型物業如綜合樓包括許多部分，有店鋪、餐廳、歌舞廳及其他娛樂場所、賓館、寫字間和住宅等，在評估時每一部分都有其特殊性。工廠評估，不僅僅包括廠房及所占用的土地，還包括圍牆、道路、材料堆放場、倉庫、鍋爐房、綠化、各種管線以及固定在房地產上的其他建築物等。

（3）房地產估價有時需要綜合作業。房地產估價有時需要估價師、結構工程師以及建築師、規劃師等協同作業。例如，在評估某些舊有房地產時，為了確定主體結構的新舊程度，離不開結構工程師的技術鑒定；在運用假設開發法評估待建築土地或待

開發土地的價格時，有時需要勘察設計，在此基礎上才能對土地進行比較準確的估價。

另外，房地產估價還具有一定的政策性。例如，在評估住宅時，還應考慮國家的有關政策；在評估土地的出讓價格時，還應考慮出讓方式及有關的產業政策。這些也在一定程度上體現著房地產估價的綜合性特點。

5.1.3 房地產評估的原則

（1）合法原則：房地產評估應以評估對象合法權益為前提進行，包括合法產權、合法使用、合法處分、符合政策幾個方面。

（2）最有效使用原則：在房地產評估中應在評估對象達到最有效使用狀態下評估其價值。

（3）供求原則：房地產價格應由市場中房地產的供給和需求狀況決定。

（4）替代原則：在同一市場上效用相同或相近的房地產，其價格應趨於一致。

（5）房地合一原則：由於房屋建築物和土地存在相互依存的內在聯繫，應把兩者作為相互聯繫的綜合體進行評估。

（6）評估基準日原則：房地產評估價值應是評估對象在評估基準日的公允價值。

5.1.4 房地產評估的方法

科學實用的估價方法，必須具備兩個條件：既有科學的理論依據，又能反應現實的交易行為。因此，房地產價格通常可以從如下三個途徑來計算：

（1）參照類似房地產近期的市場交易價格。

（2）參照重新建造類似房地產所需要的費用。

（3）依據該房地產的收益能力大小來衡量其價值。

由此形成了房地產估價的三大基本方法，即市場比較法、成本法和收益法。除此之外還有一些其他方法，如假設開發法、路線價法、長期趨勢法、殘餘法、購買年法、利潤法、分配法等。其他估價方法實質上是三大基本方法的派生物，而且不同的估價方法有其不同的用途。

每種估價方法都有一定的適用條件，運用不同的方法評估同一房地產會得出不同的結論。在眾多方法中選擇評估方法時應注意以下原則：

（1）對同一估價對象宜選用兩種以上的估價方法進行估價。

（2）有條件選用市場比較法進行估價的，應以市場比較法為主要的估價方法。

（3）收益性房地產的估價，應選用收益法作為其中的一種估價方法。

（4）在無市場依據或市場依據不充分而不宜採用市場比較法、收益法、假設開發法進行估價的情況下，可採用成本法作為主要的估價方法。

（5）具有投資開發或再開發潛力的房地產的估價，應選用假設開發法作為其中的一種估價方法。

5.1.5 影響房地產評估價值的因素

價格是市場運行的核心，房地產價格是房地產市場中的重要指標。同時，房地產

價格也與房地產市場中的供給與需求有著密切的聯繫。認識和理解房地產價格的本質及其影響因素是非常重要的。有些因素對房地產價格及評估價值的影響程度是可以量化的，有的量化較難，只能憑藉評估師的經驗加以判斷，為了便於把握和評估實踐，通常將影響房地產的價格因素歸納為一般因素、區域因素和個別因素。

5.1.5.1　一般因素

一般因素是指影響一定區域範圍內所有房地產價格的評估價值的一般的、普通的、共同的因素。這些因素通常會在較廣泛的地區範圍內對各宗房地產的價格和評估價值產生全局性的影響。一般因素主要包括：政治因素、經濟因素、社會因素、人口因素與國際因素。

（1）政治因素。無論是對開發商還是對房地產交易者徵稅，都會提高被徵稅者的成本，減少被徵稅者的利益。同時城市規劃與土地利用規劃決定了一個城市的性質、發展方向和發展規模，還決定了城市用地結構、城市景觀輪廓、地塊用途及利用程度等，特別是城市詳細規劃中確定的地塊、容積率、覆蓋率和建築物的高度等指標對房地產價格有很大的影響。

（2）經濟因素。經濟發展狀況不僅體現在經濟問題的持續增加、經濟結構的變化以及城市人口的增加上，還包括居民生活質量的提高以及福利的改善等方面。同時居民的可支配收入及可任意支配收入、物價水準以及利率水準對房地產影響很大。

（3）社會因素。政局安定狀況是指現有政權的穩固程度、不同政治觀點的黨派和團體的衝突情況等。其中社會治安程度、房地產投機以及城市化水準會導致住宅房地產需求的不斷變化。

5.1.5.2　區域因素

區域因素是指某一特定的區域內的自然條件與社會、經濟、行政等因素相結合所產生的區域性的特徵。這些區域性的特徵主要包括區域商業服務的繁華程度、區域交通條件、區域基礎設施條件、區域環境條件。其中區域商業服務的繁華程度是指一個區域的商業服務業的聚集程度和對周圍環境的影響程度，區域交通條件是指一個區域的道路交通通達程度、公共交通的便捷程度以及對外交通的便利狀況，區域基礎設施條件是指地區的供電、供熱、供氣、通信、環保、抗災、給排水等基礎設施以及醫院、學校等公共設施和生活設施的基本狀況，區域環境條件包括聲覺環境、大氣環境、水文環境、視覺環境、衛生環境等。

5.1.5.3　個別因素

個別因素分為土地的個別因素和建築物的個別因素。土地的個別因素，也叫宗地因素，是宗地自身的條件和特徵對該地塊價格的影響。建築物的個別因素主要包括微觀環境條件和微觀實體因素。

（1）微觀環境條件是指影響具體房地產或房地產所在地點的微觀環境條件，包括大氣環境、水文環境、聲覺環境、視覺環境、衛生環境及日照、通風、溫度、濕度等。

（2）微觀實體因素是指房地產本身的自然條件狀況，包括土地的位置、面積、形

狀、地形、地勢、地質、地貌、建築物的質量、功能、外觀、風格、式樣、朝向、結構、佈局、樓高、樓層、設備配置、裝潢、成新以及房地產的臨街狀況、容積率、覆蓋率、利用類型，等等。凡是區位良好、建築物外觀新穎、容積率適當、佈局合理的房地產，其價格通常較高；反之，房地產價格會相對偏低。

5.1.6 房地產評估的程序

5.1.6.1 獲取估價業務

獲取估價業務是指獲取房地產估價業務，這是房地產估價的先決條件。

5.1.6.2 明確估價基本事項

無論從何種途徑獲取房地產估價業務，估價方與委託估價方一般都有一個業務接洽的過程。在此過程中，估價方要就估價的基本事項以及估價收費問題與委託估價方溝通和協商，予以明確，並簽訂合同，為後續工作打好基礎。

（1）明確估價目的。所謂估價目的，是指為何種需要而估價。估價目的決定了房地產價格類型，也決定了估價的依據，是實施房地產估價的前提條件。受理估價的具體目的主要包括：①市場行為：買賣、租賃、轉讓、抵押、典當、保險、拍賣等；②企業行為：合資、合作、股份制改造、上市、兼併、破產清算、承包等；③政府行為：農用地徵用、土地使用權出讓、課稅（徵稅）、拆遷補償、作價收購、土地使用權收回等；④其他：繼承、糾紛、贈與及可行性研究、他項權利造成的房地產貶值等。

任何一個估價項目都有估價目的，並且只能有一個估價目的。

（2）明確估價對象。明確估價對象即明確待估對象的基本情況，包括物質實體狀況和權益狀況。

（3）明確估價時點。估價時點是指決定房地產價格的具體時間點。由於同一房地產價格隨著時間發生變化，所評估的房地產價格，必定是某一時點的價格，而並非只是一個純粹的數字。因此，在進行房地產估價時，必須明確估價時點。否則，在估價過程中，有關參數的選擇、調整幅度的確定等將無法進行，其估價也將毫無意義。

（4）明確估價日期。估價日期是進行房地產估價的作業日期。估價日期的確定也意味著明確了估價報告書的交付日期，因為估價作業日期的截止日期一般即為估價報告書的交付日期。

5.1.6.3 簽訂估價合同

在明確估價基本事項的基礎上，估價方與委託估價方應簽訂委託估價合同或協議。

5.1.6.4 擬訂估價作業方案

為保證估價工作高效率、有秩序地進行，根據估價目的、待估房地產基本情況及合同條款，估價方應及時擬定合理的估價作業方案，其主要內容包括：①擬採用的估價技術路線和估價方法；②擬調查收集的資料及其來源渠道；③預計所用的時間、人力、經費；④擬定作業步驟和作業進度。

5.1.6.5 收集、整理估價所需資料

估價資料是為應用估價方法、得出估價結論及撰寫估價報告書提供依據的。因此，估價資料是否全面、真實、詳細直接關係估價結果的可靠性和準確性。

房地產估價資料一般包括下列四個方面：

（1）對房地產價格有普遍影響的資料，主要包括：統計資料、法律法規資料、社會經濟資料、城市規劃資料等。

（2）對估價對象所在地區的房地產價格有影響的資料，主要包括：市場交易資料、交通條件資料、基礎設施資料、建築物造價資料、環境質量資料等。

（3）類似房地產的交易、成本、收益實例資料。

（4）反應估價對象狀況的資料。

收集估價資料，其來源主要有：委託估價方、實地勘察、政府有關部門、房地產交易市場及有關仲介機構、有關當事人以及專業性刊物。

5.1.6.6 實地查勘估價對象

實地查勘是指房地產估價人員親臨現場對估價對象的有關內容進行實地考察，以便對委託估價房地產的實體構造、權利狀態、環境條件等具體內容進行充分瞭解和客觀確認。

通常，委託估價方應派出熟悉情況的人陪同估價人員進行實地查勘。在實地查勘過程中，估價人員要事先準備好已設計的專門表格，將有關查勘情況和數據認真記錄下來，形成實地查勘記錄。完成實地查勘後，實地查勘人員和委託方中的陪同人員都應在實地查勘記錄上簽字，並註明實地查勘日期。

5.1.6.7 選定估價方法計算

在前述工作的基礎上，根據待估房地產估價對象、估價目的和資料的詳實程度，確定可正式確定採用的估價方法，然後，採用相應的估價方法進行具體計算。

5.1.6.8 確定估價結果

估價結果的確定過程是使評估價格不斷接近客觀實際的過程。不同的估價方法是從不同的角度對房地產進行估價的。因此，用不同的估價方法對同一宗房地產進行估價，其計算結果會不同。估價人員應對這些結果進行分析、處理，以確定最終的估價額。

5.1.6.9 撰寫估價報告

估價人員在確定了最終的估價額後，應撰寫正式的估價報告。估價報告是房地產估價機構履行委託估價合同的成果，也是估價機構所承擔法律責任的書面文件，同時又是房地產估價管理部門對估價機構評定質量和資質等級的重要依據。

5.1.6.10 估價資料歸檔

完成並向委託人出具估價報告後，估價人員應及時對涉及該估價項目的資料進行整理、歸檔，妥善保管。這將有利於估價機構和估價人員不斷提高估價水準，同時也

有助於行政主管部門和行業協會對估價機構進行資質審查和考核，還有助於解決以後可能發生的估價糾紛。

完成整個工作程序一般需要 3~4 天。

5.2 市場途徑在房地產評估中的應用

5.2.1 市場途徑及其方法的理論依據以及適用的條件和對象

市場途徑及其方法是將估價對象與在估價時點近期有過交易的類似房地產進行比較，對這些類似房地產的已知價格進行適當的修正，以此估算估價對象的客觀合理價格或價值的方法。

市場途徑及其方法是指在計算估價對象的價格時，根據市場中的替代原理，將估價對象與具有替代性的且在估價期日近期市場上交易的類似房地產進行比較，並對類似房地產的成交價格進行適當修正，以此估算估價對象的客觀合理價格的方法。

市場途徑及其方法是最能體現房地產估價的基本原理、最直觀、適用性最廣、也最容易準確把握的一種估價方法，也是有條件選用市場比較法估價時的首選估價方法。

5.2.1.1 市場途徑及其方法的理論依據

市場途徑及其方法的理論依據是經濟學中的替代原理。市場經濟中經濟主體的行為普遍遵循理性原則，追求效用最大化。由於商品購買者的行為通常只是為了滿足其一定的效用需求，當市場上出現兩種或兩種以上效用相同或效用可相互替代而價格不等的商品時，購買者將力求選擇價格較低的商品；而當價格相同效用不等時，購買者又將選擇效用較大的商品。這樣，通過市場供求和競爭機制的作用，效用均等的商品之間將產生替代效應，最終使得市場上具有同等效用的商品獲得相同的市場價格。這一替代原理作用於房地產市場，便表現為效用相同、條件相近的房地產價格總是相互影響，趨於一致。因此，估價對象的市場價值可以由近期出售的類似房地產的價格來決定。也就是說，可以利用與估價對象同類型的具有替代性的交易實例的價格，來推測委估房地產可能實現的市場價格。市場比較法的估價思路由此而形成。

5.2.1.2 市場途徑及其方法的適用對象

市場途徑及其方法的應用前提是需要一個充分發育的活躍的市場、市場競爭應比較充分以及長時間內價格走勢基本平穩、市場途徑及其方法適用條件是在同一供求範圍內並在估價時點近期、存在著較多類似房地產的交易。如果在房地產市場發育不夠或者類似房地產交易實例較少的地區，就難以採用市場途徑法估價。

市場途徑法適用的估價對象：同種類型的數量較多且經常發生交易的房地產，如住宅、寫字樓、商鋪、標準廠房、房地產開發用地等。

下列房地產難以採用市場法估價：①數量很少的房地產，如特殊廠房、機場、碼頭、博物館、教堂、寺廟、古建築；②很少發生交易的房地產，如學校、醫院、行政

辦公樓；③可比性很差的房地產，如在建工程。

市場途徑及其方法在房地產評估中的具體運用，主要體現在市場售價類比法、基準地價修正法和市場租金倍數法等在房地產評估中的具體應用。以下將著重介紹市場售價類比法在房地產評估中的應用，該方法適用的估價對象為具有交易性的房地產。

5.2.2 市場售價類比法在房地產評估中的應用

市場售價類比法是最常用、最能反應房地產估價的價值標準的方法，即根據估價人員掌握的市場資料，採用房地產交易中的替代原則，通過選取與估價對象有相關性的實例，並分別進行實地查勘，做出交易情況、交易日期、區域因素與個別因素的修正，以此估算出估價對象客觀合理的價格或價值。

運用市場售價類比法，需要消除以下三個方面的不同所造成的參照物成交價格與估價對象客觀合理價格之間的差異：①實際交易情況與正常交易情況不同；②成交日期與估價時點不同；③參照物房地產與估價對象房地產不同，主要指可以量化的區域因素和個別因素。

上述這些對類似房地產成交價格進行的修正與調整，簡稱交易情況修正、市場狀況修正（交易時間修正），房地產狀況調整（區域因素修正、個別因素修正）。市場售價類比法的數學表達式如下：

$$待估土地評估值 = 比較案例土地價格 \times \frac{正常交易情況}{比較案例交易情況} \times \frac{待估土地區域因素值}{比較案例區域因素值}$$

$$\times \frac{待估土地個別因素值}{比較案例個別因素值} \times \frac{待估土地評估基準日價格指數}{比較案例交易日物價指數}$$

在進行這些修正和調整的時候，應盡量分解各種房地產價格影響因素，並盡量採用定量分析來量化這些因素對類似房地產成交價格的影響程度。應該說，許多因素對類似房地產成交價格的影響程度無法採用定量分析予以量化，主要依靠評估師根據自己的經驗和知識進行判斷。

需要注意，運用市場售價類比法評估房地產價值有時也不真實合理，因為在房地產市場參與者群體非理性的情況下，就會高估或低估其價值。

運用市場售價類比法評估房地產價值時，通常採取以下步驟進行操作：

5.2.2.1 廣泛收集交易資料，確定比較案例和建立比較基準

（1）統一房地產範圍。

針對某些估價對象，有時難以直接選取與其範圍完全相同的房地產的交易實例作為參照物，只能選取主幹相同的房地產的交易實例作為參照物。

房地產範圍不同的情況在實際評估中主要有以下幾種：

①帶有債權債務的房地產。例如，評估對象是「乾淨」的房地產，選取的交易實例是設立了抵押權、有拖欠建設工程價款，或者由買方代付賣方欠繳的水費、電費、燃氣費、供暖費、通信費、有線電視費、物業服務費、房產稅的費用。

②含有非房地產成分。例如，評估對象為純粹的房地產，選取的實例有附贈家具、

家用電器等。

③房地產實物範圍不同。例如，評估對象為土地，交易實例是含有類似土地的房地產交易實例；評估對象是一套封陽臺的住房，交易對象是未封陽臺，評估對象帶車位。

上述三種情況對應三種處理方式。

①統一房地產範圍一般是統一為不帶債權債務的房地產範圍，並用下列公式進行換算：

房地產價格＝帶有債權債務的房地產價格－債權＋債務

如果評估對象是帶有債權債務的房地產，在市場法最後步驟求出不帶債權債務的房地產價值後，再加上債權減去債務，就可以得到評估對象的價值。

②統一房地產範圍一般是統一到純粹的房地產範圍，並用下列公式進行換算：

房地產價格＝含有非房地產成分的房地產價格－非房地產成分的價格

③統一房地產的範圍一般是統一為評估對象的房地產範圍，補充參照物房地產缺少的範圍，扣除參照物房地產多出的範圍，相應的對參照物的成交價格進行加價和減價處理。

（2）統一付款方式。

房地產由於價值比較大，其成交價格的付款方式往往採取分期支付方式。而且付款期限長短、付款次數、每筆付款金額的付款期限不同，導致實際價格也會有所不同。估價中為了便於比較，價格通常以一次付清所需要支付的金額為基準。因此，就需要將分期付款的參照物成交價格折算為在其成交日期一次付清的數額。具體方法是通過折現計算。

（3）統一價格單位。

①統一價格表示單位，一般單價。在統一採用單價時，通常是單位面積的價格。例如，房地產通常使用單位建築面積或套內建築面積、單位使用面積的價格；土地除了單位土地面積的價格，還有單位建築面積的價格，即樓面地價。在這些情況下，單位面積是一個比較單位。

根據評估對象的具體情況，還存在其他的比較單位。例如，倉庫通常是以單位體積為比較單位，停車場以車位為比較單位，旅館以床位和客房為比較單位，影劇院以座位為比較單位，醫院以床位為比較單位，保齡球館以球道為比較單位。

需要說明的是，有些參照物宜先對其總價進行某些修正、調整後，再轉化為單價，進行其他方面的調整和修正。這樣處理，對參照物成交價格的修正、調整更容易、更準確。例如，評估對象是一套門窗有損壞的商品住宅，選取的參照物的某套商品住宅的門窗是完好的，成交總價為 20 萬元。經調查瞭解得知，將評估對象的門窗整修或更新的必要費用為 0.5 萬元。則應該將該門窗是完好的參照物的成交總價 20 萬調整為 19.5 萬元，然後再將此總價轉化為單價進行其他方面的修正調整。

②統一幣種和貨幣單位。在通常情況下，評估採用成交日期時的匯率。但如果先按照原幣種的價格進行市場狀況調查，進行了市場狀況調整後的價格應採用評估時點時的匯率進行換算。匯率的取值，一般採用國家外匯管理部門公布的外匯牌價的賣出

買入中間價。

③統一面積內涵和單位。在現實的交易中，計價內容通常包括建築面積、套內建築面積和使用面積。其換算公式為：

建築面積的單價＝套內建築面積的單價×套內建築面積÷建築面積

建築面積的單價＝使用面積的單價×使用面積÷建築面積

套內建築面積下的單價＝使用面積下的單價×使用面積÷套內建築面積

在面積單位方面，中國通常採用平方米（有時還採用公頃），中國香港和美國、英國等國家和地區習慣採用平方英尺，臺灣和日本、韓國等國家和地區一般採用坪。

1 公頃＝10,000 平方米＝15 畝

1 畝＝666.666,7 平方米

1 平方英尺＝0.092,9 平方米

1 坪＝3.305,8 平方米

【例 5-1】評估人員收集了甲、乙兩個交易實例。甲交易實例房地產的建築面積為 200 平方米，成交總價為 80 萬元人民幣，分 3 期付款，首期付 16 萬元人民幣，第二期於半年後付 32 萬元人民幣，餘款 32 萬元人民幣於 1 年後付清。乙交易實例房地產的使用面積為 2,500 平方英尺，成交總價為 15 萬美元，於成交時一次付清。如果選取該兩個交易實例為參照物，試在對其成交價格做有關修正、調整之前進行「建立價格可比基礎」處理。

【解】：對該兩個交易實例進行「建立價格可比基礎」處理，包括統一付款方式和統一價格單位，具體處理方式如下：

（1）統一付款方式。

如果以在成交日期一次性付清為基礎，假設當時人民幣的年利率為 8%，則：

甲總價＝16＋32÷(1＋8%)$^{0.5}$＋32÷(1＋8%)＝76.42（萬元人民幣）

乙總價＝15（萬美元）

（2）統一價格單位

①統一價格表示單位。

甲單價＝764,200÷200＝3,821.00（元人民幣/平方米建築面積）

乙單價＝150,000÷2,500＝60.00（美元/平方英尺使用面積）

②統一幣種和貨幣單位。

如果以人民幣元為基準，則需要將乙交易實例的美元換算為人民幣元。假設乙交易實例成交當時人民幣元與美元的市場匯率為 1 美元等於 7.739,5 元人民幣，則：

甲單價＝3,821.00（元人民幣/平方米建築面積）

乙單價＝60.00×7.739,5≈464.37（元人民幣/平方英尺使用面積）

③統一面積內涵。

如果以建築面積為基準，另通過調查得知乙交易實例的房地產（或該類房地產）的建築面積與使用面積的關係為 1 平方英尺建築面積等於 0.75 平方英尺使用面積，則：

甲單價＝3,821.00（元人民幣/平方米建築面積）

乙單價＝464.37×0.75≈348.28（元人民幣/平方英尺建築面積）

④統一面積單位。

如果以平方米為基準,由於1平方英尺=0.092,903,04平方米,則:

甲單價=3,821.00（元人民幣/平方米建築面積）

乙單價=348.28÷0.092,9≈3,748.98（元人民幣/平方米建築面積）

5.2.2.2 進行交易情況的修正

交易情況的修正就是剔除交易行為中的一些特殊因素造成的交易價格偏差,使選擇的參照物的交易價格成為正常價格。要把參照物實際中的可能是不正常的成交價格修正為正常市場價格,應要瞭解有哪些因素可能使參照物的成交價格偏離正常市場價格以及其原因。交易中的特殊因素較複雜,歸納起來主要有下列方面:

①強迫出售或強迫購買的交易。強迫出售的價格低,強迫購買的高。

②利害關係人之間的交易。例如,親朋好友、母子公司、公司與其員工之間的房地產交易價格偏離正常市場價格,上市公司的大股東將其房地產高價賣給上市公司的關聯交易,等等。

③急於出售或急於購買的交易。

④交易雙方或某一方對市場行情缺乏瞭解的交易。買方不瞭解行情,容易導致成交價格高。

⑤交易雙方或某一方有特別動機或偏好的交易。買方或賣方對所買賣的房地產有特別的愛好、感情,特別是對買方或賣方有特殊的意義或價值的。

有上述特殊交易情況的交易實例一般不宜選為參照物,但當可供選擇的交易實例較少而不得不選用時,則應對其進行交易情況修正。交易情況修正的方法如下:

(1) 百分率法。

參照物成交價格×交易情況修正系數=參照物正常市場價格

在百分率法中,交易情況修正系數應以正常市場價格為基準來確定。在交易情況修正中,之所以要以正常市場價格為基準,是因為採用市場法評估時要求選取多個參照物。如果以正常市場價格為基準,則會出現多個比較基準。只有這樣,比較的基準才會只有一個,而不會出現多個。

假設參照物成交價格比評估對象自身狀態下的價格高低的百分率為±S%（當參照物成交價格比其正常市場價格高時,百分率為+S%;低時,百分率為-S%）,則有:

參照物成交價格×1/（1±S%）=評估對象自身狀態下的價格

或者,

參照物成交價格×100/（100±S）=評估對象自身狀態下的價格

上式中,1/（1±S%）或100/（100±S）是交易情況修正系數。

【例5-2】①以評估對象自身狀態下的價格為基準,參照物成交價格比評估對象自身狀態下的市場價格高10%,即:

參照物成交價格=評估對象自身狀態下的市場價格×（1+10%）

假設參照物成交的價格為1,500元/平方米,則有:

評估對象自身狀態下的市場價格=1,500÷（1+10%）=1,363.63（元/平方米）

②如果以參照物成交價格為基準，評估對象自身狀態下的市場價格比參照物的市場價格高10%，即：評估對象自身狀態下的市場價格＝參照物成交價格×（1+10%）

假設參照物成交價格為1,500元/平方米，則有：

參照物成交價格＝1,500×（1+10%）＝1,650（元/平方米）

（2）差額法。

參照物成交價格±交易情況修正數額＝評估對象自身狀態下的價格

在進行交易情況修正時不僅需要瞭解交易中有哪些特殊因素影響了成交價格，還需要測定這些特殊因素使成交價格偏離市場價格的程度。

由於缺乏客觀、統一的尺度，這種測定有時非常困難。因此，在哪種情況下應當修正多少，需要房地產估價師具備紮實的理論知識、豐富的評估實踐經驗以及對當地房地產市場行情、交易習慣等的深入調查瞭解，從而做出判斷。不過，房地產估價師平常就應當收集整理交易實例，對其成交價格進行比較、分析，在累積豐富經驗的基礎上，把握適當的修正系數或修正金額。

5.2.2.3　進行交易時間的修正

參照物成交價格是成交日期時的價格，是在成交日期時的房地產市場狀況下形成的。由於參照物的成交日期通常是過去，所以參照物的成交價格通常是在過去的房地產市場狀況下形成的。需要評估的對象的價值應當是股價時點時的價值，應是在估價時點時的房地產市場狀況下形成的。

如果估價時點是現在（通常如此），則應是在現在的房地產狀況下形成的。由於參照物成交日期與估價時點不同，房地產市場狀況可能發生了變化。例如，政府出抬了新的政策措施，利率發生了改變，出現了通貨膨脹或通貨緊縮，消費觀念有所改變，導致估價對象或參照物這類房地產的市場供求關係、貨幣的購買力發生了變化，即使是同一宗房地產，在這兩個不同時間的價格也會有所不同。因此，應將參照物在其成交日期時的價格調整為在估價時點時的價格。

交易日期調整實質上是根據房地產市場狀況對房地產價格的影響進行調整，故又稱之為房地產市場狀況調整，簡稱市場狀況調整。

經過市場狀況調整之後，將參照物在其成交日期時點的價格變成了在估價時點時的價格。在參照物的成交日期至估價時點期間，隨著時間的流逝，房地產市場價格可能發生的變化有三種情況：平穩、上漲以及下跌。

當房地產市場價格為平穩時，可不進行市場狀況調整（實際上進行了市場狀況調整，只是調整系數為100%）；而當房地產市場價格為上漲或下跌時，則必須進行市場狀況調整，以使價格符合估價時點時的房地產市場狀況。

交易日期調整主要是採用百分率法。參照物在成交日期時的價格×交易日期調整系數＝參照物在估價時點時的價格。其中，交易日期調整系數應以成交日期時的價格為基準來確定。

假設從成交日期到估價時點，參照物價格漲跌的百分率為±T%（從成交日期到估價時點，參照物價格上漲時，百分率為+T%；下跌時，百分率為-T%），則：

參照物在成交日期時的價格×（1±*T*%）=參照物在估價時點時的價格
或者，
參照物在成交日期時的價格×（100±*T*）/100=參照物在估價時點時的價格
上式中，（1±*T*%）或（100±*T*）/100是交易日期調整系數。

市場狀況調整的關鍵是把握估價對象或參照物這類房地產的市場價格自某個時期以來的漲落變化情況，具體是調查、瞭解過去不同時間的數宗類似房地產的價格，通過這些類似房地產的價格找出該類房地產的市場價格隨著時間變化而變動的規律，據此再對參照物成交價格進行市場狀況調查。

（1）交易日期調整的價格指數法。

價格指數可分為定基價格指數和環比價格指數。

在價格指數編製中，需要選擇某個時期作為基期，如果是以某個固定時期作為基期的，則為定基價格指數；如果是以上一期作為基期的，則為環比價格指數。

定基價格指數和環比價格指數的編製原理如表5.1所示。

表5.1 定基價格指數和環比價格指數的編製原理

時間	價格	定基價格指數	環比價格指數
1	P1	P1/P1	P1/P0
2	P2	P2/P1	P2/P1
…	…	…	…
n-1	Pn-1	Pn-1/P1	Pn-1/Pn-2
n	Pn	Pn/P1	Pn/Pn-1

①採用定基價格指數進行市場狀況調整的公式為：

參照物在其成交日期的價格×估價時點時的價格指數÷成交日期的價格指數
=參照物在估價時點的價格

【例5-3】某宗房地產在2018年6月1日的單價為5,000元/平方米，現在將時間調整為2018年10月1日。已知該宗房地產所在地區類似房地產2018年4月1日至10月1日的價格指數分別為79.6、74.7、76.7、85.0、89.2、92.5、98.1（2018年1月1日為100）。請計算該宗房地產2018年10月1日的價格。

該宗房地產2015年10月1日的單價：5,000×98.1÷76.7=6,395（元/平方米）

②採用環比價格指數進行市場狀況調整的公式為：

參照物在其成交日期的價格×成交日期的下一時期的價格指數×再下一時期的價格指數×…×估價時點的價格指數=參照物在估價時點的價格

【例5-4】某地區某類房地產在2018年4月至10月的單價指數分別為0.996、0.947、0.967、1.050、1.092、1.125、1.181（均以上個月為1）。其中某宗房地產在2018年6月的價格為20,000元/平方米，請對其進行交易日期修正，將之修正為2018年10月的單價。

該宗房地產2018年10月1日的單價=20,000×1.05×1.092×1.125×1.181
=30,468（元/平方米）

（2）交易日期調整的價格變動率法。

房地產價格變動率有逐期遞增或遞減的價格變動率和期內平均上升或下降的價格變動率。

採用逐期遞增或遞減的價格變動率進行市場狀況調整的公式為：

參照物在其成交日期的價格×（1±價格變動率）^期數=參照物在估價時點的價格

參照物在其成交日期的價格×（1±價格變動率×期數）=參照物在估價時點的價格

【例5-5】為評估某宗房地產於2018年9月末的價格，選取了下列參照物：成交單價格3,000元/平方米，成交日期為2017年10月末。調查獲知，2018年6月末至2015年2月末該類房地產的單價平均每月比上月上漲1.5%，2015年2月末至2015年9月末平均每月比上月上漲2%。試對該參照物的價格進行交易日期調整。

2018年9月末的價格：3,000×（1+1.5%）^4×（1+2%）^7=3,658（元/平方米）

5.2.2.4 進行區域因素修正

區位狀況是指對房地產價格有影響的房地產區位因素的狀況。區位狀況比較和調整的內容主要包括位置、交通、環境、配套設施等影響房地產價格的因素。其中環境包括自然環境、人工環境、社會環境、景觀等。

配套設施是指屬於參照物、估價對象實物以外的部分，包括基礎設施和公共服務設施。對於住宅來說，公共服務設施主要是指教育、醫療衛生、文化體育、商業服務、金融郵電等公共建築。

區域因素調整的總體思路是：以估價對象房地產狀況為基準，將參照物房地產狀況與估價對象房地產狀況進行直接比較；或者設定一種「標準房地產」，以該標準房地產狀況為基準，將參照物房地產狀況與估價對象房地產狀況進行間接比較。

判定估價對象房地產和參照物房地產在這些因素方面的狀況時，將參照物房地產與估價對象房地產在這些因素方面的狀況逐一進行比較，找出他們之間的差異程度。以普通住宅為例，比較因素有其附近的公交路線數量、距離公交站點的遠近、樓層、朝向、房屋年齡、電梯、陽臺、衛生間數量、車位狀況等。將參照物與估價對象之間的房地產狀況差異程度轉換為價格差異程度，即找出房地產狀況差異程度所造成的價格差異程度。根據價格差異程度對參照物的成交價格進行調整。

（1）房地產狀況區域調整的方法。

①百分率法。

參照物在其房地產狀況下的價格×房地產狀況調整系數=估價對象的價格

在百分率法中，房地產狀況調整系數應以估價對象房地產狀況（100分）為基準來確定。假設參照物在其房地產狀況下比在估價對象房地產狀況下的價格高低的百分率為±R%，則：

參照物在其房地產狀況下的價格×1/（1±R%）=估價對象的價格

或者，

參照物在其房地產狀況下的價格×100/（100±R）=估價對象的價格

上式中，1/（1±R%）或100/（100±R）是房地產狀況調整系數。

②差額法。

參照物在其房地產狀況下的價格±房地產狀況調整數額＝估價對象的價格

(2) 區域因素直接比較修正。

①確定若干種對房地產價格有影響的房地產狀況方面的因素。例如，可分為十種因素。

②根據每種因素對房地產價格的影響程度確定其權重。

③以估價對象房地產狀況為基準（通常將其在每種因素方面的分數定為100分），將參照物房地產狀況與估價對象房地產狀況的因素逐個進行比較、評分。如果在某個因素方面參照物房地產狀況比估價對象房地產狀況差，則分數低於100分。

④將累計所得的分數轉化為調整價格的比率。

⑤利用該比率對參照物價格進行調整。

房地產狀況直接比較情況如表5.2所示。

表5.2 房地產狀況直接比較表

房地產狀況的因素	權重	估價對象	參照物A	參照物B	參照物C
1	f_1	100			
2	f_2	100			
…	…	…	…	…	…
n	f_n	100			
綜合	1	100			

採用直接比較進行房地產狀況調整的表達式為：

參照物在自身狀況下的價格×100÷參照物的區域因素分數＝參照物在估價對象房地產狀況下的價格

【例5-6】評估對象的區域因素分數為100，在同樣標準下，參照物的區域因素分數為98，參照物的市場單價為4,900元/平方米，則利用區域因素修正法計算：

評估對象的區域因素修正後的價格＝100÷98×4,900＝5,000（元/平方米）

5.2.2.5 進行個別因素修正

個別因素修正的內容主要包括土地使用年限、容積率、臨街寬度、臨街深度、面積、形狀、地形、地質等，個別因素的修正法與區域因素修正法基本相似，通常採用直接比較和打分的方法確定個別因素修正係數，然後通過計算將參照物房地產價格修正為評估對象房地產自身狀態下的價格，個別因素修正的數學表達式為：

評估對象價格＝參照物價格×個別因素修正係數

個別因素修正係數＝正常個別因素分值÷參照物個別因素評分

單獨評估土地使用價值的時候，如果參照物與評估對象在土地使用年限、容積率（建築總面積與土地總面積的比值）等因素上有較大差異，可單獨對土地使用年限和容

積率進行修正。

土地使用年期是指土地交易中契約約定的土地使用年限。土地使用年期的長短直接影響著可利用土地獲得相應土地收益的年限。如果土地的年收益確定以後，土地的使用期限越長，土地的總收益越多，土地利用效益也越高，土地的價格也會因此提高。因此，通過修正土地使用年期，可以消除不同使用期限造成的價格上的差別。對土地使用年限進行修正時，修正系數可用下列公式計算：

$$K = \left[1 - \frac{1}{(1+r)^m}\right] \div \left[1 - \frac{1}{(1+r)^n}\right]$$

式中：K 為土地使用年期的年期修正系數，r 為折現率，m 為待評估土地的使用權年期，n 為參照物的使用年期。

評估房地產的價格＝參照物的價格×K

【例5-7】若選擇的參照物的成交地價每平方米為5,000元，對應使用年期為30年，而評估對象土地出讓年期為20年，該市折現率為8%，則年期修正如下：

年期修正後的地價＝5,000×[1-1÷(1+8%)^{20}]÷[1-1÷(1+8%)^{30}]＝4,361(元/平方米)

容積率是指在城市規劃區的某一宗地內，房屋的總建築面積與宗地面積的比值，分為實際容積率和規劃容積率兩種。通常所說的容積率是指規劃容積率，即宗地內規劃允許總建築面積與宗地面積的比值。容積率的大小反應了土地利用強度及其利用效益的高低，也反應了地價水準的差異。

因此，容積率是城市區劃管理中採用的一項重要指標，也是從微觀上影響地價最重要的因素。在一般情況下，提高容積率可以提高土地的利用效益，但建築容量的增大，會帶來建築環境的惡化，降低使用的舒適度。為做到經濟效益、社會效益與環境效益相協調，城市規劃中的容積率存在客觀上的最合理值。

容積率與地價的關係並非線性關係，並且各地區經濟發展不平衡，容積率對地價的影響也就不同。評估時，應當首先收集城市關於容積率標準的規定及容積率地價指數表，測定容積率與地價的相關係數，然後將參照物容積率相關係數與評估對象的容積率相關係數進行比較，求得容積率修正系數。對容積率進行修正時，容積率的修正計算公式為：

容積率修正系數＝評估對象的容積率地價指數÷參照物的容積率地價指數

被評估對象的價格 ＝參照物價格×容積率修正系數

其中，修正系數不是容積率的比，而是容積率修正系數的比。

5.2.2.6 確定評估對象評估值

一般情況下，運用市場售價類比法需要選擇三個以上參照物，通過各種因素修正後，應得到三個以上初步評估結果（通常稱為比準價值），最後需要確定一個評估值，作為最終的評估結論。在具體操作過程中，可採用簡單算術平均數、加權算術平均法、中位數法或取若干比準價值中的某一個作為評估結果。

（1）簡單算術平均法，即將多個參照物交易實例修正後的初步評估結果進行簡單的算術平均計算後，作為評估對象房地產的最終評估價值。

（2）加權算術平均法，即判定各個初步評估結果（比準價值）與評估對象房地產的接近程度，並根據接近程度賦予每個初步評估結果以相應的權重，然後將加權平均後的比準作為評估對象房地產的評估價值。

5.2.2.7 市場售價類比法的評估案例

【例5-8】評估對象為普通的商業用房H，已知該商業用房H與三個參照物新舊程度相近，結構也相似，故無須對其功能因素和成新率因素進行調整。

該商業用房H所在區域的綜合評分為100，三個參照物所在區域條件均比被評估商業用房所在區域好，綜合評分均為107。

評估對象所在城市的市場價格相對於參照物A、參照物B，價格分別上漲17%、4%。參照物C因在評估基準日當月交易，價格沒有變化。

對參照物與評估資產的交易情況進行調查，發現參照物B與正常交易相比，價格偏高4%。參照物A、參照物C與正常交易相似。通過對三個參照物成交價格進行調整，可以得出評估資產的價格。已知參照物A的價格是5,000元/平方米，參照物B的價格是5,960元/平方米，參照物C的價格是5,918元/平方米，計算過程如表5.3所示。

表5.3 評估資產計算過程

參照物	A	B	C
交易單價	5,000	5,960	5,918
時間因素修正	117/100	104/100	100/100
區域因素修正	100/107	100/107	100/107
交易情況修正	100/100	100/104	100/100
修正後的價格	5,467.28	5,570	5,530.84

商品房H的價格 =（5,467.2+5,570+5,530.84）÷3 = 5,522.68（元/平方米）

5.2.3 基準地價修正法在房地產評估中的應用

5.2.3.1 基準地價修正法的含義

基準地價修正法是利用基準地價評估成果，在將估價對象的區域條件及個別條件與其所在區域的平均條件進行比較的基礎上，確定相應的修正系數，用此修正系數對基準地價進行修正，從而計算估價對象價格的方法。

基準地價土地用途可劃分為商業、綜合（辦公）、住宅、工業四類。

（1）商業類包括商業服務業用地（含各種商場、加油站、各類銷售和服務網點、批發市場、修理、家政、仲介、郵政、電信、銀行、信用社、證券、期貨、保險以及其他服務的對外營業場所等用地）、餐飲旅遊娛樂業用地（含酒樓、快餐店、賓館、度假村、遊樂及旅遊設施、俱樂部、康樂中心、歌舞廳、高爾夫球場等用地）等。

（2）綜合（辦公）類包括辦公用地（含國家機關和人民團體及其他事業單位辦公

樓、會展中心、商業寫字樓、金融保險業辦公樓、普通辦公樓、科工貿一體化辦公樓、廠區外獨立的辦公樓等用地）、科研用地（含科研和勘測設計機構等用地）、文體教育用地（含各種學校、體育場館、文化館、博物館、圖書館、影劇院等用地）、醫療衛生用地（含醫療、保健、衛生、防疫、康復和急救設施等用地）、慈善用地（含孤兒院、養老院、福利院等用地）、宗教用地等。

（3）住宅類，即提供居住的各種房屋用地，包括普通住宅、公寓、別墅用地等。

（4）工業類包括工業用地（含工礦企業的生產車間、庫房、露天作業場及其附屬設施用地、高新技術產業研發中心等用地）、倉儲用地（含用於物資儲備的庫房、堆場、包裝加工車間、中轉的場所及相應附屬設施用地）、交通運輸用地（含鐵路、公路、管道運輸、港口、機場的地面線路、站場等用地和城市道路、車站、社會停車場及其相應附屬設施用地）、基礎設施用地（供水、供電、供燃、郵政、電信、消防、環衛等設施及其相應附屬設施用地）等。

其他未列入上述範圍的用地，其用途類別可參照相關或相近用地的用途類別確定基準地價系數修正法的數學表達式：

$$P = 基準地價 \times K1 \times K2 \times K3 \times K4 \times K5 \times (1 + \sum K) + K6$$

式中，P 為評估設定開發程度下的宗地地價，$K1$ 為期日修正系數，$K2$ 為土地使用年期修正系數，$K3$ 為土地形狀修正系數，$K4$ 為容積率修正系數，$K5$ 為其他修正，$K6$ 為開發程度修正，$\sum K$ 為影響地價區域因素與個別因素之和。

5.2.3.2 基準地價修正法的估價案例

【例 5-9】估價對象情況為：某省某市主要商業街有一待估面積為 2,000 平方米的商業用途土地（具體區域因素、個別因素不列）。其出讓時間為 2013 年 1 月 1 日，出讓年限為 40 年，開發程度為三通一平，宗地容積率為 1.5，現要評估該宗地在估價基準日 2017 年 1 月 1 日的價格。該宗地屬市區商業二級地段，該市二級地段商業用途基準地價為 7,000 元/平方米（開發程度為三通一平，標準容積率為 1）。基準地價公布時間為 2011 年 1 月 1 日。該市商業基準地價修正系數和修正系數說明見表 5.4~表 5.7。

表 5.4 某市商業服務用地修正系數說明表

	影響因素	優	較優	一般	較劣	劣
商業繁華條件	企業經營類別	首飾、高檔服裝	家電、服裝、飲食	日用百貨等	副食店等	基本生活用品
	企業職工總數（人）	>400	250~400	150~250	80~150	<80
	距商業中心距離（件）	≤R/2	>R/2 且 ≤R	>R 且 ≤2R	>2R 且 ≤4R	>4R

表5.4(續)

	影響因素	優	較優	一般	較劣	劣
交通狀況	距公交車站距離（米）	<100	100~200	200~300	300~500	500~1,000
	公交車站車流量(輛/小時)	>30	15~30	8~15	5~8	<5
	距火車站距離（千米）	<1	1~2	2~3	3~4	>4
	距汽車站距離（千米）	<1	1~2	2~3	3~4	>4
宗地條件	宗地臨街門面寬度（米）	>8	4~8	2~4	1~2	<1
	宗地形狀	形狀好	形狀良好	形狀規則	形狀不良	形狀差
	宗地自身深度距離（米）	<3	3~7	7~9	9~12	>12
	容積率	4	3~2	1	0.5~0.9	<0.5
宗地臨街道路	道路級別（米）	20~40	10~20	7~10	<7	無
	人行道寬度（米）	>5	3~5	1.5~3	1~1.5	<1
	區域交通管理規定	無限制	貨車禁行	貨車禁行，其他車不能停放	汽車行道不能停放	限制機動車通行
宗地外界環境	周圍土地利用類型	商業用地	住宅生活用地	市政小道以及公共建築用地	工業倉儲以及交通用地用地	園林風景等其他用地
	未來地規劃用途	商業用地	住宅生活用地	公共事業、教育、衛生機關用地	工業和交通用地	

表5.5 某市商業服務用地修正系數表

	影響因素	優	較優	一般	較劣	劣
商業繁華條件	企業經營類別	15	7.5	0	-3.75	-7.0
	企業職工總數（人）	15.4	7.7	0	-3.85	-7.7
	距商業中心距離（千米）	11.8	5.9	0		

表5.5(續)

影響因素		優	較優	一般	較劣	劣
交通狀況	距公交車站距離（米）	4	3	2	1	0
	公交車站車流量（輛/小時）	3.8	1.8	0	-0.9	-1.8
	距火車站距離（千米）	5.7	4.28	2.85	1.43	0
	距汽車站距離（千米）	5.7	4.28	2.95	1.43	0
宗地條件	宗地臨街門面寬度（米）	5	2.5	0	-2.5	-5
	宗地形狀	2.5	1.25	0	-1.25	-2.5
	宗地自身深度距離（米）	1	0.5	0	-0.5	-1
	容積率	7.3	3.67	0	-3.67	-7.3
宗地臨街道路	道路級別（米）	2.4	1.2	0	-1.2	-1.4
	人行道寬度（米）	4	2	0	-2	-4
	區域交通管理規定	2	1	0	-1	-2
宗地外界環境	周圍土地利用類型	7.6	3.8	0	-3.8	-7.6
	未來地規劃用途	7	3.5	0	-3.5	-7

表5.6　商業用地容積率修正系數表

容積率	0.7	0.8	1.0	1.2	1.5	2
修正系數	0.85	0.9	1.0	1.5	1.2	1.3

表5.7　期日修正系數表

日期	2011.1.1	2012.1.1	2013.1.1	2014.1.1	2015.1.1	2016.1.1	2017.1.1
地價指數	100	102	105	109	112	113	115

估價要求為：使用基準地價修正法評估該宗地於2017年1月1日的地價。

估價過程如下：

第一，確定對應基準地價。通過查對基準地價，確定待估宗地屬於商業用途二級地，其對應的基準地價為7,000元/平方米（開發程度為三通一平）。

第二，確定宗地地價評估的修正系數。根據宗地區域、個別因素條件，對照修正

系數說明表中各項指標，確定各因素情況從上到下依次為：一般、一般、一般、優、較優、一般、較劣、優、一般、較優、較優、一般、一般、較劣、一般、一般。根據修正系數表，計算宗地修正系數：$K = 17.25\%$。

第三，確定待估宗地適用年期修正系數：$Y = 0.953$。

第四，確定期日修正系數（見表5.8）。

表 5.8　期日修正表

日期	2011.1.1	2012.1.1	2013.1.1	2014.1.1	2015.1.1	2016.1.1	2017.1.1
地價指數	100	102	105	109	112	113	115

期日修正系數：$T = 115 \div 100 = 1.15$。

第五，確定容積率修正系數。待估宗地容積率為1.5，其基準地價標準容積率為1。查商業用的容積率修正系數表，則：

$Kij = Ki/Kj = 1.2 \div 1 = 1.2$。

（6）計算並確定待估宗地地價。

$Pi = P \times (1 + K) \times Y \times T \times Kij = 7,000 \times (1 + 17.25\%) \times 0.953 \times 1.15 \times 1.2$
$= 10,794$（元/平方米）

5.3　成本途徑在房地產評估中的應用

5.3.1　成本途徑在房地產評估中的基本思路

成本法是以假設重新購建被評估房地產所需要的成本費用及各種貶值來評估房地產價值的一種方法，即重置一宗與被估房地產可以產生同等效用的房地產，所需投入的各項費用之和再加上一定的利潤和稅金，並考慮相應的各種貶值來確定被估房地產價值。這一思路可以用下列公式表達：

5.3.1.1　成本途徑在房地產評估中最基本的公式

房地產價值＝重新購建價格－貶值（三大貶值）

5.3.1.2　適用於新開發的房地產的基本公式

新開發房地價值＝土地取得成本＋開發成本＋管理費用＋銷售費用＋投資利息＋銷售稅費＋開發利潤

新建成的建築物價值＝建築物建設成本＋管理費用＋銷售費用＋投資利息＋銷售稅費＋開發利潤

新開發的土地價值＝取得待開發土地的成本＋土地開發成本＋管理費用＋銷售費用＋投資利息＋銷售稅費＋開發利潤

5.3.1.3　適用於舊的房地產的基本公式（掌握）

房地合一時：

舊的房地價值=房地重新購建價格−建築物貶值=土地重新購建價格+建築物重新購建價格−建築物貶值

只計算建築物時：

舊的建築物價值=建築物重新購建價格−建築物貶值

5.3.2 房地產重置成本的估測

重新購建價格也稱重新購建成本，是指假設在估價時點重新取得全新狀況的估價對象的必要支出，或者是指重新開發建設全新狀況下的估價對象的必要支出及應得利潤。重新購建價格就是估價時點的價格，是客觀的價格，是在全新狀況下的價格。

運用成本法估價的一項基礎性工作，是要弄清估價對象所在地的房地產價格構成。在現實中，特別是目前在土地取得、房地產開發建設、房地產稅費等制度、政策、規則尚不完善、不明晰、不統一、時常發生變化的情況下，房地產價格構成極其複雜，不同地區、不同時期、不同用途、不同類型的房地產，其價格構成是不同的。

房地產價格構成還可能因不同的單位和個人對構成項目劃分的不同而不同。

在實際運用成本法估價時，不論估價對象所在地的房地產價格構成是多麼的複雜，首先最為關鍵的是評估機構和評估師要深入調查、瞭解當地從取得土地一直到房屋竣工驗收乃至完成租售的全過程中所需做的各項工作，一般要經歷獲取土地、前期工作（包括規劃設計）、施工建設、竣工驗收、商品房租售等階段，根據過程中的各項成本、費用、稅金等必要支出及其支付或者收取繳納的標準、時間和依據以及合理的開發利潤，整理出相應的清單，逐項計算。同時根據成本途徑法在房地產評估中的基本思路，得出房地產的重置成本通常包括土地的取得成本、開發費用、稅費、利息、利潤以及土地增值收益。

5.3.2.1 土地取得成本

土地取得成本是指取得房地產開發用地所必需的費用、稅金等。土地取得成本的構成可分為3種：

（1）市場購置下的土地取得成本。

在完善、成熟的土地市場，土地取得成本一般是由購買土地的價款、應當由買方（在此為房地產開發商）繳納的稅費和可直接歸屬於該土地的其他支出構成。

目前，土地取得成本主要是購買政府招標、拍賣、掛牌出讓或者其他房地產開發商轉讓的已完成徵收或拆遷補償安置的建設用地使用權的支出。

這種情況下的土地取得成本主要由下列兩項組成：

①建設用地使用權購買價格，一般採用市場法計算，也可以採用基準地價修正法、成本法計算。

②買房應當繳納的稅費簡稱取得稅費，包括契稅、印花稅、交易手續費等。

【例5-10】某宗面積為5,000平方米的房地產開發用地，市場價格（樓面地價）為800元/平方米，容積率為2，按照受讓人需要按照受讓價格的3%繳納契稅等稅費，則土地取得成本為：

樓面地價＝土地價格÷規劃建築面積

規劃建築面積＝土地面積×容積率

則土地的取得成本＝800×5,000×2×（1+3%）＝824（萬元）

(2) 徵收集體土地下的土地取得成本。

①徵地補償安置費用，又徵地補償費用，一般由以下 4 項費用組成：土地補償費、安置補助費、地上附著物和青苗的補償費、安排被徵地農民的社會保障費用。這些費用一般是依照有關規定的標準或者採用市場法計算。

②相關稅費，一般包括以下費用和稅金：徵地管理費、耕地占用稅、耕地開墾費、新菜地開發建設基金、政府規定的其他有關費用。這些稅費一般是依照有關規定的標準計算。

③出讓金等費用，一般是依照有關規定的標準或採用市場法計算。

(3) 徵收國有土地上房屋的土地取得成本。

①房屋拆遷補償安置費用，一般由以下 5 項費用組成：被徵收房屋的房地產市場價格、被徵收房屋室內自行裝飾裝修的補償金額、搬遷補助費、安置補助費、徵收非住宅房屋造成停產停業的補償費。這些一般是採用市場法或根據有關規定的標準計算。

②相關費用，一般包括：房屋拆遷管理費、房屋拆遷服務費、房屋徵收估價費、房屋拆除和渣土清運費、政府規定的其他有關費用。這些一般是採用市場法或根據有關規定的標準計算。

③出讓金等費用，一般是採用市場法或根據有關規定的標準計算。

5.3.2.2　土地開發費用

土地開發費用是指在取得的房地產開發用地上進行基礎設施、房屋建設所必需的直接費用、稅金等。開發成本主要包括：

(1) 勘察設計和前期工程費，如市場調研、可行性研究、項目策劃、工程勘察、環境影響評價、建築設計、建設工程招投標、施工的通水通電通路場地平整等費用。要注意上述費用與土地取得費的銜接，不能重複計算。

(2) 建築安裝工程費，包括建造商品房及附屬工程所發生的土建工程費用、安裝工程費用、裝飾裝修工程費用等。附屬工程是指房屋周圍的圍牆、水池、建築小品、綠化等。計算時要注意避免與下面的基礎設施建設費、公共配套設施建設費重複。

(3) 基礎設施建設費，包括城市規劃要求配套的道路、給排水、電力、電信、燃氣、熱力、有線電視等設施的建設費用。

(4) 公共配套設施建設費，包括城市規劃要求配套的教育、醫療衛生、文化體育、社區服務、市政公用等非營業性設施的建設費用。

(5) 開發期間稅費，包括有關稅收和地方政府或其他有關部門收取的費用，如綠化建設費、人防工程費等。要注意上述費用可以劃分為土地開發成本和建築物建設成本。

5.3.2.3　管理費用

管理費用是指為組織和管理房地產開發經營活動所必需的費用，包括房地產開發

人員工資及福利費、辦公費、差旅費等，一般為土地取得成本和土地開發成本之和的一定比例。

5.3.2.4 銷售費用

銷售費用是指銷售開發完成後的房地產所必需的費用，包括廣告費、銷售資料製作費、樣板房或者樣板間建設費、售樓處建設費、銷售人員費用或銷售代理費。

為了便於投資利息的測算，銷售費用應當區分為銷售之前發生的費用和銷售同時發生的費用。廣告費、銷售資料製作費、樣板房或者樣板間建設費、售樓處建設費一般在銷售前發生，銷售代理費發生在同時。銷售費用通常按照開發完成後的房地產價值的一定比例來測算。例如，銷售費用一般為開發完成後房地產價值的4%。

5.3.2.5 投資利息

這裡所說的投資利息與會計上的財務費用不同，包括土地取得成本、開發成本和管理費用的利息。無論它們的來源是借貸資金還是自有資金都應計算利息。

計算投資利息要注意把握以下3個方面：

（1）應計息項目。應計息項目包括土地取得成本、開發成本、管理費用和銷售費用。銷售稅費一般不計息。

（2）計息週期。計息週期可以是年、半年、季、月等，通常用年。

（3）計息期。計算投資利息的一項基礎工作是估算建設期。在成本法中，建設期的起點一般是取得房地產開發用地的日期，終點是估價對象開發完成的日期。由於假設估價對象一般是在估價時點時開發完成，所以建設期的終點一般是估價時點。但估價對象為現房的，假設估價對象一般是在估價時點時竣工驗收完成。例如，採用成本法評估某幢舊寫字樓現在的價值，根據現在開發建設類似寫字樓從取得土地到竣工驗收完成正常情況下需要24個月，估算該寫字樓的建設期應為24個月。雖然該寫字樓早已建成的，但成本法估價要假設該寫字樓是在估價時點時建成，這就相當於在24個月前就已取得土地。

對於在土地上進行房屋建設的情況來說，建設期又可分為前期和建造期。前期是自取得房地產開發用地之日起至動工（開工）開發之日止的時間。建造期是自動工開發之日起至房屋竣工之日的時間。

另外，需要指出的是，一般能較準確地估算建設期。但在現實中，由於某些特殊因素的影響，可能會使建設期延長。例如，土地徵收或房屋拆遷中遇到「釘子戶」，基礎開挖中發現重要文物，原計劃籌措的資金不能按時到位，某些建築材料、建築設備不能按時供貨，出現勞資糾紛問題，遭遇異常嚴寒、酷暑等惡劣天氣，政治經濟形勢發生突變等一系列因素，都可能導致工程停工，使建設期延長。由於建設期延長，房地產開發商一方面要承擔更多的投資利息，另一方面要承擔總費用上漲的風險。但這類特殊的非正常因素在估算建設期時一般不予考慮。

估算建設期可以採用類似於市場法的方法，即通過對類似房地產已發生的建設期進行比較、修正和調整來計算。

有了建設期之後，便可以估計土地取得成本、開發成本、管理費用、銷售費用在

該建設期間發生的時間及發生的金額。土地取得成本、開發成本、管理費用、銷售費用等金額均應按照它們在估價時點（在此假設為現在）的正常水準來估算，而不是按照他們在過去發生時的實際或正常水準來估算。

某項費用的計息期是該項費用應計息的時間長度，如24個月、8個季度、4個半年度、2年等。一項費用的計息期的起點是該項費用發生的時點，終點通常是建設期的終點，一般不考慮預售和延遲銷售的情況。

另外，需要說明的是，有些費用通常不是集中在一個時點發生，而是分散在一段時間內不斷發生，但計息時通常將其假設為在所發生的時間段內均勻發生。

5.3.2.6 銷售稅費

銷售稅費是指銷售開發完成後應由開發商（賣方）繳納的稅費，包括：「兩稅一費」，即增值稅、城市維護建設稅和教育費附加；賣方負擔的交易手續費等。

銷售稅費一般是按照售價的一定比例收取。例如，兩稅一費一般為售價的5.5%。因此，銷售稅費通常按照開發完成後的房地產價值的一定比例來測算。

值得注意的是，這裡的銷售稅費不包括應由買方繳納的契稅等稅費，因為評估價值是建立在買賣雙方各自繳納自己應繳納的交易稅費下的價值。

為了便於在實際評估中對正常開發利潤率的調查、估計，銷售稅費一般也不包括應由賣方繳納的土地增值稅、企業所得稅。因為土地增值稅是以納稅人轉讓房地產取得的增值額為計稅依據的，每筆轉讓房地產取得的增值額都可能不同，從而繳納的土地增值稅會有所不同；企業所得稅是以企業為對象進行繳納的，一個企業可能同時有多種業務或者多個房地產開發項目，不同的項目盈利是不同的，從而不同企業應繳納的所得稅也會有所不同。

5.3.2.7 開發利潤

開發利潤是指房地產開發商（業主）的利潤，而不是建築承包商的利潤。建築承包商的利潤已包含在建築安裝工程費等費用中。現實中的開發利潤是一種結果，是由銷售收入減去各項成本、費用、稅金後的餘額。而在成本法中，售價是未知的，是需要計算的，開發利潤則是典型的房地產開發商進行特定的房地產開發所期望獲得的利潤，是需要事先估算的。因此，運用成本法估價需要先估算出開發利潤。

在估計開發利潤的過程中應注意以下幾點：

第一，為了與銷售稅費中不包括土地增值稅、企業所得稅的口徑一致，並得到相對客觀合理的開發利潤，開發利潤在繳納土地增值稅、企業所得稅之前計算，簡稱稅前利潤。

第二，開發利潤是該類房地產開發項目在正常條件下房地產開發商所能獲得的平均利潤，而不是個別房地產開發商最終實際獲得的利潤，也不是個別房地產開發商期望獲得的利潤。

第三，開發利潤通常按照一定基數乘以相應的利潤率來估算。

開發利潤的計算基數和相應的利潤率主要有以下四種：

（1）計算基數＝土地取得成本＋開發成本，相應的利潤率稱為直接成本利潤率。

直接成本利潤率＝開發利潤÷（土地取得成本＋開發成本）

（2）計算基數＝土地取得成本＋開發成本＋管理費用＋銷售費用，相應的利潤率稱為投資利潤率。

投資利潤率＝開發利潤÷（土地取得成本＋開發成本＋管理費用＋銷售費用）

（3）計算基數＝土地取得成本＋開發成本＋管理費用＋銷售費用＋投資利息，相應的利潤率稱為成本利潤率。

成本利潤率＝開發利潤÷（土地取得成本＋開發成本＋管理費用＋銷售費用＋投資利息）

（4）計算基數＝土地取得成本＋開發成本＋管理費用＋銷售費用＋投資利息＋銷售稅費＋開發利潤，相應的利潤率稱為銷售利潤率。

銷售利潤率＝開發利潤÷（土地取得成本＋開發成本＋管理費用＋銷售費用＋投資利息
　　　　　　＋銷售稅費＋開發利潤）
　　　　　＝開發利潤÷開發完成後的房地產的價值

由於有不同的利潤率，所以在估算開發利潤時要弄清楚利潤率的內涵，注意利潤率與計算基數的相互匹配，即選取不同的利潤率，應採用相應的計算基數。

利潤率是通過大量調查、瞭解同一市場上類似房地產開發項目的利潤率得到的。

綜上所述，重置成本的測算公式為：

建築物重置成本＝∑［（實際工程量×現行單價或定額）×（1＋工程費率）±材料差價］＋按現行標準計算的間接成本

5.3.3 房地產實體性貶值的估測

建築物的損耗是指建築物在使用過程中，由於各種原因造成建築物效用遞減，從而引起的價值上的損失，具體體現為有形損耗和無形損耗兩種類型。

有形損耗是指由使用和受自然力影響而引起的建築物實體價值損失（實體性貶值）；無形貶值是指由功能上（功能性貶值）或經濟上（經濟性貶值）的因素如技術進步、消費觀念變更等原因而引起的建築物無形價值損失。

本小節主要介紹實體性貶值，由於土地不存在有形損耗，房地產中的實體性貶值主要指的是建築物。建築物實體性貶值可以通過實體性貶值率或是成新率來反應，下面主要介紹實體性貶值率的主要估測方法——年限法。

5.3.3.1 年限法

年限法是用建築物的尚可使用年限占用建築物全部使用年限的比率作為建築物的成新率，用公式表達為：

建築物的成新率＝建築物尚可使用年限÷建築物的全部使用年限

在使用公式時要注意建築物的經濟壽命、有效年齡或剩餘經濟壽命等概念的區別。

（1）建築物的壽命可分為自然壽命和經濟壽命。

建築物的自然壽命是指建築物自竣工日期起至其主要結構構件和設備自然老化或損壞而不能保證建築物安全使用之日止的時間。

建築物的經濟壽命是指建築物對房地產價值有貢獻的時間，具體是建築物自竣工

之日起至其對房地產價值不再有貢獻之日止的時間。

例如，收益性建築物的經濟壽命具體是建築物從竣工驗收合格之日起在正常市場和營運狀態下產生的收入大於營運費用的持續時間。建築物的經濟壽命短於其自然壽命，是由市場決定的，相同類型的建築物在不同地區的經濟壽命可能不同。

經濟壽命具體可在建築物自然壽命、設計壽命的基礎上，根據建築結構、工程質量、用途和維修養護情況，結合市場狀況、周圍環境、經營收益狀況等進行綜合分析判斷得出。建築物如果經過了返修、改造等，其自然壽命和經濟壽命都有可能得到延長。

（2）建築物的年齡可分為實際年齡和有效年齡。

建築物的實際年齡是指建築物自竣工日期起到估價時點止的年數。建築物的有效年齡是指估價時點時的建築物狀況和效用所顯示的年數。建築物的有效年齡可能短於也可能長於其實際年齡。實際年齡是估計有效年齡的基礎，即有效年齡通常是在實際年齡的基礎上進行適當的加減得到：當建築物的施工、使用、維護情況為正常的，其有效年齡與實際年齡相當；當建築物的施工、使用、維護情況比正常施工、使用、維護情況好或者經過更新改造的，其有效年齡小於實際年齡；當建築物的施工、使用、維護情況比正常施工、使用、維護情況差的，其有效年齡大於實際年齡。

（3）建築物的剩餘壽命。

建築物的剩餘壽命是其壽命減去年齡之後的壽命，建築物的剩餘壽命分為剩餘自然壽命和剩餘經濟壽命，建築物的剩餘自然壽命是其自然壽命減去實際年齡後的壽命。建築物的剩餘經濟壽命是其經濟壽命減去有效年齡後的壽命。

剩餘經濟壽命＝經濟壽命－實際年齡

利用年限法計算建築物成新率時，建築物的使用壽命應為經濟壽命，年齡應為有效年齡，剩餘壽命應為剩餘經濟壽命。因為早期建成的建築物未必損壞嚴重，所以價值未必低；而新近建成的建築物未必完好，特別是可能存在建築設計、施工質量缺陷，因而價值未必高。

【例5-11】對於收益性房地產來說，建築物的經濟壽命是（　　）。
　　A. 建築物竣工之日起到不能保證其安全使用之日止的時間
　　B. 在正常市場和營運狀態下淨收益大於零的持續時間
　　C. 由建築結構、工程質量、用途與維護狀況等決定的時間
　　D. 剩餘經濟壽命與實際年齡之和的時間

『正確答案』D

『答案解析』A是自然壽命，C也是自然壽命的影響因素。

5.3.3.2 分解法

根據房地產的修復程度可將房地產項目分為可修復和不可修復兩類。修復是指恢復到新的或者相當於新的狀況，有的是修理，有的是更換。預計採用最合理的修復方案予以修復的必要費用（包括正常的成本、費用、稅金和利潤等，簡稱修復費用）小於或者等於修復所能帶來的房地產增值額的，是可修復的；反之，是不可修復的。

對於可修復的項目，估算其在估價時點的修復費用作為該房地產的實體性貶值額。對於不可修復的項目，根據其在估價時點的剩餘使用壽命是否短於整體建築物的剩餘經濟壽命，將其分為短壽命項目和長壽命項目兩類。

短壽命項目是剩餘使用壽命短於整體建築物剩餘經濟壽命的部件、設備、設施等。它們在建築物剩餘經濟壽命期間需要更換，甚至需要多次更換。

長壽命項目是剩餘使用壽命等於或者長於整體建築物剩餘經濟壽命的部件、設備、設施等，它們在建築物剩餘經濟壽命期間是不需要更換的。

在實際中，短壽命項目與長壽命項目的劃分，一般是在其壽命是否短於建築物經濟壽命的基礎上得出的。例如，基礎、牆體、屋頂、門窗、管道、電梯、空調、衛生設備、裝飾裝修等的壽命是不同的。

短壽命項目分別根據各自的重新購建價格（通常為市場價格、運輸費、安裝費等之和）、壽命、年齡或剩餘使用壽命，利用年限法計算其實體性貶值額。長壽命項目是根據建築物重新購建價格減去可修復項目的修復費用和短壽命項目的重新購建價格後的餘額、建築物的經濟壽命、有效年齡或剩餘壽命，利用年限法計算其實體性貶值額。最後把可修復項目的修復費用、短壽命項目的貶值額、長壽命項目的貶值額相加，即為房地產的實體性貶值額。

【例 5-12】某建築物的重置價格為 180 萬元，經濟壽命為 50 年，有效年齡為 10 年。其中，門窗等損壞的修復費用為 2 萬元；裝飾裝修的重置價格為 30 萬元，平均壽命為 5 年，年齡為 3 年；設備的重置價格為 60 萬元，平均壽命為 15 年，年齡為 10 年。殘值率假設均為零。請計算該建築物的實體性貶值額。

該建築物的實體性貶值額計算如下：
門窗等損壞的修復費用=2（萬元）
裝飾裝修的貶值額=30×1/5×3=18（萬元）
設備的貶值額=60×1/15×10=40（萬元）
長壽命項目的貶值額=（180-2-30-60）×1/50×10=17.6（萬元）
該建築物的實體性貶值額=2+18+40+17.6=77.6（萬元）

5.3.4 房地產功能性貶值的估測

功能性貶值按照引起貶值的不同原因可分為功能缺乏、功能落後和功能過剩引起貶值三類。

5.3.4.1 功能缺乏引起貶值的測算

功能缺乏引起貶值分成可修復的功能缺乏引起的貶值和不可修復的功能缺乏引起的貶值。

（1）對於可修復的功能缺乏引起的貶值，在採用缺乏該功能的「建築物重建價格」下的計算方法是：估算在估價時點估價對象建築物上單獨增加該功能的必要費用（簡稱單獨增加功能費用）；估算在估價時點重置建造建築物時隨同增加該功能的必要費用（簡稱隨同增加功能費用）；將單獨增加功能費用減去隨同增加功能費用，即單獨增加

功能的超額費用為可修復的功能缺乏引起的貶值額。

（2）對於不可修復的功能缺乏引起的貶值，可以採用下列方法來計算：①利用收益損失資本化法計算缺乏該功能導致的未來每年損失租金的現值之和；②估算隨同增加功能費用；③將未來每年損失租金的現值之和減去隨同增加功能費用，即得到不可修復的功能缺乏引起的貶值額。

5.3.4.2　功能落後引起的貶值的計算

把功能落後貶值分成可修復的功能落後引起的貶值和不可修復的功能落後引起的貶值。

對於可修復功能落後引起的貶值，其貶值額為在估價時點該落後功能的重置價格，減去該落後功能已提貶值，加上拆除該落後功能必要費用（簡稱拆除落後功能費用），減去該落後功能的殘值，加上單獨增加先進功能的必要費用（簡稱單獨增加先進功能費用），減去重置建造建築物時隨同增加先進功能的必要費用（簡稱隨同增加先進功能費用）。

與可修復的功能缺乏引起的貶值額相比，可修復的功能落後引起的貶值額多了落後功能尚未貶值的價值（即落後功能的重置價格減去已提貶值。因為該部分未發揮作用就報廢了），少了落後功能的淨殘值，即多了落後功能的服務期未滿而提前報廢的損失。

5.3.4.3　功能過剩貶值的計算

功能過剩一般是不可修復的。功能過剩貶值應包括功能過剩造成的無效成本。該無效成本可以通過採用重置價格而自動得到消除，但如果採用重建價格則不能消除。例如，某廠房樓層過高，層高6米，正常為5米。重置價格將依據5米層高而不是6米層高來估算；而重建價格將依據6米層高來估算。

無論是採用重置價格還是重建價格，功能過剩貶值還應包括功能過剩造成的超額持有成本。超額持有成本可以利用超額營運資本化法即功能過剩導致的未來每年超額營運費用現值之和來計算。這樣採用重置價格的情況下：

扣除功能過剩貶值後的價值＝重置價格－超額持有成本

採用重建價格的情況下：

扣除功能過剩貶值後的價值＝重建價格－（無效成本＋超額持有成本）

5.3.5　房地產經濟性貶值的估測

房地產經濟性貶值是指由宏觀經濟環境、市場競爭、政府有關房地產制度及政策、稅收政策、交通管制、自然環境、人口因素、人們的心理因素等外界條件的變化，使建築物的利用率下降，收益遭受損失，導致價值降低。

房地產經紀性貶值可採用以下思路估測：

（1）對外部條件沒有發生變化前相同的房地產交易價格進行比較，兩者交易價格之間的差額即為經濟性貶值。

（2）對於收益性房地產可用房地產未來收益淨損失額折現的方法估測經濟性貶值。

（3）與房地產的實體性貶值一起考慮，確定包括經濟性貶值因素在內的綜合成新率。

如果外界條件變化後的房地產交易價格高於以前的價格，或者房地產預期收益增加，那麼房地產存在經濟溢價。

【例5-13】某幢應有電梯而沒有電梯的辦公樓，重建價格為2,000萬元，現增設電梯需要120萬元，如果現在建造辦公樓隨同安裝電梯只需要100萬元，請計算該辦公樓因沒有電梯引起的貶值額及扣除沒有電梯引起的貶值後的價值。

該辦公樓因為有電梯引起的貶值額＝120-100＝20（萬元）

該辦公樓扣除沒有電梯引起的貶值後的價值＝2,000-20＝1,980（萬元）

如果是採用具有該功能的建築物重置價格，則將建築物重置價格減去單獨增加功能費用，便直接得到了扣除該功能缺乏引起的貶值後的價值。

【例5-14】某幢應有電梯而沒有電梯的辦公樓，現增設電梯需要120萬元，類似有電梯的辦公樓的重置價格為2,100萬元。請計算該辦公樓扣除沒有電梯引起的貶值後的價值。

該辦公樓扣除沒有電梯引起的貶值後的價值＝2,100-120＝1,980（萬元）

【例5-15】某幢舊辦公樓的電梯較為落後，如果將該電梯更換為功能先進的新電梯，估計需要拆除費用2萬元，可回收殘值3萬元，安裝新電梯需要120萬元（包括購買價款、運輸費、安裝費等），要比在建造同類辦公樓時隨同安裝多花費20萬元。估計該舊辦公樓的重建價格為2,050萬元，該舊電梯的重置價格為50萬元，已提貶值40萬元。請計算該辦公樓因電梯落後引起的貶值及扣除電梯落後引起的貶值後的價值。

該辦公樓因電梯落後引起的貶值額＝（50-40）+（2-3）+20＝29（萬元）

該辦公樓扣除電梯落後引起的貶值後的價值＝2,050-29＝2,021（萬元）

對於不可修復的功能落後引起的貶值，其貶值額是在上述可修復的功能落後引起的貶值額計算中，將單獨增加先進功能費用替換為利用收益損失資本化法計算的功能落後導致的未來每年損失租金的現值之和。

【例5-16】某房地產重建價格為2,000萬元，已知在建造期間中央空調系統因功率大較正常情況多投入150萬元，投入使用後每年多耗電費0.8萬元。假定該空調系統使用壽命為15年，估價對象房地產的報酬率為12%，請計算該房地產因中央空調功率過大引起的貶值及扣除中央空調功率過大引起的貶值後的價值。

該房地產因中央空調功率過大引起的貶值＝150+0.8÷12%×[1-1÷(1+12%)^{15}]
$$=155.45（萬元）$$

該房地產扣除中央空調功率過大引起的貶值後的價值＝2,000-155.45
$$=1,844.55 萬元$$

將功能缺乏折價、功能落後貶值、功能過剩貶值額相加，即為功能貶值額。

5.4 收益途徑在房地產評估中的應用

5.4.1 收益途徑的適用條件和對象

收益途徑是預測估價對象的未來收益，然後根據報酬率或資本化率、收益乘數將其轉換為價值，以計算客觀合理的估價對象價格或價值的方法。收益途徑的本質是以房地產的預期收益能力為導向計算估價對象的價值。通常把收益法測算出的價值簡稱為收益價格。

根據將未來預期收益轉換為價值方式的不同，即資本化的方式不同，可以分為直接資本化法和報酬資本化法。直接資本化法是將估價對象未來某一年的某種預期收益除以適當的資本化率或者乘以適當的收益乘數轉換為價值的方法。其中，將未來某一年的某種收益乘以適當的收益乘數來計算估價對象價值的方法，稱為收益乘數法。而報酬資本化法（即現金流量折現法）是房地產的價值等於其未來各期淨收益的現值之和，通過預測估價對象未來各期的淨收益，選用適當的報酬率將其折算到估價時點後相加，從此來計算估價對象價值的方法。

5.4.2 房地產收益途徑的基本思路

房地產收益途徑是以預期原理為基礎的。預期原理提出，決定房地產當前價值的，不是過去的因素而是未來的因素。具體地說，房地產當前的價值，通常不是基於其歷史價格、開發建設它所花費的成本或者過去的市場狀況，而是基於市場參與者對其未來所能帶來的收益或者能夠得到的滿足、樂趣等的預期。歷史資料的作用主要是用來推知未來的動向和情勢，解釋未來預期的合理性。從理論上講，一宗房地產過去的收益雖然與其當期的價值無關，但其過去的收益往往是未來收益的一個很好的參考值，除非外部條件發生異常變化使得過去的趨勢不能繼續發展下去。

土地使用權評估中的收益法，亦稱收益還原法，是指通過預測土地未來產生的預期收益，以一定的還原利率將預期收益折算為現值之和，從而確定土地評估值的方法。由於房地產的壽命長久，收益性房地產不僅現在能獲得收益，而且可以在未來持續獲取收益。因此，可以將購買收益性房地產視為一種投資。投資者購買收益性房地產的目的不是購買房地產本身，而是購買房地產未來所能產生的收益，是以現在的一筆資金去換取未來的一系列資金。這樣，對於投資者來說，將資金用於購買房地產獲取收益，與將資金存入銀行獲取利息所起的作用是相同的。

使用收益法的基本思想評估房地產價值時，通常假設淨收益和報酬率每年均不變，並且獲取房地產收益的風險與獲取銀行存款利息的風險相同，在此情況下得出收益途徑及其方法在房地產評估中適用的公式如下：

$$P = \frac{A}{r} \times \left[1 - \frac{1}{(1+r)^n} \right]$$

從房地產的土地使用權評估中的收益途徑的公式可以看出，評估房地產價值時要確定房地產的收益額、房地產還原利率和房地產的收益年限。

使用收益途徑法評估房地產的基本步驟：
（1）收集房地產有關收入和費用的資料；
（2）測算房地產的正常收入；
（3）測算房地產的正常費用；
（4）測算房地產的純收益；
（5）估測並選擇適當的折現率或資本化率；
（6）確定房地產的收益年限；
（7）估測並確定房地產評估價值。

5.4.3 收益途徑及其方法下不同收益類型房地產淨收益的測算

5.4.3.1 淨收益測算的基本原理

收益性房地產獲取收益的方式主要有出租和營業兩種。據此，淨收益的測算途徑也可分為兩種：一是基於租賃收入測算淨收益，如存在大量租賃實例的普通住宅、公寓、寫字樓、商鋪、標準廠房、倉庫等類房地產；二是基於營業收入測算淨收益，如旅館、影劇院、娛樂場所、加油站等類的房地產。在英國，將前一種情況下的收益法稱為投資法，將後一種情況下的收益法稱為利潤法。有些房地產既存在大量租賃實例又有營業收入，如商鋪、餐館、農地等。在實際估價中，只要是能夠通過租賃收入測算淨收益的，宜通過租賃收入測算淨收益來估價。因此，基於租賃收入測算淨收益的收益法是收益法的典型形式，其適用公式如下：

$$P = \frac{A}{r} \times \left[1 - \frac{1}{(1+r)^n}\right]$$

（1）基於租賃收入測算淨收益。

淨收益＝潛在毛租金收入−空置和收租損失＋其他收入−營運費用
　　　　＝有效毛收入−營運費用

其中：

淨收益（是淨營運收益的簡稱）是從有效毛收入中扣除營運費用以後得到的歸因於房地產的收入。

潛在毛收入是房地產在充分利用（沒有空置）下所能獲得的歸因於房地產的總收入。寫字樓等出租型房地產的潛在毛收入一般為潛在毛租金收入加上其他收入。潛在毛租金收入等於全部可出租面積與最可能的租金水準的乘積。

其他收入是租賃保證金或押金的利息收入以及寫字樓中設置的自動售貨機、投幣電話等獲得的收入。

收租損失是指租出的面積因拖欠租金，包括延遲支付租金、少付租金或者不付租金所造成的收入損失。

空置和收租損失通常按照潛在毛收入的一定比例來估算（空置的面積沒有收入。

收租損失是指租出的面積因拖欠租金,包括延遲支付租金、少付租金或者不付租金所造成的收入損失)。

有效毛收入是從潛在的毛收入中扣除空置和收租損失以後得到的歸因於房地產的收入。

營運費用是維持房地產正常使用或營業的必要費用,包括房地產稅、保險費、人員工資及辦公費用、保持房地產正常運轉的成本(建築物及相關場地的維護、維修費用)、為承租人提供服務的費用(如清潔、保安)等。營運費用是從估價角度出發的,與會計上的成本費用有所不同,不包含房地產抵押貸款還本付息額、房地產貶值額、房地產改擴建費用和所得稅。

①對於有抵押貸款負擔的房地產,營運費用不包含抵押貸款還本付息額是以自有資金和抵押貸款價值在內的整體房地產價值為前提的。

抵押債務並不影響房地產整體的正常收益,而且由於抵押貸款條件不同,抵押貸款還本付息額會有所不同。如果營運費用包含抵押貸款還本付息額,則會使不同抵押貸款條件下的淨收益出現差異,從而影響到這種情況下房地產估價的客觀性。如果在扣除營運費用後再扣除抵押貸款還本付息額,得到的收益不是淨收益,而是稅前現金流量。

②這裡所講的不包含會計上的貶值額,是指不包含建築物貶值費、土地攤提費,但包含壽命比整體建築物經濟壽命短的構件、設備、裝修裝飾等的貶值費。建築物的有些組成部分(如空調、電梯、鍋爐、地毯等)的壽命比整體建築物的經濟壽命短,它們在壽命結束後必須重新購置、更換才能繼續維持房地產的正常使用(例如,鍋爐的壽命結束後如果不重新購置、更換,房地產就不能正常營運),由於它們的購置成本是確實發生了的,因此,其貶值費應該包含在營運費用中。

③房地產改擴建能通過增加房地產每年的收入提高房地產價值。收益法估價是假設房地產改擴建費用與其所帶來的房地產價值增加額相當,從而兩者可相抵,因此不將它作為營運費用的一部分。如果房地產改擴建能大大提高房地產的價值,而房地產改擴建費用大大低於其所帶來的房地產價值增加額,則這種房地產屬於「具有投資再開發潛力的房地產」,應採用假設開發法來估價。

④營運費用中之所以不包含所得稅,是因為所得稅與特定的業主的經營狀況直接相關。如果包含它,估價會失去作為客觀價值指導的普遍適用性。

(2)基於營業收入測算淨收益。

有些收益性房地產,通常不是以租賃方式而是以營業方式獲取收益的,其業主與經營者是合二為一的。如旅館、娛樂中心、汽車加油站等。

這些收益性房地產的淨收益測算與基於租賃收入的淨收益測算主要有以下兩個方面的不同:一是潛在毛收入或者有效毛收入變成了經營收入,二是要扣除歸屬於其他資本或經營的收益,如商業、餐飲、工業、農業等經營者的正常利潤。

例如,某餐館正常經營的收入為100萬元,費用為36萬元,經營者利潤為24萬元,則基於營業收入測算的房地產淨收益為:100-36-24=40(萬元)。

5.4.3.2 不同收益類型房地產淨收益的計算

淨收益的具體計算因估價對象的收益類型不同而有所不同，具體歸納為下列 4 種情況：出租的房地產、營業的房地產、自用或尚未使用的房地產、混合收益的房地產。

（1）出租的房地產淨收益計算。

淨收益通常為租賃收入扣除由出租人負擔費用後的餘額。租賃收入包括租金收入和租賃保證金或押金的利息收入。

出租人負擔的費用，根據房租構成因素（地租、房屋貶值費、維修費、管理費、投資利息、保險費、物業稅、租賃費用、租賃稅費和利潤）可得，一般為其中的維修費、管理費、投資利息、保險費、物業稅、租賃費用、租賃稅費。

在實際計算淨收益時，通常是在分析租約的基礎上決定所要扣除的費用項目。如果租約約定保證合法、安全、正常使用所需要的一切費用均由出租人負擔，則應將它們全部扣除；如果租約約定部分或全部費用由承租人負擔，則出租人所得的租賃收入就接近於淨收益，此時扣除的費用項目就要相應減少。

（2）營業的房地產淨收益計算。

營業的房地產的最大特點是房地產所有者同時又是經營者，房地產租金與經營者利潤沒有分開。

①商業經營的房地產淨收益的計算。淨收益為商品銷售收入扣除商品銷售成本、經營費用、商品銷售稅金及附加、管理費用、財務費用和商業利潤。

②工業生產的房地產淨收益的計算。淨收益為產品銷售收入扣除生產成本、產品銷售費用、產品銷售稅金及附加、管理費用、財務費用和廠商利潤。

③農地淨收益的計算。淨收益為農地年產值減去各種費用。

（3）自用或尚未使用的房地產淨收益計算。

自用或尚未使用的房地產是指住宅、寫字樓等目前為業主自用或暫時空置的房地產，而不是指寫字樓、賓館的大堂、管理用房等所必要的空置或自用部分。寫字樓、賓館的大堂、管理用房等的價值是通過其他用房的收益體現出來的，因此其淨收益不用單獨計算。

自用或尚未使用的房地產的淨收益，可以根據同一市場上有收益的類似房地產的有關資料按照上述相應的方式來測算，或者通過類似房地產的淨收益直接比較得出。

（4）混合收益的房地產淨收益計算。

星級賓館一般有客房、會議室、餐廳、商場、商務中心、娛樂中心等，其淨收益視具體情況採用下列三種方式之一計算：

①把費用分為變動費用和固定費用，將測算出的各種類型的收入分別減去相應的變動費用，予以加總後再減去總的固定費用。

變動費用是指其總額隨著業務量的變動而變動的費用。當業務量增加，由於需要更多的原材料，費用也因此而增加。

固定費用是指其總額不隨業務量的變動而變動的費用。例如，一個有客房、會議室、餐廳、商場、商務中心、娛樂中心的星級賓館，客房部分的變動費用是與入住客

人多少直接相關的費用，會議室部分的變動費用是與使用會議室的次數直接相關的費用。

②首先測算各種類型的收入，然後測算各種類型的費用，再將總收入減去總費用。

③把混合收益的房地產看成是各種單一收益類型房地產的簡單組合，先分別根據各自的收入和費用求出各自的淨收益，然後將所有的淨收益相加。

5.4.4 房地產折現率的估測

5.4.4.1 折現率的實質

折現率是與利率、報酬率、內部收益率同類性質的比率。可以將購買收益性房地產視為一種投資行為，這種投資需要投入的資本是房地產價格，試圖獲取的收益是房地產預期會產生的淨收益。投資既要獲取收益，又要承擔風險。

風險是指由於不確定性的存在，導致投資收益的實際結果偏離預期結果造成損失的可能性。其中：

報酬率＝投資回報÷所投入的資本

投資的結果可能是贏利較多，也可能是贏利較少，甚至會虧損。以最小的風險獲取最大的收益，可以說是所有投資者的願望。贏利的多少一方面與投資者自身的能力有關，另一方面主要與投資對象及所處的投資環境有關。在一個完善的市場中，投資者之間競爭的結果是：要獲取較高的收益，意味著要承擔較大的風險；或者，有較大的風險，投資者必然要求有較高的收益，即只有收益較高，投資者才願意進行有較大風險的投資。因此，從全社會來看，報酬率與投資風險正相關，風險大的投資，其報酬率也高；反之則低。例如，將資金用於購買國債，風險小，但利率低，收益也就低；而將資金用於投機冒險，報酬率高，但風險也大。

不同地區、不同時期、不同用途或不同類型的房地產，同一類型房地產的不同權益、不同收益類型，由於投資的風險不同，報酬率是不盡相同的。因此，在估價中並不存在一個統一不變的報酬率數值。

5.4.4.2 報酬率的計算方法

（1）累加法。

累加法將報酬率視為包含無風險報酬率和風險報酬率兩大部分，然後分別求出每一部分，再將他們相加。其中無風險報酬率（又稱安全利率）是無風險投資的報酬率，是資金的機會成本。風險報酬率是指承擔額外風險所要求的補償，即超過無風險報酬率以上部分的報酬率，具體使估價對象房地產存在的具有自身投資特徵的區域、行業、市場等風險的補償，其風險報酬率一般為2%～4%。累加法的數學表達公式為：

報酬率＝無風險報酬率+投資風險補償+管理負擔補償+缺乏流動性補償−投資帶來的優惠

其中：

投資風險補償是指當投資者投資收益不確定、具有風險性的房地產時，投資者必然會要求對所承擔的額外風險有補償，否則就不會投資。

管理負擔補償是指一項投資要求的監管越多，其吸引力就會越小，投資者必然會要求對所承擔的額外管理有補償。房地產要求的管理工作一般遠遠超過存款、證券。

缺乏流動性補償是指投資者所投入的資金缺乏流動性時，投資者要求的補償。房地產與股票、債券相比，買賣要困難，交易費用也較高，缺乏流動性。

投資帶來的優惠是指由於投資於房地產可能獲得某些額外的好處，如易於獲得融資，從而投資者會降低所要求的報酬率。

由於在現實中不存在完全無風險的投資，所以，一般是選用同一時期的相對無風險的報酬率去代替無風險報酬率。例如，選用同一時期的國債利率或銀行存款利率。於是，投資風險補償就變為投資估價對象相對於投資同一時期國債或銀行存款的風險補償，管理負擔補償變為投資估價對象相對於投資同一時期國債或銀行存款管理負擔的補償，缺乏流動性補償變為投資估價對象相對於投資同一時期國債或銀行存款缺乏流動性的補償，投資帶來的優惠變為投資估價對象相對於投資同一時期國債或銀行存款所帶來的優惠。

需要注意的是，上述無風險報酬率和具有風險性房地產的報酬率，一般是指名義報酬率，即已經包含了通貨膨脹的影響。這是因為在收益法估價中，廣泛使用的是名義淨收益，因而根據匹配原則，應使用與之相對應的名義報酬率。

（2）市場提取法。

市場提取法，即在市場上選取多個（通常為3個以上）與評估對象房地產相似的交易實例的正常淨租金與價格的比率作為依據，然後求出各交易實例正常淨租金與價格的比率的平均值，以此作為評估對象房地產的資本化率。該方法運用的前提條件是隔年租金等額、收益期限永續。

【例5-17】選取4個與評估對象房地產相似的交易實例，各交易實例的有關數據資料如表5.9所示。

表5.9　交易實例數據資料

交易實例	租金（萬元/年）	價格（萬元）	還原利率（%）
1	10	115	8.70
2	15	165	9.09
3	20	236	8.47
4	25	275	9.09

根據表5.9數據，可採用簡單算術平均數法求得房地產資本化率：

房地產資本化率＝（8.70%＋9.09%＋8.47%＋9.09%）÷4＝8.837,5

（3）投資報酬率排序插入法。

報酬率是典型投資者在房地產投資中所要求的報酬率。由於具有同等風險的任何投資的報酬率應該是相近的，所以，可以通過與估價對象同等風險的投資報酬率來計算估價對象的報酬率。

投資報酬率排序插入法是通過收集市場上各種投資的收益率資料，如銀行存款、

政府債券、企業債券、股票以及各個領域的工商業投資等，然後把各項投資按收益率的大小排序，將評估對象房地產與各類投資風險程度進行分析比較，判斷出同等風險的投資，確定評估對象風險程度應落入的區間位置，以此確定評估對象的資本化率。

5.4.5 房地產收益期限的確定

5.4.5.1 收益期限的含義

收益期限是預期未來可以從估價對象那裡獲取收益的時間，其起點是估價時點，終點是未來不能獲取收益之日。

5.4.5.2 收益期限的確定

收益期限應根據建築物剩餘經濟壽命和建設用地使用權剩餘期限等來確定。其中建築物剩餘經濟壽命是自估價時點起至建築物經濟壽命結束的時間；建設用地使用權剩餘期限是自估價時點起至土地使用期限結束的時間。

根據建築物剩餘經濟壽命和建設用地使用權剩餘期限的不同情況分為以下三種：

（1）建築物剩餘經濟壽命與建設用地使用權剩餘期限同時結束，收益期限為建築物剩餘經濟壽命或者建設用地使用權剩餘期限。

（2）建築物剩餘經濟壽命早於建設用地使用權剩餘期限結束，房地產價值等於以建築物經濟壽命為收益期限計算的房地產價值，加上建築物剩餘經濟壽命結束後的剩餘期限建設用地使用權在估價時點的價值。

建築物剩餘經濟壽命結束後的剩餘期限建設用地使用權在估價時點的價值，等於整個剩餘期限的建設用地使用權在估價時點的價值減去建築物剩餘經濟壽命為使用期限的建設用地使用權在估價時點的價值。

（3）建築物剩餘經濟壽命晚於建設用地使用權剩餘期限結束，分為出讓合同中未約定不可續期和已約定不可續期兩種情況。

對於在出讓合同中未約定不可續期的，房地產價值等於建設用地使用權剩餘期限為收益期限計算的房地產價值加上建設用地使用權剩餘期限結束時建築物的殘餘價值折算到估價時點的價值。

對於在出讓合同中已約定不可續期的，以建設用地使用權剩餘期限為收益年限，選用相應的收益期限為有限年的公式計算房地產價值。

上述收益期限的確定是針對計算建築物所有權和建設用地使用權的價值而言的，如果是計算承租人權益的價值，則收益期限為剩餘租賃期限。

5.4.6 收益途徑及方法評估房地產價值的基本類型

以下公式基於三個假定：年純收益相等，還原利率固定，收益為無限年期。

5.4.6.1 評估房地合一的房地產價值

房地產評估價值＝房地產年純收益／綜合還原利率

其中：

房地產年純收益＝房地產年總收益－房地產年總費用

房地產年總費用＝管理費+維修費+保險費+稅金

5.4.6.2 單獨評估土地的價格

（1）對於空地的評估（適用於空地出租），計算公式一般為：

土地評估價值＝土地年純收益/土地還原利率

其中：

土地年純收益＝土地年總收益－土地年總費用

土地年總費用＝管理費+維護費+稅金

（2）房地合一情況下，土地價值的評估公式為：

土地評估價值＝（房地產年純收益－建築物年純收益）/土地還原利率

建築物年純收益＝建築物現值×建築物還原率

建築物現值＝建築物重置成本×成新率

5.4.6.3 單獨評估建築物的價格

房地合一情況下，建築物價值的評估公式為：

建築物評估價值＝（房地產年純收益－土地年純收益）÷建築物還原利率

【例5-18】某土地出讓年期為40年，還原利率為8%，預計未來前5年的純收益分別為30萬元、32萬元、35萬元、33萬元和38萬元，未來第6~40年每年純收益穩定保持在40萬元左右。

要求：用收益法評估該宗地的價值。

（1）該宗地未來前5年純收益的現值 $V_1 = 30×(P/F，8%，1)+32×(P/F，8%，2)+35×(P/F，8%，3)+33×(P/F，8%，4)+38×(P/F，8%，5)$

$= 30×0.925,9+32×0.857,3+35×0.798,3+33×0.735,0+38×0.680,6 = 133.27$（萬元）

（2）該宗地未來第6~40年純收益的現值 $V_2 = 40×(P/A，8%，35)×(P/F，8%，5)$

$= 40×11.654,6×0.680,6 = 317.28$（萬元）

（3）該宗地價值 $V = V_1 + V_2 = 133.27+317.28 = 450.55$（萬元）

【例5-19】評估某商業房地產，經評估人員分析預測，該房地產評估基準日後未來3年帶來的預期收入分別為200萬元、220萬元、230萬元，從未來第4年至第10年預期收入將保持在200萬元水準上，房地產在未來第10年年末的資產預計變現價值為300萬元，假定適用的折現率與資本化率均為10%，用收益法評估該房地產的價值。

第一段：第1~3年。

$P1 = 200×(P/F，10%，1)+220×(P/F，10%，2)+230×(P/F，10%，3)$

$= 200×0.909,1+220×0.826,4+230×0.751,3 = 536.427$（萬元）

第二段：第4~10年。

$P2 = 200×(P/A，10%，7)×(P/F，10%，3) = 200×4.868,4×0.751,3$

$= 731.52$（萬元）

第三段：將第10年末的預計變現值300萬元折現，

$P3 = 300 \times (P/F, 10\%, 10)$
$= 300 \times 0.385, 5 = 115.65$ 萬元

該房地產評估值 $= P1 + P2 + P3 = 536.427 + 731.52 + 115.65 = 1,383.60$（萬元）

【例5-20】某房地產開發公司於2013年9月以有償出讓方式取得了一塊使用權為50年的土地，並於2015年9月在此地塊上建成一座磚混結構的寫字樓，當時造價為每平方米3,500元，經濟耐用年限為55年，殘值率為2%。目前，該類建築重置價格為每平方米5,000元。該建築物占地面積為1,000平方米，建築面積為2,200平方米，現用於出租，每月每平方米平均實收租金為80元。據調查，當地同類寫字樓出租租金一般為每月每平方米100元，空置率為5%，每年需要支付的管理費為年租金的3%，維修費為建築重置價格的2%，城鎮土地使用稅及房產稅合計為每建築平方米35元，保險費為重置價的0.3%，土地資本化率為8%，建築物資本化率為10%。假設土地使用權出讓年限屆滿，土地使用權及地上建築物由國家無償收回，建築物無殘值。

要求：根據以上資料用收益法評估該宗地2018年9月的土地使用權價值。

（1）房地產年客觀總收益 $= 2,200 \times 100 \times 12 \times (1-5\%) = 2,508,000$（元）

（2）房地產年營運費用 $= 75,240 + 220,000 + 77,000 + 33,000 = 405,240$（元）

年管理費 $= 2,508,000 \times 3\% = 75,240$（元）

年維修費 $= 5,000 \times 2,200 \times 2\% = 220,000$（元）

年城鎮土地使用稅及房產稅 $= 2,200 \times 35 = 77,000$（元）

年保險費 $= 5,000 \times 2,200 \times 0.3\% = 33,000$（元）

（3）房屋年貶值額 $= \dfrac{房屋重置價格}{使用年限} = \dfrac{5,000 \times 2,200}{50-2} = 229,166.67$（元）

房屋現值 = 房屋重置價格 − 房屋年貶值額 × 房屋已使用年限
$= 5,000 \times 2,200 - 229,166.67 \times 3 = 10,312,500$（元）

房屋年純收益 = 房屋現值 × 房屋還原利率 $= 10,312,500 \times 10\% = 1,031,250$（元）

（4）土地年純收益 $= 2,102,760 - 1,031,250 = 1,071,510$（元）

（5）土地使用權價值 $= 1,071,510 \times (P/A, 8\%, 45) = 1,071,510 \times 12.108,4$
$= 12,974,271.68$（元）

土地單價 $= \dfrac{12,974,271.68}{1,000} = 12,974.27$（元/平方米）

【例5-21】某房地產公司於2015年5月以出讓的方式取得一塊使用權為50年的土地，並於2017年5月在此地塊上建成一座鋼混結構的寫字樓，當時造價為每平方米3,800元，經濟耐用年限為60年。目前，該類型建築的重置價格為每平方米4,800元。該大樓總建築面積為12,000平方米，全部用於出租。據調查，當地同類型寫字樓的租金一般為每天每平方米2.5元，空置率在10%左右，每年需支付的管理費用一般為年租金的3.5%，維修費為建築物重置價的1.5%，房產稅為租金收入的12%，其他稅為租金收入的6%，保險費為建築物重置價的0.2%，資本化率為6%。試根據以上資料評估該寫字樓在2020年5月的價格。

1. 估算年有效毛收入

年有效毛收入=2.5×365×12,000×（1−10%）=9,855,000（元）
2. 估算年營運費用
（1）管理費：年管理費=9,855,000×3.5%=344,925（元）
（2）維修費：年維修費=4,800×12,000×1.5%=864,000（元）
（3）保險費：年保險費=4,800×12,000×0.2%=115,200（元）
（4）稅金：年稅金=9,855,000×（12%+6%）=1,773,900（元）
（5）年營運費用：年營運費用=344,925+864,000+115,200+1,773,900
$$=3,098,025（元）$$
3. 估算淨收益
年淨收益=年有效毛收入−年營運費用=9,855,000−3,098,025=6,756,975（元）
4. 計算房地產價格
房地產的剩餘收益期為45年，則：
房地產價格=6,756,975×（P/A，6%，45）=104 434,671（元）
房地產單價=104 434,671÷12,000=8,703（元）
5. 評估結果
經評估，該寫字樓房地產在2020年5月的價格為104 434,671元，單價為每平方米8,703元。

【例5-22】某房地產開發公司於2012年3月以有償出讓方式取得一塊使用權為50年的土地，並於2014年3月在此地塊上建成一座磚混結構的寫字樓，當時造價為每平方米2,000元，經濟耐用年限為55年。目前，該類建築重置價格為每平方米2,500元。該建築物占地面積500平方米，建築面積為900平方米，現用於出租，每月平均實收租金為3萬元。據調查，當地同類寫字樓出租租金一般為每月每建築平方米50元，空置率為10%，每年需支付的管理費為年租金的3.5%，維修費為建築重置價格的1.5%，土地使用稅及房產稅合計為每平方米20元，保險費為建築重置價格的0.2%，土地資本化率為7%，建築物資本化率為8%。假設土地使用權出讓年限屆滿，土地使用權及地上建築物由國家無償收回。試根據以上資料評估該宗地2018年3月的土地使用權價值。

1. 選定評估方法
該宗房地產有經濟收益，適宜採用收益法。
2. 計算總收益
總收益應該為客觀收益而不是實際收益。
年總收益=50×12×900×（1−10%）=486,000（元）
3. 計算總費用
年管理費=486,000×3.5%=17,010（元）
年維修費=2,500×900×1.5%=33,750（元）
年稅金=20×900=18,000（元）
年保險費=2,500×900×0.2%=4,500（元）
年總費用=年管理費+年維修費+年稅金+年保險費
$$=17,010+33,750+18,000+4,500=73,260（元）$$

4. 計算房地產淨收益

年房地產淨收益＝年總收益－年總費用＝486,000－73,260＝412,740（元）

5. 計算房屋淨收益

(1) 計算年貶值額。一般情況下，年貶值額本應該根據房屋的耐用年限而確定，但本例的土地使用年限小於房屋耐用年限，土地使用權出讓年限屆滿，土地使用權及地上建築物由國家無償收回。因此，房屋的重置價必須在可使用期限內全部收回，房地產使用者可使用的年期為 48 年（50－2＝48），並且不計殘值，視為土地使用權年期屆滿，地上建築物一併由國家無償收回。年貶值額為 46,875 元。

(2) 計算房屋現值。

房屋現值＝房屋重置價－年貶值額×已使用年數
　　　　＝2,500×900－46,875×4
　　　　＝2,062,500（元）

(3) 計算房屋純收益。

房屋年純收益＝房屋現值×房屋資本化率＝2,062,500×8%＝165,000（元）

6. 計算土地淨收益

年土地淨收益＝年房地產淨收益－年房屋淨收益＝412,740－165,000＝247,740（元）

7. 計算土地使用權價值

土地使用權在 2018 年 3 月的剩餘使用年期為 50－6＝44（年）。

單價＝3,358,836.15÷500＝6,717.67（元）

8. 評估結果

本宗土地使用權在 2018 年 3 月的土地使用權價值為 3,358,836.15 元，單價為每平方米 6,717.67 元。

5.5　其他評估技術方法在房地產評估中的應用

5.5.1　假設開發法在房地產評估中的應用

5.5.1.1　假設開發法的基本含義

假設開發法（又稱剩餘法、預期開發法、開發法）是預測估價對象未來開發完成後的價值，然後減去預測的未來開發成本、稅費和利潤等，以計算估價對象客觀合理價格或價值的方法。假設開發法的本質是以房地產的預期收益能力為導向計算估價對象的價值。

5.5.1.2　假設開發法的理論依據

假設開發法是一種科學實用的估價方法，其理論依據與收益法相同，是預期原理。假設開發法的基本思路：模擬一個典型的房地產開發商，在規範運作、公平競爭的土地市場上，欲取得一塊房地產開發用地是如何思考該地塊的價格或者確定其出價的。

由以上可以看出，假設開發法在形式上是評估新開發完成後的房地產價格的成本

法的倒算法。兩者的區別是：成本法中的土地價格為已知，需要計算的是開發完成後的房地產價格；假設開發法中開發完成後的房地產價格已事先通過預測得到，需要計算的是土地價格。

5.5.1.3 假設開發法適用的估價對象和條件

（1）假設開發法適用的估價對象。假設開發法適用於具有開發或再開發潛力的房地產估價，待開發的土地（包括生地、毛地、熟地）、在建工程（包括房地產開發項目）、可裝修改造或改變用途的舊房（包括裝修、改建、擴建，如果是重建就屬於毛地的範疇），以下統稱為待開發房地產。

對於有城市規劃設計條件要求但城市規劃設計條件尚未明確的待開發房地產，不建議採用假設開發法估價。

（2）假設開發法估價需要具備的條件。在實際估價中，運用假設開發法估價結果的可靠性關鍵取決於下列兩個預測：

①是否根據房地產的合法原則和最高最佳使用原則，正確地判斷房地產的最佳開發利用方式（包括用途、規模、檔次等）；

②是否根據當地房地產市場情況或供求狀況，正確地預測未來開發完成後的房地產價值。

另外，還要求有一個良好的社會環境。

（3）假設開發法的其他用途。假設開發法還適用於房地產開發項目投資分析，是房地產開發項目投資分析的常用方法之一。假設開發法可用於：

①確定擬開發場地的最高價格。

②確定開發項目的預期利潤。

③確定開發中可能出現的最高費用。

5.5.1.4 假設開發法的操作步驟

（1）調查待開發房地產的基本情況；

（2）選擇最佳的開發利用方式；

（3）估算開發經營期；

（4）預測開發完成後的房地產價值；

（5）測算開發成本、管理費用、投資利息、銷售費用、銷售稅費、開發利潤及投資者購買待開發房地產應負擔的稅費；

（6）進行具體計算，求出待開發房地產的價值。

5.5.1.5 假設開發法公式

待開發房地產價值=開發完成後的房地產價值−開發成本−管理費用−投資利息−銷售費用−銷售稅費−開發利潤−投資者購買待開發房地產應負擔的稅費

5.5.2 路線價法在土地評估中的應用

5.5.2.1 路線價法的含義

對於城鎮街道兩側的商業用地，即使它們的位置相鄰，形狀相同，面積相等，但由於臨街狀況不同，價值也會有所不同，而且差異可能很大。如果需要同時、快速地評估出城鎮街道兩側所有商業用地的價格，則可以用路線價法。

路線價法是在特定街道上設定標準臨街深度，從中選取若干標準臨街宗地求其平均價格，將此平均價格稱為路線價，然後利用臨街深度價格修正率或其他價格修正率來計算該街道其他臨街土地價值的方法。

5.5.2.2 路線價法的理論依據

路線價法實質上是一種市場法，是市場法的派生方法，其理論依據與市場法相同，是房地產價格形成的替代原理。

在路線價法中，標準臨街宗地可視為市場法中的參照物；路線價是若干標準臨街宗地的平均價格，可視為市場法中經過交易情況修正、市場狀況調整後的參照物價格；該街道其他臨街土地的價值是以路線價為基準，考慮該土地的臨街深度、形狀、臨街狀況、臨街寬度等，進行適當的調整求得。上述這些狀況調整，可以稱為房地產狀況調整。

路線價法與一般的市場法主要3點不同：一是不做交易狀況修正和市場狀況調整。二是先對多個參照物價格進行綜合，然後再進行房地產狀況調整；而不是先分別對每個參照物價格進行有關修正、調整，然後再進行綜合。三是利用相同的參照物價格——路線價，同時評估出許多估價對象（該街道其他臨街土地）的價值，而不是僅評估出一個估價對象的價值。

在路線價法中不做交易情況修正和市場狀況調整的原因是：第一，求得的路線價——若干標準臨街宗地的平均價格，已是正常價格；第二，求得的路線價所對應的日期與欲計算的其他臨街土地價值的日期一致，都是估價時點日期，即交易情況修正和市場狀況調整已提前在計算路線價中進行了。

5.5.2.3 路線價法適用的估價對象和條件

路線價法主要適用於城鎮街道兩側商業用地的估價。一般的房地產估價方法主要適用於單宗土地的估價，而且需要花費較長的時間。路線價法則被認為是一種快速，相對公平合理，能節省人力、財力，可以同時對許多宗土地進行估價的方法——批量估價。路線價法特別適用於房地產稅收、市地重劃（城鎮土地整理），房地產徵收補償或者其他需要在大範圍內同時對許多宗土地進行估價的情形。

運用路線價估價的前提條件是街道較為規整，兩側臨街土地的排列較整齊。

5.5.2.4 路線價法估價的操作步驟

（1）劃分路線價區段。

路線價區段是沿著街道兩側帶狀分佈的。一個路線價區段是指具有同一個路線價的地段。因此，在劃分路線價區段時，應將可及性相當、地塊相連的土地劃分為同一個路線價區段。兩個路線價區段的分界線，原則上是地價具有顯著差異的地點，一般是從十字路或丁字路中心處劃分，兩個路口之間的地段為一個路線價區段。但較長的

繁華街道，有時需要將兩個路口之間的地段分為兩個以上的路線價區段，分別附設不同的路線價。而某些不繁華的街道，同一個路線價區段可延長至數個路口。另外，同一條街道兩側的繁華程度、地價水準有顯著差異的，應以街道中心處為分界線，將該街道兩側視為不同的路線價區段，分別附設不同的路線價。

（2）設定標準臨街深度。

標準臨街深度通常簡稱標準深度，從理論上講，標準臨街深度是街道對地價影響的轉折點：由此接近街道的方向，地價受街道的影響而逐漸升高；由此遠離街道的方向，地價可視為基本不變。但在實際估價中，設定的標準臨街深度通常是路線價區段內各臨街土地的臨街深度的眾數。

以各宗臨街土地的臨街深度的眾數作為標準臨街深度，可以簡化以後各宗土地價值的計算。如果不以各臨街深度的眾數為標準臨街深度，由此製作的臨街深度價格修正率將使以後多數土地價值的計算都要用臨街深度價格修正率進行修正。這不僅會增加計算的工作量，而且會使所求得的路線價失去代表性。

（3）選取標準臨街宗地。

標準臨街宗地通常簡稱標準宗地，是路線價區段內具有代表性的宗地。選取標準臨街宗地的具體要求是：

①一面臨街；

②土地形狀為矩形；

③臨街深度為標準臨街深度；

④臨街寬度為標準臨街寬度（通常簡稱標準寬度，可為同一路線價區段內臨街各宗土地的臨街寬度的眾數）；

⑤臨街寬度與臨街深度的比例適當；

⑥用途為所在路線價區段具有代表性的用途；

⑦容積率為所在路線價區段具有代表性的容積率（可為同一路線價區段內臨街各宗地容積率的眾數）；

⑧其他方面，如土地使用期限，土地開發程度也應具有代表性。

（4）調查評估路線價。

路線價是附設在街道上若干標準臨街宗地的平均價格。通常在同一路線價區段內選取一定數量的標準臨街宗地，運用收益法、市場法等，分別計算它們的單價或樓面地價，然後計算這些單價或樓面地價的簡單算數平均數或者加權算數平均數、中位數、眾數，可以得出該路線的路線價。

路線價通常為土地單價，也可以是樓面地價，可以用貨幣表示，也可以用相對數表示。例如，可以用點數表示，將一個城市中路線價最高的路線價區段以 1,000 點表示，其他路線價區段的點數依此確定。

用貨幣表示的路線價較容易理解，直觀性強，便於參考。用點數表示的路線價便於測算，可以避免由於幣值發生變動而引起的問題。

（5）製作價格修正率表。

價格修正率表有臨街深度價格修正率表和其他價格修正率表。臨街深度價格修正

率表通常簡稱深度價格修正率表，也簡稱深度百分率表、深度指數表，是基於臨街深度價格遞減率製作出來的。

（6）計算臨街土地的價值。

一宗臨街土地中的各個部分的價值隨著其遠離街道而有遞減的現象，其距離街道越遠可及性越差，價值也就越小。假設把一宗臨街土地劃分為許多與街道平行的細條，越接近街道的細條利用價值越大，相反越小，接近街道的細條的價值大於遠離街道的細條的價值。

5.5.2.5　路線價法的計算公式

運用路線價法計算臨街土地的價值，需要弄清楚路線價的含義、臨街深度價格修正率的含義、標準臨街宗地的條件以及臨街土地的形狀和臨街狀況。其中就路線價與臨街深度價格修正率兩者的對應關係來說，路線價的含義不同，應採用不同類型的臨街深度價格修正率。採用不同類型的臨街深度價格修正率，路線價法的計算公式也會有所不同。

下面以標準臨街宗地的單價作為路線價，採用平均深度價格修正率，來說明臨街土地的價值計算，並且假定臨街土地的容積率、使用期限等與路線價的內涵一致。

在實際估價中，如果估價對象宗地條件與路線價的內涵不一致，還應對路線價進行相應的調整。

（1）一面臨街矩形土地的價值計算。計算一面臨街矩形土地的價值，應先查出其所在區段的路線價，再根據其臨街深度查出相應的臨街深度價格修正率。其中，單價是路線價與臨街深度價格修正率之積，總價是單價再乘以土地面積。

【例5-23】一塊臨街土地，臨街深度為15.24米、臨街寬度為20米，其所在區段的路線價（土地單價）為2,000元/平方米，根據相應的臨街深度價格修正率，計算該塊臨街土地的單價和總價。

該塊土地的單價＝路線價×平均深度價格修正率

＝2,000×140％＝2,800（元/平方米）

該塊土地的總價＝土地單價×土地面積

＝2,800×20×15.24＝85.34（萬元）

（2）前後兩面臨街矩形土地的價值計算。計算前後兩面臨街矩形土地的價值，通常是採用「重疊價值估價法」。方法是先確定高價街（也稱為前街）與低價街（也稱為後街）影響範圍的分界線，再以此分界線將前後兩面臨街矩形土地分為前後兩部分，然後根據該兩部分各自所臨街道的路線價和臨街深度分別計算價值，再將此兩部分的價值加總。計算公式如下：

V（總價）＝前街路線價×前街臨街深度價格修正率×臨街寬度×前街影響深度＋後街路線價×後街臨街深度價格修正率×（總深度－前街影響深度）

分界線的計算方法如下：

前街影響深度＝總深度×前街路線價÷（前街路線價＋後街路線價）

後街影響深度＝總深度×後街路線價÷（前街路線價＋後街路線價）

後街影響深度＝總深度－前街影響深度

【例 5-24】一塊前後兩面臨街、總深度為 30 米的矩形土地，前街路線價為 2,000 元/平方米，後街路線價為 1,000 元/平方米。請採用重疊價值估價法計算其前街和後街的影響深度。

前街影響深度＝30×2,000÷（2,000+1,000）＝20（米）

後街影響深度＝30-20＝10（米）

（3）矩形街角地的價值計算。街角地是指位於十字路口或丁字路口的土地，其價值通常採用「正旁兩街分別輕重估價法」。該方法是先計算高價街（正街）的價值，再計算低價街（也稱為旁街）的價值，然後加總。計算公式如下：

V（單價）＝正街路線價×正街臨街深度價格修正率+旁街路線價×旁街臨街深度價格修正率×旁街影響加價率

V（總價）＝ V（單價）×臨街寬度×臨街深度

街角地如果有天橋或地下通道入口等對其有利或不利影響的，則應該在使用上述方法計算其價值後再進行適當的減價調整。

【例 5-25】一塊矩形街角地，正街路線價（土地單價）為 2,000 元/平方米，旁街路線價（土地單價）為 1,000 元/平方米，臨正街深度為 22.86 米，臨旁街深度為 15.24 米，根據臨街深度價格修正率，另假設旁街影響加價率為 20%，請計算該塊土地的單價和總價。

該塊土地的單價＝2,000×120%+1,000×140%×20%＝2,680（元/平方米）

該塊土地的總價＝2,680×15.24×22.86＝93.37（萬元）

（4）三角形土地的價值計算。計算一邊臨街的直角三角形土地的價值，通常是先作該直角三角形的輔助線，使其成為一面臨街的矩形土地，然後依照一面臨街矩形土地單價的計算方法計算，再乘以三角形土地價格修正率（一面臨街直角三角形土地的價值占一面臨街矩形土地的價值的百分率）。

（5）其他形狀土地的價值計算。計算其他形狀土地的價值，通常是將其劃分為矩形、三角形土地，然後分別計算這些矩形、三角形土地的價值，再進行調整。

實訓 1　房屋、建築物評估技能與技巧實訓

【實訓目標】

房屋評估是資產評估的重要內容之一。通過實際操作訓練，學生可以熟悉房屋、建築物評估程序，制定房地產評估工作計劃，在進行實地勘察與收集資料的基礎上選擇並熟練運用各種評估方法對各類房屋、建築物的價值進行評估，並能獨立完成房地產評估報告。

【實訓項目與要求】

一、實訓項目

（1）房屋、建築物評估程序。
（2）運用市場法對房屋、建築物價值進行評估。
（3）運用收益法對房屋、建築物價值進行評估。

二、實訓要求

（1）分團隊成立模擬資產評估事務所。資產評估是由專門的機構和人員進行的，因此首先確定資產評估主體，對學生進行分組，10人一組，成立資產評估團隊，組長是其任課教師或實踐指導老師，在學生中選一人為副組長，具體組織和管理實訓活動。

（2）確定資產評估客體。資產評估的客體，即評估什麼，也就是被評估的房地產。

（3）建立建築物和房屋模型。仿照辦公樓、商品房、車庫、酒店、寫字樓建立房屋模型。使學生瞭解不同類型的房屋和建築物的實體狀況和權益狀況，如各類型房屋的結構、性質、使用年限等。不同類型的房地產適用的評估方法不盡相同，要選用科學的方法判斷其價值。

（4）以真實的房屋、建築物為評估對象進行實地操作，進行現場模擬評估。

（5）依照資產評估準則規定的程序實施評估。

（6）依據實訓項目情況確定評估方法，總結各種評估方法的應用前提條件。

（7）根據教師所講的評估方法並結合評估對象情況評定估算出各類型房屋、建築物的價格，從而規範、正確地完成每個評估項目。

【成果檢測】

（1）每個團隊根據教師所講的評估方法並結合評估對象評定估算出房地產的價值，寫出一份簡要的實訓總結報告，在班級內進行交流。

（2）由各團隊負責人組織小組成員進行自評打分。

（3）教師根據各團隊的實訓情況，總結報告及對各位同學的表現予以評分。

實訓2　土地評估技能與技巧實訓

【實訓目標】

土地評估是房地產評估的重要內容之一。通過進行土地評估的實際操作訓練，學生可以熟悉土地評估程序，制定房地產評估工作計劃，在進行實地勘察與收集資料的基礎上選擇並熟練運用各種評估方法，對各類土地的價值進行評估，能獨立完成土地資產評估報告。

【實訓項目與要求】

一、實訓項目

（1）土地評估程序。
（2）運用市場法對土地價值進行評估。

（3）運用收益法對土地價值進行評估。

二、實訓要求

（1）分團隊成立模擬資產評估事務所。資產評估是由專門的機構和人員進行的，因此首先確定資產評估主體，對學生進行分組，10人一組，成立資產評估團隊，組長是其任課教師和實踐指導老師，在學生中選一人為副組長，具體組織和管理實訓活動。

（2）確定資產評估客體。資產評估的客體，即評估什麼，也就是被評估的對象。

（3）建立土地模型。使學生瞭解不同類型的土地的實體狀況和權益狀況，如各類型土地的結構、性質、使用年限等。不同區域的土地適用的評估方法不盡相同，要選用科學的方法判斷其價值。

（4）以真實的土地為評估對象進行實地操作，進行現場模擬評估。

（5）依照資產評估準則規定的程序實施評估。

（6）依據實訓項目情況確定評估方法，總結各種評估方法的應用前提條件。

（7）根據教師所講的評估方法並結合評估對象情況評定估算出各類型土地的價格，從而規範、正確地完成每個評估項目。

【實訓補充材料】

評估對象為一宗待開發的商業用地，土地面積為5,000平方米，該宗地的使用權年限自評估基準日起為40年。當地城市規劃規定，待估宗地的容積率為5，覆蓋率為60%。評估師根據城市規劃的要求及房地產市場現狀及發展趨勢，認為待估宗地的最佳開發方案為建設一幢25,000平方米的大廈。其中，1～2層為商場，每層建築面積為3,000平方米；3層及以上為寫字樓，每層建築面積為1,900平方米。資產佔有方委託仲介機構進行評估。

評估師根據相關資料，經分析、測算得到如下的數據資料：

（1）將待估宗地開發成「七通一平」的建築用地需要投資500萬元，開發期為1年，投資在1年內均勻投入；

（2）大廈建設期為2年，平均每平方米建築面積的建築費用為3,000元，所需資金分兩年投入，第一年投入所需資金的60%，第二年投入所需資金的40%，各年資金均勻投入；

（3）專業費用為建築費用的10%；

（4）預計大廈建成後即可出租，其中1～2層每平方米建築面積的年租金為2,000元，出租率可達100%，3層～5層（即寫字樓部分的1至3層）平均每天每平方米建築面積租金為2元，6層及以上各層平均每天每平方米建築面積租金為2.5元，寫字樓平均空置率約為10%；

（5）管理費用為租金的5%，稅金為租金的17.5%，保險費為建築費及專業費用的0.1%，維修費用為建築費用的1%，年貸款利率為5%，複利計息；

（6）開發商要求的利潤為建築費用、專業費用、地價及土地開發費用之和的25%；

（7）房地產綜合資本化率為8%，建築物資本化率為7%；

（8）每年按365天計算；

（9）本項目不考慮所得稅因素。

根據上述條件，試對該宗地的價值進行評估。

【成果檢測】

（1）每個同學根據教師所講的評估方法並結合評估對象評定估算出房地產的價值，寫出評估過程與結果。

（2）分析各位同學評估結果產生差異的原因。

（3）教師根據實訓情況及各位同學的表現予以評分。

實訓3　工業用房評估實訓

【實訓目標】

工業用房評估是房地產評估的重要內容之一。通過進行工業用房評估的實際操作訓練，學生可以熟悉工業用房評估程序，制訂房地產評估工作計劃，在進行實地勘察與收集資料的基礎上選擇並熟練運用各種評估方法，對各類工業用房的價值進行評估，並能獨立完成工業用房資產評估報告。

【實訓項目與要求】

一、實訓項目

（1）工業用房評估程序。

（2）運用市場法對工業用房價值進行評估。

（3）運用成本法對工業用房價值進行評估。

二、實訓要求

（1）分團隊成立模擬資產評估事務所。資產評估是由專門的機構和人員進行的，因此首先確定資產評估主體，對學生進行分組，10人一組，成立資產評估團隊，組長是其任課教師和實踐指導老師，在學生中選一人為副組長，具體組織和管理實訓活動。

（2）確定資產評估客體。資產評估的客體即評估什麼，也就是被評估的對象。

（3）建立工業用房模型。使學生瞭解不同類型的工業用房的實體狀況和權益狀況，如各種不同的工業用房的結構、性質、使用年限等。不同區域的工業用房適用的評估方法不盡相同，要選用科學的方法判斷其價值。

（4）以真實的工業用房為評估對象進行實地操作，進行現場模擬評估。

（5）依照資產評估準則規定的程序實施評估。

（6）依據實訓項目情況確定評估方法，總結各種評估方法的應用前提條件。

（7）根據教師所講的評估方法並結合評估對象情況評定估算出各類型工業用房的價格，從而規範、正確地完成每個評估項目。

課後練習

一、單項選擇題

1. 某房地產價格分兩期支付，首期付款 50 萬元，餘款 80 萬元在第 8 個月末一次性付清，當時月利率為 1%。該房地產的實際價格為（　　）萬元。
   A. 87
   B. 124
   C. 130
   D. 134

2. 某空置寫字樓目前不僅無收益，而且還要繳納房產稅等，其收益價格估算可採用（　　）。
   A. 該寫字樓的客觀收益
   B. 市場比較法
   C. 該寫字樓的實際收益
   D. 無法估算

3. 在建築物折舊中，產生超額持有成本的原因是（　　）。
   A. 功能缺乏
   B. 功能過剩
   C. 修復時間較長
   D. 修復時間較短

4. 路線價法估價的第二個步驟為（　　）。
   A. 設定標準深度
   B. 選取標準臨街宗地
   C. 編製深度百分率表
   D. 劃分路線價區段

5. 某估價事務所在 2018 年 6 月 20 日至 7 月 20 日評估了一宗房地產於 2018 年 6 月 30 日的價格。之後，有關方面對其估價結果有異議。現在若要求你重新估價以證明該估價結果是否真實，則重新估價的估價時點應為（　　）。
   A. 2018 年 6 月 30 日
   B. 現在
   C. 重新估價的作業日期
   D. 要求重新估價的委託方指定的日期

6. 在淨收益每年不變且持續無限年的淨收益流模式下，資本化率（　　）。
   A. 等於報酬率
   B. 大於報酬率
   C. 小於報酬率
   D. 無法知道

7. 購買某類房地產，通常抵押貸款占七成，抵押貸款常數是 6%，自有資本要求的資本化率為 9%，則該類房地產的資本化率為（　　）%。
   A. 6
   B. 6.9
   C. 8.8
   D. 9

8. 某寫字樓預計持有兩年後出售，持有期的淨收益為每年 216 萬元，出售時的價格為 5,616 萬元，報酬率為 8%，則該寫字樓目前的收益價格為（　　）。
   A. 4,858
   B. 5,200
   C. 2,700
   D. 6,264

9. 某宗房地產預計未來第一年的總收益和總費用分別為 12 萬元和 7 萬元，此後分別逐年遞增 2% 和 1%，該類房地產的報酬率為 8%，該房地產的價格為（　　）萬元。

A. 100 B. 42
C. 63 D. 77

10. 評估城市商業街道兩側的土地價格，最適合的估價方法是（　　）。
    A. 市場法 B. 收益法
    C. 路線價法 D. 假設開發法

11. 路線價法估價中設定的標準深度通常是路線價區段內臨街各宗土地深度的（　　）。
    A. 算術平均數 B. 中位數
    C. 加權平均數 D. 眾數

12. 預計某宗房地產未來第一年的淨收益為18萬元，此後各年的淨收益會在上一年的基礎上增加1萬元，該類房地產的資本化率為8%，該房地產的價格為（　　）萬元。
    A. 225.00 B. 237.50
    C. 381.25 D. 395.83

13. 投資利潤率的計算公式是（　　）。
    A. 投資利潤率＝開發利潤÷（土地取得成本+開發成本+管理費用）
    B. 投資利潤率＝開發利潤÷（土地取得成本+開發成本）
    C. 投資利潤率＝開發利潤÷（土地取得成本+開發成本+投資費用）
    D. 投資利潤率＝開發利潤÷開發完成後的房地產價值

14. 下列哪種房地產不是按經營使用方式來劃分的類型？（　　）
    A. 出租的房地產 B. 自用的房地產
    C. 餐飲的房地產 D. 營業的房地產

15. 現實中土地的使用、支配權要受到多方面的制約，其中政府規定土地用途、容積率屬於（　　）方面的制約。
    A. 建築技術 B. 土地權利設置和行使
    C. 相鄰關係 D. 土地使用管制

16. 在一塊土地上投資建造寫字樓，當樓高為5層時，預期投資利潤率為4.36%，樓高為5~20層時，每增高一層，投資利潤率上升0.18%，而樓高為20~30層時，每增高一層，投資利潤率下降0.14%。由此可見，超過20層之後，這塊土地的邊際收益開始出現遞減，揭示了（　　）。
    A. 收益遞增規律 B. 收益遞減規律
    C. 規模的收益遞增規律 D. 規模的收益遞減規律

17. 最高最佳使用原則必須同時符合的4個標準是：法律上許可、經濟上可行、價值最大化和（　　）。
    A. 協商一致 B. 技術上可能
    C. 環境上適合 D. 規模上均衡

18. 城市中需拆遷而未拆遷土地的價格稱為（　　）。
    A. 生地價 B. 熟地價

C. 毛地價 D. 拆遷補償安置價

19. 城市房屋拆遷估價應當採用（　　）。
    A. 客觀合理的價值標準　　B. 非公開市場的價值標準
    C. 公開市場的價值標準　　D. 政府規定的價值標準

20. 房地產狀況修正中的間接比較修正評分辦法是以（　　）狀況為參照系進行的。
    A. 可比實例房地產　　B. 估價對象房地產
    C. 標準房地產　　D. 類似房地產

21. 某可比實例的實物狀況比估價對象優9%，則其實物狀況修正系數為（　　）。
    A. 0.91　　B. 0.92
    C. 1.09　　D. 1.10

22. 判定某可比實例的成交價格比正常價格低6%，則交易情況修正系數為（　　）。
    A. 0.060　　B. 0.094
    C. 1.060　　D. 1.064

23. 通過市場提取法求出的估價對象建築物的年折舊率為5%，則估價對象建築物的經濟壽命是（　　）年。
    A. 50　　B. 10
    C. 20　　D. 無法知道

24. 在一般情況下，（　　）適用於一般建築物和因年代久遠缺乏與舊建築物相同的建築材料、建築構配件的建築，或因建築技術和建築標準改變等使用建築物復原建造有困難的建築物的估價。
    A. 重建價格　　B. 重置價格
    C. 重新購建價格　　D. 積算價格

25. 報酬率構成中，流動性補償的流動性是指（　　）。
    A. 房地產開發企業自有資金週轉的速度
    B. 估價對象房地產變為現金的速度
    C. 估價對象房地產帶來淨收益的速度
    D. 房地產開發企業資金流週轉的速度

26. 收益法是以（　　）為基礎的。這說明決定房地產價值的不是過去的因素，而是未來的因素。
    A. 收益原理　　B. 預期原理
    C. 未來原理　　D. 替代原理

27. 某宗房地產淨收益為每年50萬元，建築物價值為200萬元，建築物資本化率為12%，土地資本化率為10%，則該宗房地產的總價值為（　　）萬元。
    A. 417　　B. 500
    C. 460　　D. 45

28. 具有投資開發或開發潛力的房地產的估價應選用（　　）作為估價方法。

A. 市場法 B. 假設開發法
C. 收益法 D. 成本法

29. 標準深度是道路對地價影響的轉折點：由此接近道路的方向，地價逐漸升高；由此遠離道路的方向，地價（　　）。

A. 逐漸降低 B. 逐漸升高
C. 可視為基本不變 D. 為零

30. 一幢由舊廠房改造的超級市場，在該舊廠房建成6年後補辦了土地使用權出讓手續，土地使用權年限為40年，建築物經濟壽命為50年。在這種情況下，計算建築物折舊的經濟壽命應為（　　）年。

A. 50 B. 40
C. 46 D. 不確定

二、多項選擇題

1. 成本法中的開發利潤是指（　　）。
   A. 開發商所期望獲得的利潤 B. 開發商所能獲得的最終利潤
   C. 開發商所能獲得的平均利潤 D. 開發商所能獲得的稅前利潤

2. 區位狀況比較修正的內容包括（　　）修正。
   A. 繁華程度 B. 臨街狀況
   C. 容積率 D. 使用年限

3. 使用路線價法估價時需要用路線價配合（　　）計算出待估宗地的價格。
   A. 深度百分率 B. 資本化率
   C. 收益率 D. 其他價格修正率

4. 在路線價法中，不做交易情況修正和交易日期修正的原因是（　　）。
   A. 求得的路線價已是正常價格
   B. 在計算路線價時沒有收集非正常交易實例
   C. 該路線價所對應的日期與待估宗地價格的日期一致
   D. 該路線價與待估宗地價格都是現在的價格

5. 在下列情形中，通常會引起房地產價格降低的有（　　）。
   A. 農用地改為非農建設用地 B. 在寫字樓旁新建大型遊樂場
   C. 住宅區內道路禁止貨車通行 D. 常常遭受洪水威脅

6. 一個估價項目完成後，應保存的檔案資料包括（　　）。
   A. 委託估價合同 B. 實地查勘記錄
   C. 估價人員的作息時間 D. 向委託人出具的估價報告

7. 房地產的社會經濟位置發生變化，可能是由於（　　）等引起。
   A. 交通建設 B. 市場供求變化
   C. 人口素質變化 D. 所在地區衰落

8. 在商品房交易中，常見的最低價格有（　　）。
   A. 商品房銷售中的起價

B. 拍賣活動中的保留價

C. 減價拍賣中由拍賣師首先喊出的起拍價

D. 招標活動中，開發建設方案中最為合理的中標價

9. 在目前的情況下，房地產開發取得土地的途徑主要有：（　　）。

　　A. 通過徵收農地取得的　　B. 通過徵用城市土地取得的

　　C. 通過城市房屋拆遷取得的　　D. 通過農村房屋拆遷取得的

10. 建築物的重新購建價格是（　　）的價格。

　　A. 扣除折舊後　　B. 估價時點時

　　C. 客觀　　D. 建築物全新狀態下

11. 下面屬於收益性房地產的是（　　）。

　　A. 未出租的餐館　　B. 旅店

　　C. 加油站　　D. 未開發的土地

12. 預期原理是（　　）等估價方法的理論依據。

　　A. 市場比較法　　B. 收益法

　　C. 成本法　　D. 假設開發法

　　E. 路線價法

13. 開發後的房地產經營方式有（　　）。

　　A. 預售　　B. 建成後出售

　　C. 出租　　D. 娛樂

14. 以下適用於假設開發法估價的房地產有（　　）。

　　A. 將在建工程續建成房屋　　B. 將舊房裝飾裝修改造成新房

　　C. 將生地開發成熟地　　D. 將門市出售

15. 預計一年後建成的某在建工程，可能存在的估價情形為（　　）。

　　A. 估價時點為現在，估價對象為現時狀況下的價格

　　B. 估價時點為現在，估價對象為未來狀況下的價格

　　C. 估價時點為未來，估價對象為未來狀況下的價格

　　D. 估價時點為未來，估價對象為現實狀況下的價格

三、簡答題

1. 房地產價格的特徵主要有哪八個方面？其來源於房地產的哪些特性？
2. 什麼是市場法？其理論依據和適用條件是什麼？
3. 收益法的含義及其理論依據是什麼？收益法適用的對象和條件是什麼？
4. 什麼是假設開發法？其理論依據、前提條件、適應對象分別是什麼？
5. 什麼是房地產估價原則？如何理解在理論上估價原則與估價要求是有區別的？
6. 什麼叫路線價法？其理論依據、適用的對象和條件是什麼？

四、計算題（必須寫出計算過程，可不算出結果）

1. 某商業用房與三個參照物新舊程度相近，結構也相似，故無須對功能因素和成

新率因素進行調整。該商業用房所在區域的綜合評分為100，三個參照物所在區域條件均比被評估商業用房所在區域好，綜合評分均為107。評估對象所在城市的市場價格相對於參照物A、參照物B，物價分別上漲17%、4%。參照物C在評估基準日當月交易。

對參照物與評估資產的交易情況進行調查，發現參照物B與正常交易相比，價格偏高4%。參照物A、參照物C與正常交易相似。對三個參照物成交價格進行調整並求出評估資產的價格。

評估基準日A的價格是每平方米5,000元。B的價格是每平方米5,960元。C的價格是每平方米5,918元。試根據以上資料評估該商業用房在評估基準日的單價。

2. 某房地產公司於2015年5月以出讓的方式取得一塊使用權為50年的土地，並於2017年5月在此地塊上建成一座鋼混結構的寫字樓，當時造價為每平方米3,800元，經濟耐用年限為60年。目前，該類型建築的重置價格為每平方米4,800元。該大樓總建築面積為12,000平方米，全部用於出租。據調查，當地同類型寫字樓的租金一般為每天每平方米2.5元，空置率為10%，每年需支付的管理費用一般為年租金的3.5%，維修費為建築物重置價的1.5%，房產稅為租金收入的12%，其他稅為租金收入的6%，保險費為建築物重置價的0.2%，資本化率確定為6%。試根據以上資料評估該寫字樓在2019年5月的價格。

3. 6年前甲公司提供一宗40年使用權的出讓土地與乙公司合作建設一幢辦公樓，總建築面積為3,000平方米，於4年前建成並投入使用，辦公樓正常使用壽命長於土地使用年限。甲公司、乙公司雙方當時的合同約定，建成投入使用後，其中的1,000平方米建築面積歸甲公司，2,000平方米建築面積由乙公司使用15年，期滿後無償歸甲公司。現今，公司方欲擁有該辦公樓的產權，甲公司也願意將其轉讓給乙公司。試估算乙公司現時應出資多少萬元購買甲公司的權益。據調查得知，現時該類辦公樓每平方米建築面積的月租金平均為80元，出租率為85%，年營運費用約占租賃有效毛收入的35%，報酬率為10%。

4. 某酒店總建築面積為10,000平方米，一層建築面積為2,000平方米，其中酒店大堂建築面積為500平方米，剩餘1,500平方米用於出租，為餐廳和咖啡廳。其餘各層為酒店客房、會議室和自用辦公室。該酒店共有客房190間（建築面積為7,600平方米），會議室2間（建築面積為200平方米），自用辦公室3間（建築面積為200平方米）。當地同檔次酒店每間客房每天的房價為200元，年平均空置率為30%，會議室的租金平均每間每次500元，平均每間每月出租20次。附近同檔次一層商業用途房地產的正常市場價格為每平方米建築面積9,500元，同檔次辦公樓的正常市場價格為每平方米建築面積8,000元。該酒店正常經營平均每月總費用占客房每月總收入的40%。當地酒店這種類型的房地產的報酬率為8%。試利用上述資料估計該酒店的正常總價格。

5. 為評估某住宅樓的價格，估價人員在該住宅樓附近地區調查選取了A、B、C、D、E共5個類似住宅樓的交易實例，類似住宅樓的交易情況其有關資料如表5.12所示：

表 5.12　類似住宅樓的交易情況

		實例 A	實例 B	實例 C	實例 D	實例 E
成交價格（元/平方米）		8,100	8,800	8,200	8,300	8,000
成交日期		2016.11.30	2017.6.30	2017.1.31	2015.7.31	2017.5.31
交易情況		2	21	0	0	-3
房地產狀況	區位狀況（%）	0	-3	3	1	0
	權益狀況（%）	-2	0	2	-1	-1
	實物狀況（%）	-4	-5	-2	2	1

表 5.12 中，交易情況、房地產狀況中的正、負值都是按直接比較方式得到的結果。其中，房地產狀況中的三方面因素產生的作用程度相同。據調查得知：從 2015 年 7 月 1 日至 2016 年 1 月 1 日該類住宅樓市場價格每月遞增 1.5%，其後至 2016 年 11 月 1 日每月遞減 0.5%，從 2016 年 11 月 1 日至 2017 年 4 月 30 日的市場價格基本不變，以後每月遞增 1%。試利用上述資料根據估價相關要求選取最合適的 3 個交易實例作為可比實例，並估算該住宅樓 2017 年 8 月 31 日的正常單價（如需計算平均值，請採用簡單算術平均法）。

6. 某旅館需要估價，據調查該旅館共有 300 張床位，平均每張床位每天向客人實收 50 元，年平均空房率為 30%，該旅館營業時平均每月花費 14 萬元。當地同檔次旅館一般床價為每床每天 45 元，年平均空房率為 20%，正常營業時每月總費用平均占每月總收入的 30%，該類房地產的資本化率為 10%，試選用所給資料估算該旅館的價值。

7. 某房地產開發公司於 2012 年 3 月以有償出讓方式取得一塊使用權為 50 年的土地，並於 2014 年 3 月在此地塊上建成一座磚混結構的寫字樓，當時造價為每平方米 2,000 元，經濟耐用年限為 55 年。目前，該類建築重置價格為每平方米 2,500 元。該建築物占地面積為 500 平方米，建築面積為 900 平方米，現用於出租，每月平均實收租金為 3 萬元。據調查，當地同類寫字樓出租租金一般為每月每建築平方米 50 元，空置率為 10%，每年需支付的管理費為年租金的 3.5%，維修費為建築重置價格的 1.5%，土地使用稅及房產稅合計為每建築平方米 20 元，保險費為建築重置價格的 0.2%，土地資本化率為 7%，建築物資本化率為 8%。假設土地使用權出讓年限屆滿，土地使用權及地上建築物由國家無償收回。試根據以上資料評估該宗地 2018 年 3 月的土地使用權價值。

第 6 章　機器設備評估

案例導入

甲公司因資產重組，擬將鍛壓車間的一臺設備轉讓，現委託某評估機構對該設備的價值進行評估，評估基準日為 2018 年 8 月 31 日。評估人員根據掌握的資料，經調查分析後，決定採用成本法評估。

設備簡介：雙盤摩擦壓力機，規格型號為 J53-300，A 機械廠製造，2013 年 8 月啟用，帳面原值為 180,000 元，帳面淨值為 100,000 元。

結構及主要技術參數（略）

1. 估算重置價值

（1）估算購置價格。

經向原製造廠家 A 機械廠詢價得知，相同規格型號的 J53-300 型雙盤摩擦壓力機報價（2018 年 8 月 31 日，即評估基準日）為人民幣 188,000 元。

（2）估算重置價值。

購置價格 = 188,000（元）

運雜費 = 購置價格 × 運雜費率 = 188,000 × 5% = 9,400（元）

基礎費 = 購置價格 × 基礎費率 = 188,000 × 5% = 9,400（元）

其中，無安裝調試費和資金成本。則：

重置價值 = 購置價格 + 運雜費 + 基礎費 + 安裝調試費 + 資金成本

　　　　　= 188,000 + 9,400 + 9,400 + 0 + 0

　　　　　= 206,800（元）

2. 確定綜合成新率

（1）使用年限法確定成新率。

根據《機器設備參考壽命年限專欄》，取鍛壓設備規定使用年限為 17 年；確定已使用年限為 5 年（啟用日期 2013 年 8 月至評估基準日 2018 年 8 月）；根據記錄確定資產利用率 α 為 1.01；確定已使用（實際）年限 5.05 年（5×1.01）；確定尚可使用（經濟）年限為 11.95 年（17-5.05）。則：

實際成新率 = 尚可使用（經濟）年限 ÷ 規定使用（經濟）年限 × 100%

　　　　　　= 1.95 ÷ 17 × 100%

　　　　　　= 70%（取整）

（2）確定現場勘查綜合技術鑒定成新率。

經現場觀測技術鑒定，其成新率為 75%。

（3）確定綜合成新率。

綜合成新率 = 使用年限法成新率×40% + 現場勘查綜合技術鑒定成新率×60%
= 70%×40% + 75%×60%
= 73%

3. 確定評估價值。

評估價值 = 重置價值×綜合成新率
= 206,800×73%
= 150,964（元）

問題 1：結合前面所學資產評估的基本方法，思考本案例中機器設備評估為什麼選擇成本法？

問題 2：回顧本案例中機器設備成新率的計算方法，結合後面所學內容思考資產評估中的設備成新率（貶值率）計算的關鍵點在哪裡？與會計中計算設備的折舊率是否一致？

6.1　機器設備評估概述

6.1.1　機器設備概述

6.1.1.1　機器設備概念

自然科學領域中的機器設備是指將機械能或非機械能轉換為便於人們利用的機械能以及將機械能轉換為某種非機械能，或利用機械能來完成一定工作的裝備或器具。

資產評估中的機器設備是一個廣義的概念。它不僅包括自然科學領域中的機器設備，也包括人們利用電子、電工、光學等各種科學原理製造的裝置，一般泛指機器設備、電力設備、電子設備、儀器、儀表、容器、器具等。

機器設備是由零件組裝成的、能運轉、能轉換能量成生產有用功的裝備或器具，是企業固定資產的重要組成部分，和房屋建築物一樣在價值量上佔有企業固定資產的絕大部分。因此，能準確、可靠地評估企業機器設備的價值，對企業固定資產評估具有重大意義。

《國際評估準則》對機器設備的有關定義如下：設備、機器和裝備是用來為所有者提供收益的、不動產以外的有形資產。設備是包括特殊性非永久性建築物、機器和儀器在內的組合資產；機器是包括單獨的機器和機器的組合，是指使用或應用機械動力的器械裝置，由具有特定功能的結構組成，用以完成一定的工作；裝備是用以支持企業功能的附屬性資產。

中國的《資產評估準則——機器設備》第二條對機器設備的定義為：機器設備是指人類利用機械原理以及其他科學原理製造的，特定主體擁有或控制的有形資產，包括機器、儀器、器械、裝置以及附屬的特殊建築物等資產。

機器設備的特點如下：
(1) 機器設備的單位價值大、使用時間長、流動性差。
(2) 機器設備的工程技術性強、專業門類多、分佈廣。
(3) 機器設備的價值補償和實務補償不同時進行。
(4) 機器設備的價值和使用價值並非一成不變，貶值和增值具有同發性。

6.1.1.2 機器設備的範圍

資產評估中所指的機器設備不僅包括自然科學所指的機器設備，還包括人們根據聲、光、電技術製造的電器設備、電子設備、儀器儀表等企業生產經營所需要的設備。評估中所指的機器設備包括單臺設備及設備的組合。所謂設備的組合是指為了實現特定的功能，由若干獨立設備組成的有機整體，如生產線、車間等。

6.1.1.3 機器設備的分類

機器設備種類繁多，分類方法也十分複雜，以下主要介紹按會計核算要求、按機器設備用途和按資產形態進行分類時機器設備的種類。

(1) 按會計核算要求分類。

根據中國現行的會計制度，機器設備分為六類，包括生產用機器設備、非生產用機器設備、租出機器設備、未使用機器設備、不需用機器設備、融資租入機器設備。生產用機器設備是指直接為生產經營服務的機器設備，包括生產工藝設備、輔助生產設備、動力能源設備等；非生產用機器設備是指在企業所屬的福利部門、教育部門等使用的設備；租出機器設備是指企業出租給其他單位使用的機器設備；未使用機器設備是指企業尚未投入使用的新設備、庫存的正常週轉設備、正在修理改造尚未投入使用的機器設備等；不需用機器設備是指已不適合本單位使用，待處理的機器設備；融資租入機器設備：是企業以融資租賃的方式租入使用的機器設備。

機器設備的資產價值與它的使用狀態有關，一臺正常使用的生產機器設備是整個企業繼續營運的重要保證，它的價值是持續使用價值。如果設備因工藝改變或產品調整而處於閒置狀態，它可能只存在變現價值。使用狀態是評估中應該特別關注的問題，會計分類方法為評估師瞭解設備的使用狀態提供了非常有用的信息。

(2) 按機器設備用途分類。

①動力設備。動力設備是指用於生產電力、熱力、風力的各種動力設備，如日常機械中常有的電動機、內燃機、蒸汽機以及在無電源的地方使用的聯合動力裝置。

②金屬切削機床。金屬切削機床是指對機械零件的毛坯或半成品件進行金屬切削加工的機械。根據其產品的工作原理、結構性能特點和加工範圍的不同，又分為車床、鑽床、鏜床、齒輪加工機床、螺紋加工機床、銑床、刨插床、拉床、鋸床、特種加工機床和其他機床等。

③金屬成型機床。金屬成型機床是指除金屬切削加工機床以外的金屬加工機械，如鍛壓機械、鑄造機械等。

④交通運輸機械。交通運輸機械是指用於長距離載人和物的機械，如飛機、汽車、火車、船舶等。

⑤起重運輸機械。起重運輸機械是指用於在一定距離內運移貨物或人的提升和搬運機械，如各種起重機、運輸機、升降機、卷揚機等。

⑥工程機械。工程機械是指在各種建設工程設施中的機械與機具，包括挖掘機、鏟運機、工程起重機、壓實機、打樁機、鋼筋切割機、混凝土攪拌機、裝修機、路面機、鑿岩機、軍工專用工程機械、線路工程機械以及其他專用工程機械等。

⑦農用機械。農用機械是指用於農、林、牧、副、漁業等各種生產中的機械，如拖拉機、排灌機、林業機械、牧業機械、漁業機械等。

⑧通用機械。通用機械是指廣泛用於農業生產各部門、科研單位、國防建設和生活設施中的機械，如泵、閥、制冷設備、壓氣設備和風機等。

⑨輕工機械。輕工機械是指用於輕紡工業部門的機械，如紡織機械、食品加工機械、印刷機械、製藥機械、造紙機械等。

⑩專用機械。專用機械是指國民經濟各部門生產中所特有的機械，如冶金機械、採煤機械、化工機械、石油機械等。

在評估中，面臨的機器設備種類繁多，涉及的專業技術知識也很廣泛。因此評估時必須先對機器設備的技術狀況進行瞭解，根據需要聘請相關的技術專家進行專業技術鑒定。

(3) 按資產形態分類。

資產按其存在形態分為不動產、動產以及無形資產等。不動產是指土地及土地上的建築物等附屬設施，是不能移動的，是有形資產。動產是指不是永久地固定在不動產上的、可以被移動的、有形的實體資產。

機械設備有些屬於動產，如電焊機、電冰箱等是可以隨意移動的機器；有些是不動產，如工業爐窯等。介於兩者之間，稱為固定裝置或固置物，它們需要採用一定的安裝方式永久或半永久地固定在不動產上，挪動這些資產可能會導致不同程度的損壞。固定裝置有些屬於動產，有些屬於不動產。一般認為，如果一項資產能移動而又不嚴重損壞不動產以及該資產本身，那麼它就是動產；反之，則為不動產。

在評估中，很多時候需要判斷資產的移動性以及可能產生的價值損失。例如，對面臨搬遷的企業進行資產評估，評估的設備價值是它的移動使用價值，評估時必須考慮哪些設備可以移動，哪些設備不可以移動，哪些設備移動時會造成損壞，即考慮設備的可移動性及移動損失。

6.1.2 機器設備評估概述

6.1.2.1 機器設備評估的特點

(1) 多以單臺、單件為評估對象。機器設備的評估一般以單臺、單件作為評估對象。機器設備單位價值較高、種類規格型號繁多、性能與用途各不相同，為保證評估結果的真實性和準確性，一般對機器設備實行逐臺、逐件評估。對數量多、單位價值相對較低的同類機器設備可進行合理的分類，按類進行評估。對不可細分的機組、成套設備則可以採取「一攬子」評估的方式。

（2）以技術檢測為基礎。由於機器設備技術性強，涉及的專業面比較廣泛，機器設備自身技術含量的多少直接決定了機器設備評估價值的高低，技術檢測是確定機器設備技術含量的重要手段。又由於機器設備使用時間長，並處於不斷磨損的過程中，其磨損程度的大小又因機器設備使用、維修保養等狀況不同而造成一定的差異，通過技術檢測來判斷機器設備的磨損狀況及新舊程度，這是決定機器設備價值高低的最基本的因素。因此，必要的技術檢測是機器設備評估的基礎。

（3）注重機器設備的價值構成。機器設備的價值構成相對來說比較複雜，由於機器設備的來源不同，其價值構成也不同。一般來講，國內購買的機器設備價值中，應包括買價、運雜費、安裝調試費等；而進口的機器設備價值中，應包括買價、國外保險費、增值稅、關稅、國內的運雜費、安裝調試費等。因此，在評估機器設備尤其是採用成本法評估機器設備時，掌握其價值構成尤為重要。

（4）合理確定被評估機器設備貶值因素。由於科技發展，機器設備更新換代較快，其貶值因素比較複雜，除實體性貶值因素外，往往還存在功能性貶值和經濟性貶值。科學技術的發展、國家有關的能源政策、環保政策等，都可能對機器設備的評估價值產生影響。

6.1.2.2　機器設備評估的範圍

（1）凡屬企業固定資產管理和使用範圍的機器設備都屬於機器設備評估範圍，不論其在企業財務帳內還是帳外。並非企業所有的機器設備都在設備評估範圍之內。例如，機械製造企業的設備產品屬於存貨評估範圍，不適用於機器設備評估方法評估，區別的標準在於看其是否為生產工具。

（2）企業在生產經營條件下，機器設備往往與房屋建築物、某些無形資產甚至原材料等有密切的聯繫。例如，設備基礎等構築物、大型房屋建築物附屬的電梯、消防、空調等設備，成套設備附帶的生產工藝技術或軟件、試車材料及備品備件等。在不重複、不遺漏、評估方法相同、評估結果一致的原則下，可視情況將其他附屬資產歸入設備評估範圍或將設備歸於房屋建築物範圍。通常小型基礎等構築物以及隨機器設備購入的技術型無形資產、試車材料及備件等歸入設備一起評估，大型獨立建築物的附屬設備歸入房屋建築物評估範圍。

（3）對具有機器設備的重要特徵，但未列入機器設備管理範圍的對象如融資租入機器設備，一般都可以作為機器設備評估，但需進行專項說明。

6.1.2.3　影響機器設備評估的因素

（1）影響機器設備價值的自身因素。

①機器設備的存在狀態。機器設備可以作為整體資產的一個組成部分，也可以是獨立使用或單獨銷售的資產。前者所能夠實現的價值取決於該設備對整體資產的貢獻，後者只能實現該設備單獨銷售的變現價值。

②機器設備的移動性。在機器設備中，一部分機器設備屬於動產，它們不需安裝，可以移動使用。一部分屬於不動產或介於動產與不動產之間的固置物，它們需要永久地或在一段時間內以某種方式安裝在土地或建築物上，移動這些資產可能會導致機器

設備的部分損失或完全失效。

③機器設備的用途。機器設備一般按某種特定的目的購置、安裝、使用，如果機器設備所生產的產品、工藝等發生變化，可能會導致一些專用設備報廢，或者要對這些專用設備進行改造，以適應新產品或新工藝的要求。還可能要求對一些設備進行移動，這也會對某些機器造成損傷或完全報廢，使設備原有的安裝、基礎等完全失效。

④機器設備的使用維護保養狀況。對於已經使用過的機器設備，其使用時間的長短、負荷的狀況、維修保養的狀況都會對機器設備的磨損度造成影響，從而導致其尚存價值發生變化。

因此對機器設備進行評估時，應當考慮機器設備的存在狀態、移動性、用途和使用維護狀況對機器設備價值的影響。

（2）影響機器設備價值的外部因素。

①所依賴的原材料資源的有限性。原材料資源的短缺可以導致設備開工率不足，原材料資源的枯竭可以導致機器設備的報廢。

②所生產產品的市場競爭情況及市場壽命。市場競爭的加劇會導致設備開工不足，生產能力相對過剩；所生產產品的市場壽命終結也將導致生產該產品的某些專用設備的報廢。

③所依附土地和房屋建築物的使用年限。大部分機器設備需要以某種方式安裝在土地或建築物上，土地、建築物的使用壽命會對機器設備的價值產生影響。

④國家的能源政策、環境保護政策。機器設備在提高勞動生產率和提高人類物質文明的同時，也對自然環境起到了破壞作用，帶來了能源的大量消耗和環境的嚴重污染兩大社會問題。為了節約能源、保護環境從而實現可持續發展，國家頒布的相關法律、法規和產業政策都可能會對機器設備的價值評估產生影響。

因此，對機器設備進行評估時，應當考慮機器設備所依存資源的有限性、所生產產品的市場競爭情況及市場壽命、所依附土地和房屋建築物的使用期限、國家的法律法規以及環境保護、能源等產業政策對機器設備價值的影響。

6.1.2.4 機器設備的檢查

評估人員要根據評估目的對機器設備進行核查，核查方式有逐項清查和抽樣核查兩種。

（1）逐項清查。評估人員要依據委託評估資產清單，逐臺清點、核實所有被評估的機器設備，考察每臺設備，確定實體性貶值、功能性貶值和經濟性貶值。一般機器設備單價大，評估時採用逐項清查方式，風險性較小，但工作量較大。

（2）抽樣核查。抽樣核查是在滿足核查要求的前提下隨機抽樣核查被評估的機器設備。在機器設備單價低、數量多、規格型號及使用條件相同或類似的特定情況下，評估人員用抽查的方式可提高效率。另外，有些客戶在選擇合資夥伴或投資對象時，在項目可行性研究階段常需要評估師對某些資產提供初步估價意見，目的是瞭解資產的規模、構成等概況，這種情況下也可採用抽樣核查的方式。

抽樣核查一般採用分層抽樣（也稱類型抽樣）方法，基本步驟如下：

①將規格型號、使用條件及環境、購置年代比較接近的機器設備歸到一組，將全部機器設備分為若干組；

②根據抽查要求確定抽樣比例；

③確定抽樣調查指標；

④隨機抽樣；

⑤分析抽樣結果。

使用抽查方式核查資產，評估報告中必須對抽樣方法、抽樣比例、抽樣誤差等進行詳細說明，並指出可能存在的抽樣風險。

6.1.2.5 機器設備的鑒定

機器設備鑒定的目的是通過確定評估對象的存在狀態為價值判斷提供依據。設備價值與其存在狀態如磨損程度、生產能力、加工精度、安裝方式等密切相關。鑒定是收集、分析各種影響價值的因素，量化這些因素與價值之間的關係，從而對評估對象做出估價。

評估師在進行鑒定之前，首先要明確評估對象的範圍、評估目的、擬採用的評估方法，制定鑒定方案。不同的機器設備型號，需要採集的內容千差萬別，使用的鑒定方法和手段也各不相同。按工作階段不同，鑒定可分為統計性鑒定和判斷性鑒定，其中統計性鑒定又包括宏觀鑒定和微觀鑒定。

（1）統計性鑒定。統計性鑒定是按資產類別預先設計一套能夠反應資產現時及歷史狀況的項目或指標，如設備名稱、型號、規格、設計生產能力、規定運轉里程、實際生產能力等，然後根據測試卡、測試儀表等反應出的有關數據信息，進行逐項登記。統計性鑒定是資產評估的前期工作，可採取編製資產清冊的方式，包括宏觀鑒定和微觀鑒定。

宏觀鑒定。宏觀鑒定是對機器設備在整個生產中的狀況進行調查摸底，應收集3~5年的數據資料。這些數據資料包括：企業名稱和地址；資產購建日期；產品名稱及生產工序的簡要說明；設備數量；生產能力，即設計能力、額定及實際生產能力；設備維修狀況、維修方式、維修費用、大修理間隔期及每次維修所需時間；日產能力和工作時間；原材料供應情況；產成品或半成品銷售渠道及市場需求情況；每臺設備的燃料和動力消耗；自動化程度；役齡、帳面年限和有效壽命；安全、環保及輔助設施情況；收益或虧損原因。

微觀鑒定。微觀鑒定辨識設備的個別特徵，主要針對單臺設備。鑒定項目一般包括：設備名稱；設備型號；設備規格；生產廠家；出廠日期、投入使用日期；設備技術參數；傳動類型及傳動系統狀況；動力系統狀況；控制系統狀況；工作裝置狀況；安裝基礎、供水、供電、供氣狀況和其他輔助設施及費用；設備設計生產能力和實際生產能力；設備精度；設備主要部件情況；設備工作負荷、班次；設備工作環境；設備維修保養情況；設備設計製造品質；等等。

初次進行調查和記錄時應注意觀察細節，最後應對上述信息進行整理。

（2）判斷性鑒定。判斷性鑒定是由專業工程技術人員在現場勘察的基礎上，對機

器設備的新舊程度、剩餘經濟壽命等指標進行分析、判斷，一般在完成統計性鑒定後進行。

機器設備新舊程度的鑒定分為總體鑒定和分結構鑒定。總體鑒定是用觀察法對不同狀態條件下機器設備損耗率或成新率進行的確定。一臺機器設備由若干結構或部件組成，運轉過程中各部分損耗程度不同，對機器設備主體的影響也不同。因此，可先分結構鑒定新舊程度，再用加權平均法計算總體新舊程度。

單臺機器設備評估大部分採用成本法，從微觀入手來確定每臺設備的價值。整體資產通過單臺設備的有機組合達到生產目的，影響評估值的因素除單臺設備的價值外，還包括設備整體的匹配情況。有時單臺設備狀態良好，但整體性能不一定達到設計要求。因此，評估人員必須通過宏觀鑒定確定整個車間或生產線是否存在整體性經濟貶值和功能貶值。

6.1.3 機器設備評估的基本程序

在資產評估中，機器設備是重要的評估對象，由於機器設備本身也很複雜，所以應該分步驟、分階段地評估機器設備。一套科學合理的評估程序對提高評估質量、縮短評估時間，特別是在當前中國信息渠道不暢通的情況下進行項目評估尤為重要。從評估角度而言，機器設備評估程序大體要經歷以下幾個階段：

6.1.3.1 接受委託階段

當客戶有意委託評估人員進行某項機器設備的評估時，評估人員要向客戶瞭解被評估資產的背景、現狀、評估目的和評估報告用途以及該評估涉及的其他因素。這些都會影響整個評估的過程和結果，進而影響整個評估服務的質量。

6.1.3.2 評估準備階段

在簽訂了資產評估協議以後，具體實施資產評估工作之前，應該著手做好評估的準備工作。

（1）指導委託方填寫準備資料。評估人員應指導委託方根據評估操作的要求填寫被評估設備明細表，對被評估設備進行自檢和清查，做好盤盈和盤虧事項的調整以及機器設備產權資料及有關經濟技術資料的準備等。

（2）廣泛收集相關數據資料，並進行整理。主要包括以下資料：

①設備的產權資料，如購置發票、合同、報告單等。註冊資產評估師應當關注機器設備的權屬，要求委託方或者相關當事人對機器設備的權屬做出承諾，評估人員對機器設備權屬相關資料進行必要的檢查。

②設備使用情況的資料，如設備的生產廠家、規格型號、購置時間、利用率、產品的質量、大修理及技術改造情況等資料。

③設備實際存在數量的資料。通過清查盤點及審核固定資產明細帳和設備卡片，核實設備實際存在的數量。

④機器設備相關價格資料，如設備的原值、折舊、現行市場價、可比參照物的價格及價格指數資料。此外，還應關注設備是否有抵押、擔保、租賃、質押、訴訟等情

況。對產權受到限制的設備，在資產評估報告書中進行披露。

（3）分析整理資料，明確評估重點和清楚重點，制訂評估方案，落實評估人員，設計評估路線。

6.1.3.3 現場評估階段

現場評估是機器設備評估過程中的一個重要階段，其主要工作是查明實物、落實評估對象以及在落實評估對象的基礎上對機器設備進行技術鑒定，以判斷機器設備的技術檔次、成新率以及無形損耗等情況。

（1）核查實物、落實評估對象。這是評估現場的一項基礎性工作。要盡可能地逐臺核實所申報的機器設備，帳實是否相符、有無遺漏或產權界定不明的機器設備，核實的方法可根據委託單位的管理現狀及機器設備數量採取全面清查、重點清查、抽樣檢查等不同方式落實評估對象。

（2）對機器設備進行技術鑒定，是評估現場工作的核心。技術鑒定的主要工作為：

①瞭解生產工藝過程、掌握各類設備的配備情況以及對企業生產的保證程度，核實企業綜合生產力，確定評估重點。

②對機器設備所在的整個生產系統、生產環境和生產強度進行鑒定和評價，對生產系統的產品結構、產品市場需求、生產能力、生產班次、維修力量、技術改造以及製作人員水準等做出總體評價，為單臺機器設備的技術鑒定提供背景數據。

③對單臺機器設備進行鑒定要瞭解掌握機器設備的類別和規格型號、製造廠家和出廠日期、主要用途和功能、所用能源和加工精度，還要瞭解機器設備的利用率及其運行負荷的大小、設備實際所處狀態、設備修理情況及大修週期。

④根據評估對象的技術特點劃分機器設備評估類別。對機器設備進行評估，要根據評估目的、評估報告的要求以及評估對象的技術特點進行分類。

（3）確定評估價格標準和方法。根據評估目的確定評估價格標準，然後根據評估價格標準和評估對象的具體情況，科學地選用評估計算方法。

（4）收集整理有關資料，測定各種技術參數，確定機器設備的成新率。評估人員應收集的資料包括機器設備的宏觀技術鑒定和專家技術鑒定信息，委託單位提供的機器設備的價值狀況（原值、已提折舊淨值、技術改造支出等）、機器設備的使用狀況（購建時間、已使用年限、預計尚可使用年限、完好率、利用率等）、機器設備的技術狀況（主機和配套設備的規格型號、生產能力及主要技術經濟指標等）等資料，評估對象的具體情況以及評估作業分析表的要求，等等。評估人員還要對計算過程中需要採用的各種技術參數和經濟參數，尚可使用年限、成新率、磨損係數、價格指數等進行收集、檢驗、測定。同時，應盡可能在工作現場對被評估機器設備做出成新率的科學判斷。

（5）設計評估作業表。設計評估作業表是規範評估工作、提高工作效率、科學反應評估結果的必然要求。評估作業表的設計要考慮評估工作的要求，為收集整理數據提供精細的綱目；也要考慮與評估流程相適應，便於評估階段的銜接與過渡；更要考慮評估報告的要求。評估作業表是評估實務的實施綱要，可分為評估作業分析表（見

表 6.1)、評估明細表（見表 6.2）、評估分類匯總表（見表 6.3）。

表 6.1　評估作業分析表

資產佔有單位：　　　　　　　　　　　　　評估基準時間：　　年　月　日

委託方填報	設備名稱		產地	國別		規格型號	
				廠別		公稱能力	
	出廠年月		帳面價格	原值		按年限計算的成新率	
				折舊		同類設備數量	
	已使用年限			淨值			
評估機構填列	技術鑒定的方法和依據						
	重估單價		價格標準			評估方法及公式	
			評估結論及基本參數的說明：				
	尚可使用年限或成新率		評估依據			評估方法及公式	
			評估結論及基本參數的說明：				
	功能性貶值的評估		評估的依據和參照物			評估方法及公式	
			評估結論及基本參數的說明：				
	評估價格		價格標準			評估公式及考慮的因素說明：	
			單臺價格				
			總額				
			受託方填報		技術檢測		評估分析和報告
	評估責任者簽章		職稱 姓名		職稱 姓名		職稱 姓名

表 6.2　評估明細表

資產佔有單位：　　　　　　　　　　　　　評估基準時間：　　年　月　日

序號	資產類別	規格型號	計量單位	數量	購建時間	已使用年限	預計尚可使用年限	帳面價格		評估結果					備註
								原值	淨值	重估價格	成新率	功能性貶值	重估淨價值	額	率(%)	

評估單位名稱：　　　負責人：　　　評估人：　　　評估時間：　　年　月　日

表 6.3 評估分類匯總表

資產佔有單位：　　　　　　　　　　　　　　評估基準時間：　　　年　月　日

序號	資產類別	計量單位	數量	帳面價格		評估結果			重估增值（+/-）		備註
				原值	淨值	重估總價	重估淨價	綜合成新率	額	率（%）	
合計											

評估單位名稱：　　　　負責人：　　　　評估人：　　　　評估時間：　　年　月　日

6.1.3.4 評定估算階段

（1）評估人員應當根據評估對象、價值類型、資料收集情況等相關條件，分析成本法、市場法和收益法三種資產評估基本方法的適用性，並做出恰當的選擇。

成本法是機器設備評估的一種常用方法，一般適用於繼續使用前提下不具備獨立獲利能力的單臺設備或其他設備的評估。

評估師運用成本法評估機器設備時，應當明確機器設備的重置成本，瞭解機器設備的實體性貶值、功能性貶值和經濟性貶值以及可能引起機器設備貶值的各種因素，採用科學的方法，合理估算各種貶值。

市場法的運用必須以市場為前提，它是借助於參照物的市場成交價或變現價運作的。因此，一個發達、活躍的設備交易市場是市場法得以廣泛運用的前提，並且市場法的運用還必須以可比性為前提，運用該方法評估機器設備市場價值的合理性與公允性。

運用收益法評估機器設備的前提條件是，被評估機器設備具有獨立的、能連續用貨幣計量的可預期收益。由於單臺、單件機器設備一般不具有這一條件，因此在單項機器設備評估中較少運用收益法，該方法大多用於可單獨核算收益的生產流水線的評估。

（2）評估人員根據收集到的數據資料分析整理，按照各種方法選擇合適的參數。例如，成本法要確定設備的重置成本、實體性貶值、功能性貶值和經濟性貶值等參數，最終確定評估結果。

6.1.3.5 撰寫評估說明及評估報告階段

在評定估算過程結束後，應整理評估工作底稿，並對評估結果進行分析評價，及時撰寫評估說明及評估報告書。機器設備評估結果匯總表格式如表 6.4 所示。

表 6.4 機器設備評估結果匯總表

評估基準日：　　　　　　　　　　　　　　　　　　　　　　　　　單位：萬元

資產類別	帳面值	帳面淨值	調整後淨值	評估值	增減值	增減率
專用設備						
通用設備						
運輸設備						
……						

註冊評估師在編製機器設備評估報告時，應當反應機器設備的相關特點：

（1）對機器設備的描述一般包括物理特徵、技術特徵和經濟特徵，註冊資產評估師應當根據具體情況確定需要描述的內容。

（2）除了機器設備評估明細表以外，在評估報告中還應當包括對評估對象進行的文字描述，使評估報告使用者瞭解機器設備的概況，包括機器設備的數量、類型、安裝、存放地點、使用情況等；瞭解評估對象是否包括了安裝、基礎、管線及軟件、技術服務、資料、備品備件等。

（3）對評估程序實施過程的描述應當反應對設備的現場及市場調查的評定估算過程，說明設備的使用情況、維護保養情況、貶值情況等。

（4）在評估假設中明確設備是否改變用途、改變使用地點等。

（5）應當明確機器設備是否存在抵押及其他限制情況。

6.1.3.6 評估報告的審核和報出階段

評估報告完成後，必須有三級審核，包括復核人的審核、項目負責人的審核和評估機構負責人的審核。在審核無誤、確認評估報告無重大紕漏後，再將評估報告送達委託方及有關部門。

6.2 成本法在機器設備評估中的應用

6.2.1 成本法的適用範圍及基本公式

機器設備的評估有多種方法，不同情況應採用不同的方法。成本法是通過估算被評估機器設備的重置成本和各種貶值，用重置成本扣減各種貶值作為資產評估價值的一種方法。它是機器設備評估中最常使用的方法之一，但也並非能評估所有的機器設備，也就是說在機器設備評估中運用成本法是有一定適用範圍的。

成本法在機器設備評估中的主要適用情況有：①繼續使用前提下的機器設備評估。如果機器設備處於在用續用前提下，則可以直接運用成本法進行評估，不需要進行較大調整。如果機器設備處於改用續用或異地續用前提下，運用成本法進行評估，則必須進行適當的調整才能得出評估結果。②繼續使用前提下，不具備獨立獲利能力的單臺設備或其他設備的評估。在繼續使用前提下無法運用收益法評估的機器設備，可以採用成本法進行評估。③非繼續使用前提下，無市場參照物的機器設備可按成本法的評估思路進行評估。但在評估前必須進行成本項目構成的調整，以得到非續用重估價值。

成本法在機器設備評估中的具體計算公式為：

機器設備評估值＝重置成本−實體性貶值−功能性貶值−經濟性貶值

即：

$$P = RC - D_p - D_f - D_e$$

式中，P 為評估值，RC 為重置成本，D_p 為實體性貶值，D_f 為功能性貶值，D_e 為經濟性貶值。

或：

機器設備評估值＝重置成本×綜合成新率

或：

機器設備評估值＝重置成本×成新率−功能性貶值−經濟性貶值

6.2.2 機器設備重置成本的概念

6.2.2.1 機器設備重置成本的構成

機器設備重置成本的構成要素與評估對象、評估前提、評估目的有關，重置成本包括購置或購建設備所發生的必要的、合理的直接成本費用、間接成本費用，因資金佔用所發生的資金成本包括購置成本、運雜費、安裝費、基礎費、其他間接費用、稅金、資金成本等。在對象的選擇上，可以對單臺機器設備進行重置，也可以對單位、車間或一條生產線等整體資產進行重置。

不同對象的重置成本構成也不同。原地續用的整體機器設備的重置成本除上述內容外還包括勘察設計費、管理費、聯合試運轉費等間接費用。不同類型的單位的重置成本構成也有差異。這裡以從外購境內設備和外購境外設備兩種情況對機器設備重置成本的構成進行說明：

（1）外購境內設備。

典型機械工業企業的機器設備重置成本由下列要素構成：

①設備現行購置成本，即設備購買價。

②國產設備運雜費，即從生產廠到工地發生的採購、運輸、保管、裝卸以及其他有關費用；進口設備國內運費是指從中國港口、機場、車站運到所在地發生的港口費（如港口建設費、港務費、駁運費、堆放保管費、報關、轉單、監卸等）以及裝卸、運輸、保管、國內運輸保險等費用。

③設備基礎費，即購建或構築設備基礎時發生的人工、材料、機械費等費用。

④設備安裝費，即機械和電器設備的裝配、安裝費用，鍋爐砌築費用，與設備相連的工作臺、梯子的安裝費用，附屬於設備的管線鋪設費用，設備及附屬設施的絕緣、防腐、油漆、保溫費用等，為測定安裝工程質量進行的單機試運轉和聯動無負荷試運轉費用。

⑤建設單位管理費，即建設項目從立項到工程竣工，整個建設過程管理所需費用。

⑥建設單位臨時設施費，即建設期間建設單位所需臨時設施的搭設、維修、攤銷或租賃費。

⑦工程監理費，即委託工程監理單位對工程實施監理所需的費用。

⑧勘察設計費，即委託勘察設計單位進行勘察設計所需的費用。

⑨工程保險費，即建設單位委託勘察設計單位進行勘察設計建設期間向保險公司投保建築安裝工程險的費用。

⑩聯合試運轉費，即工程竣工驗收前，對整個工程進行的無負荷或有負荷聯合試運轉所需的費用。

⑪施工單位遷移費，即施工機械由原駐地遷移至工程所在地的搬遷費用。
⑫建設期資金成本，即合理建設期的資金占用成本。
⑬其他合理費用。

有些企業的設備本身購買價格之外的費用占很大的比重，重置成本構成要素是否全面直接影響評估結果的合理性。因此，評估人員首先根據評估目的對重置成本的價值構成進行分析是非常重要的環節。

（2）外購境外設備及進口設備。

外購境外設備及進口設備的重置成本除上述成本構成以外，還包括設備的進口從屬費用，包括海外運費、海外保險費、進口關稅、增值稅、公司代理手續費、銀行手續費、海關監管手續費和商檢費等。

評估人員對進口設備進行評估時，經常根據設備現行報價計算重置成本。評估人員只有瞭解每一種進口設備報價附帶的價格條件的含義，才能正確地計算設備的重置成本。下面是幾種比較常見的價格條件：

①裝運港交貨的價格條件。裝運港交貨的價格條件包括：離岸價（FOB），即裝運港船上交貨的價格，賣方負責支付貨物的出口稅款，買方負責貨物越過船舷之後的一切費用及風險；到岸價（FOB），即離岸價加海運費再加海運保險費的價格，賣方負責運輸和保險，裝船後的一切風險仍由買方負擔；成本加運費價（C&F），即離岸價加海運費的價格；船邊交貨（FAS），即買方負責支付出口稅款。

②內陸交貨的價格條件。它是指賣方在出口國內陸完成交貨任務的價格條件，主要包括：工廠交貨價（EXW），即買方承擔從提貨後將貨物運至目的地的所有費用和風險，包括支付貨物的出口稅款；貨交承運人價（FCA），即賣方負責在買方指定的地點（如火車站、集裝箱集散地或碼頭等）將貨物交給承運人，並支付貨物出口稅款，其餘一切費用由買方承擔。

③目的地交貨的價格條件。目的地交貨的價格條件主要包括：目的港船上交貨價（DES），即賣方支付運輸及保險費並承擔風險，但不支付進口稅款；目的港交貨關稅已付價（DEQ），即賣方負責辦理運輸和保險，並支付進口稅款；目的地邊境交貨價（DAF），即買方辦理進口手續並支付進口稅款，承擔接貨後的一切費用和風險；目的地完稅交貨價（DDP），即賣方辦理進口手續並支付進口稅款，承擔將貨物運至進口國國內指定地點的一切費用，是一種賣方責任最大的價格條件。

6.2.2.2 影響重置成本的基本因素

由於機器設備大多採用單項獨立評估，所以成本法得到普遍的運用。按照成本法的思路，評估對象的評估值是指資產的重置成本淨值，即重置成本扣除各項貶值後的餘額。可見，影響估價的基本因素為重置成本和各類貶值。

（1）重置成本。機器設備的重置成本是指在現行價格和費用標準條件下，按原有功能重置該機器設備，並使之處於在用狀態所耗費的全部成本費用。它與原始成本一樣都反應了資產購置、運輸、安裝調試等購建過程的全部費用支出。所不同的只是重置成本以現行價格和費用標準作為計價依據，而原始成本則只指固定資產購建時實際

發生的全部成本,又稱歷史成本。顯然,重置成本受技術進步、價格和費用標準升降的影響,這是重置成本與歷史成本之間產生差異的主要原因。

(2) 損耗與貶值。由於被評估的機器設備是已購建和使用過的資產,因此存在著不同程度上的損耗和貶值。在資產評估中,損耗是指被評估資產在評估基準日已發生的累計有形損耗和無形損耗。由這些損耗所引起的設備價格的相對降低便是貶值。

有形損耗與實體性貶值。有形損耗是指機器設備由使用磨損與自然力作用造成的實體性損耗。由它所引起的價值相對降低,稱之為實體性貶值。

無形損耗與功能性貶值和經濟性貶值。無形損耗是指由科學技術的進步和其他被評估資產本身以外的原因造成的資產的非實體性損耗。由它所引起的貶值可分為功能性貶值(是指由於技術相對落後造成的貶值)和經濟性貶值(是指由於外部經濟環境變化引起的貶值)。

累計功能與成新率。資產的累計功能是指資產壽命期內各年功能累計之和,取決於累計年限的長短和功能的大小,該功能對於一般加工設備可用可完成的工作時間或工作量來表示,對車輛類資產往往用行駛里程數來表示。資產在尚可使用年限內各年預期功能之和稱為剩餘累計功能,是決定資產成新率的重要因素。尚可使用年限是在綜合考慮資產的物理壽命、技術壽命和經濟壽命後確定的。預期功能則是按產量、質量和勞動投入的大小等幾個因素來綜合評價的。成新率是指資產的新舊程度,反應了資產剩餘累計功能與資產全壽命期內累計功能的比例,是決定重置淨值的主要依據。可以說,它與實體性貶值反應的是同一事物。

【例6-1】某企業有一大型設備,該設備由3個部分組成。經分析確定,3個部分占總成本的比重分別為20%、35%和45%。評估中,評估人員與有關技術人員及管理人員一起對該設備進行了詳細勘察,分別對各部分進行了技術鑑定和磨損估計,確定三部分的實體損耗率分別為15%、30%和20%,試求該設備的總的實體性貶值率和實體性成新率。

實體性貶值率 = 20%×15% + 35%×30% + 45%×20% = 22.5%

實體性成新率 = 1 - 22.5% = 77.5%

6.2.3 機器設備重置成本的計算

機器設備的重置成本通常是指按現行價格購置與被評估機器設備相同或相似的全新設備所需的成本。機器設備的重置成本分為復原重置成本和更新重置成本。復原重置成本是指按現行的價格購置一臺與被評估設備完全相同的設備所需的成本費用。更新重置成本是指按現行的價格購置一臺與被評估設備功能相同的設備所需的成本費用。復原重置成本和更新重置成本的區別在於復原重置成本僅考慮物價因素對成本的影響,即將資產的歷史成本按照價格變動指數或趨勢轉換成重置成本或現行成本;而更新重置成本是在充分考慮了技術條件、建築標準、材料替代以及物價變動等因素變化的前提下確定重置成本或現行成本的。

6.2.3.1 設備本體的重置成本

設備本體的重置成本是指設備本身的價格,不包括運輸、安裝等費用。通用設備

的重置成本一般按現行市場銷售價格確定；自制設備的重置成本是指按當前的價格標準計算的建造成本，包括直接材料費、燃料動力費、直接人工費、製造費用、期間費用分攤、利潤、稅金以及非標準設備的設計費等。

（1）直接法。

直接法是根據市場交易數據直接確定設備本體重置成本的方法。這是一種最直接有效的方法，適用於容易取得市場交易價格資料的大部分通用設備。獲得市場價格的渠道包括：

市場詢價。對於有公開市場價格的機器設備，大多數可以通過市場詢價來確定設備的現行價格，即評估人員直接通過電話、傳真、走訪等形式從生產廠商或銷售商那裡瞭解相同產品的現行市場銷售價格。一般情況下，由於市場詢價所獲得的報價信息與實際成交的價格之間會存在一定的差異，所以應該謹慎使用報價。對通過市場詢價得到的價格信息，評估人員還應該向近期購買該廠同類產品的其他客戶瞭解實際成交價，以判斷廠家報價的合理性和可用性。

使用價格資料。價格資料包括生產廠家提供的產品目錄或價格表、經銷商提供的價格目錄、報紙雜誌上的廣告、權威部門出版的機電產品價格目錄、機電產品價格數據庫等。在使用價格資料時，應當注意數據的有效性、可靠性和時效性。

【例 6-2】評估某企業一條生產線的重置全價，已知帳面原值為 90 萬元，其中外購機器設備為 70 萬元，自制設備為 16 萬元，安裝調試費為 4 萬元。

分析：經市場調查得知，原外購機器設備為通用設備，目前市場價格為 65 萬元。由於自制設備的原材料費用、人工費用、間接費用等資料齊全，可採用復原重置成本法評估。

經核查企業提供的帳表得知，自制設備費用及安裝調試費用的構成如下：

自制設備費用為 16 萬元，其構成如表 6.5 所示。

表 6.5 自制設備費用構成表

項目	耗費量	單價	成本（萬元）
鋼材消耗	20 噸	2,500 元/噸	5
銅材消耗	2 噸	15,000 元/噸	3
外購件	15 噸	2,000 元/噸	3
工時消耗	5,000 定額工時	8 元/時	4
管理費用		每定額工時分攤為 2 元	1

安裝調試費為 4 萬元，其構成如表 6.6 所示。

表 6.6 安裝調試費構成表

項目	耗費量	單價	成本（萬元）
水泥消耗	20 噸	500 元/噸	1
鋼材消耗	8 噸	2,500 元/噸	2

表6.6(續)

項目	耗費量	單價	成本（萬元）
工時消耗	1,000 定額工時	8 元/時	0.8
管理費用		每定額工時分攤為 2 元	0.2

通過市場調查得知現行市價（單位），鋼材為 1,800 元/噸，銅材為 18,000 元/噸、外購件為 3,200 元/噸，水泥為 600 元/噸，每定額工時成本為 18 元，每定額工時分攤企業管理費為 4 元。根據現價和費用標準以及量耗不變的原則，重置價格如下：

外購主機重置全價為 65 萬元。

自制設備費用重置全價為 12.4 萬元，其構成如表 6.7 所示。

表 6.7　自制設備費用重置全價構成表

項目	耗費量	單價	成本（萬元）
鋼材消耗	20 噸	1,800 元/噸	3.6
銅材消耗	1 噸	18,000 元/噸	1.8
外購件	15 噸	3,200 元/噸	4.8
工時消耗	1,000 定額工時	18 元/時	1.8
管理費用		每定額工時分攤 4 元	0.4

安裝調試費重置全價為 4.12 萬元，其構成如表 6.8 所示。

表 6.8　安裝調試費重置全價構成表

項目	耗費量	單價	成本（萬元）
水泥消耗	20 噸	600 元/噸	1.2
鋼材消耗	4 噸	1,800 元/噸	0.72
工時消耗	1,000 定額工時	18 元/時	1.8
管理費用		每定額工時分攤 4 元	0.4

綜合以上重估結果，該生產線的重置成本為 81.52 萬元。

在【例 6-2】中，機器設備評估是遵循「功能復原，價格重置」的評估思路。一方面，採用市場法來評估外購機器設備的採購重置全價，因為這類機器設備的技術條件變化小，市場交易仍相當活躍；另一方面，採用成本途徑評估自制設備的重置全價，材料、安裝調試等費用均按重置的要求進行核算。仔細研究歷史成本與重置成本核算的構成表（表 6.5~表 6.8）可以發現，除了各個成本項目的單價隨著時間的變化發生了變化外，在自制設備費用中鋼材和工時的耗費、安裝調試費中鋼材的耗費都發生了減少，這就是技術進步的結果。顯然，這屬於更新重置成本。

(2) 間接法。

間接法用於難以直接取得現行市價的機器設備。下面主要介紹間接法中的物價指

數法、功能價值類比法和比例估算法。

①物價指數法。物價指數法是以設備的歷史成本為基礎，根據同類設備的價格變動指數估測機器設備本體重置價值的方法。(對於二手設備，歷史成本是最初使用者的帳面原值，而非當前設備使用者的購置成本。) 物價指數可分為定基物價指數和環比物價指數。

定基物價指數。定基物價指數是以固定時期為基期的物價指數，通常用百分比來表示。採用定基物價指數計算設備本體重置成本的公式為：

$$設備本體重置成本 = 歷史成本 \times \frac{評估基準日定基物價指數}{設備購置時定基物價指數}$$

【例6-3】某公司於2013年12月購置被評估設備A，該設備原始成本為1,200,000元，評估基準日為2018年12月，估測評估基準日該設備本體重置成本。2013—2018年的定基物價指數如表6.9所示。

表 6.9 2013—2018 年定基物價指數表

年份	定基物價指數（%）
2013	100
2014	103
2015	105
2016	107
2017	110
2018	112

評估基準日該設備本體重置成本 = 1,200,000 × (112% ÷ 100%)
= 1,344,000 (元)

環比物價指數。環比物價指數是以上期為基期的指數。如果環比期以年為單位，則環比物價指數表示該類產品當年較上年的價格變動幅度。該指數通常也用百分比表示。採用環比物價指數計算設備本體重置成本的公式為：

設備本體重置成本 = 歷史成本 × ($P_1^0 \times P_2^1 \times \cdots \times P_n^{n-1}$)

式中，P_n^{n-1} 為第 n 年對第 n-1 年的環比物價指數。

【例6-4】某公司於2013年12月購置被評估設備B，該設備歷史成本為1,200,000元，評估基準日為2018年12月，估測評估基準日該設備本體重置成本。2013—2018年的環比物價指數如表6.10所示。

表 6.10 2013—2018 年環比物價指數表

年份	環比物價指數（%）
2013	—
2014	103

表6.10(續)

年份	環比物價指數（%）
2015	101.94
2016	101.90
2017	102.80
2018	101.82

評估基準日該設備本體重置成本 = 1,200,000 × （103% × 101.94% × 101.90% × 102.80% × 101.82%） = 1,343,889.3（元）

在機器設備評估中，對於一些通過直接法難以獲得市場價格的機器設備，採用物價指數法是簡便可行的。但在使用時，評估人員應該關注以下問題：

第一，注意審查歷史成本的真實性。因為在設備的使用過程中，其帳面價值可能進行了調整，當前的帳面價值已不能反應真實的歷史成本。

第二，物價指數法中的物價指數一般是某類產品的綜合物價指數，反應一類設備的綜合物價變化水準，不反應個別設備的價格變化。評估單臺設備時，由於具體價格變動指數與綜合物價指數存在一定差異，得出的評估重置成本會有誤差。因此，評估人員應盡量少用綜合物價指數，多用分類產品物價指數。

第三，設備帳面歷史成本的構成內容一般還包括運雜費、安裝費、基礎費及其他費用。上述費用的物價變化指數與設備價格變化指數往往是不同的，應分別計算。評估人員應特別注意在鍋爐、鍛壓機械等運雜費、安裝費及基礎費超過設備本身的價格的情況下，其他費用的估算。

第四，單臺設備的價格變動與這類產品的分類物價指數之間可能存在一定的差異。因此，被評估設備的樣本數量會影響評估值的準確度。

第五，進口設備應使用設備出口國的分類價格指數。評估人員可參考政府有關部門、世界銀行、國外一些保險公司公布的統計資料及所掌握的其他價格信息。

第六，物價指數法只能用於確定設備的復原重置成本，不能用於確定其更新重置成本。

②功能價值類比法。

該方法是根據被評估機器設備的具體情況，尋找評估時點同類設備（參照設備）的市價或重置成本，然後根據參照設備與被評估設備功能（生產能力）的差異，比較調整得到被評估機器設備本體的重置成本。

當該類設備的功能與其價格或重置成本之間呈線性關係或近似於線性關係時，可採用生產能力比例法，其計算公式為：

設備本體的重置成本 = 參照物設備的現行價格 × $\dfrac{被評估設備生產能力}{參照物設備生產能力}$

當該類設備的功能與其價格或重置成本呈指數關係時，可採用規模經濟效益指數法，其計算公式為：

設備本體的重置成本＝參照物設備的現行價格×$\left(\dfrac{被評估設備生產能力}{參照物設備生產能力}\right)^{x}$

其中，x 為規模經濟效益指數，是用來反應資產成本與其功能之間指數關係的具體指標。在國外經過大量數據的測算，取得的經驗數據是：指數 x 的取值範圍一般為 0.4~1.2，在機器設備評估中一般取值為 0.6~0.8。目前，在中國比較缺乏這方面的統計資料。評估人員在使用該方法時，需要通過該類設備的價格資料分析測算。

【例6-5】某企業 2014 年購置一套年產 50 萬噸某產品的生產線，帳面原值為2,000 萬元。2017 年進行評估，評估時選擇了一套與被評估生產線相似的生產線，該生產線於 2017 年建成，年產同類產品 75 萬噸，造價為 5,000 萬元。經查詢，該類生產線的規模經濟效益指數為 0.7，根據被評估生產線與參照物生產能力方面的差異，調整計算 2017 年被評估生產線的重置成本為：

重置成本＝5,000×（50÷75）$^{0.7}$＝3,760（萬元）

③比例估算法。

在評估成套設備、設備線或生產線時，需要將設備成本與土建工程、安裝工程、其他工程等費用一併考慮估算。如果能夠單獨計算設備的重置成本，同時找到已建成的同類項目，可以採用比例估算法計算被評估項目的全部重置成本。該比例數據來自統計數據或行業規定標準。

以全部設備成本為基礎進行估算。根據參照項目的建築安裝費和其他工程費用等占設備成本的比重，求出被評估項目相應的各項費用，再加上其他有關成本費用，其總和就是該項目的重置成本。

【例6-6】光華電器科技有限公司新建裝配生產線項目設備投資成本為 100 萬元，根據已建同類項目統計情況，一般建築工程占設備投資的 28.5%，安裝工程占設備投資的 9.2%，其他工程費用占設備投資的 7.3%，該項目其他費用估計為 12 萬元，試確定該項目的重置成本。

該項目的重置成本＝100×（1+28.5%+9.2%+7.3%）+12＝157（萬元）

以主要工藝設備成本為基數進行估算。根據參照項目的有關統計資料，確定被評估項目的各專業工程（總圖、土建、暖通、給排水、管道、電氣、自控及其他）成本費用占主要工藝設備投資成本（包括安裝與運雜費）的比重，計算出各專業成本費用，再加上工程其他費用，其總和就是該項目的重置成本。

設備及廠房系數法。該方法是在確定了工藝設備成本和廠房土建成本的基礎上，根據其他專業工程與設備或廠房土建的成本費用系數比例關係，分別計算各類專業工程成本費用，其總和就是該項目的重置成本。

【例6-7】光華電器科技有限公司脈衝老化線項目工藝設備投資成本（含安裝與運雜費）為 26 萬元，廠房土建成本為 42 萬元，其他各專業工程成本比例系數如表 6.11 所示，試確定該項目的重置成本。

表 6.11　某設備各專業工程比例系數

序號	專業工程	投資系數	序號	專業工程	投資系數
1	工藝設備（含安裝運雜）	1.00	8	廠房土建（含設備基礎）	1.00
2	起重設備	0.09	9	給排水工程	0.04
3	加熱爐及菸道	0.12	10	採暖通風	0.03
4	氣化冷卻	0.01	11	工業管道	0.01
5	餘熱鍋爐	0.04	12	電器照明	0.01
6	供電及轉動	0.18			
7	自動化儀表	0.02			
合計		1.46			1.09

該項目的重置成本＝26×1.46＋42×1.09＝83.74（萬元）

（3）重置核算法。

重置核算法是通過分別測算機器設備的各項成本費用來確定設備本體重置成本的方法。該方法常用於估測非標準設備、自制設備的重置成本。機器設備本體的重置成本由生產成本、銷售費用、利潤、稅金等項目組成。一般需要確定設備生產所需要的材料費、人工費用等相關成本費用以及相適應的利潤率與稅率等指標來測算設備的重置成本。評估的計算公式如下：

重置成本＝製造成本＋期間費用＋合理的製造利潤＋其他必要的合理費用＋安裝調試費用

【例 6-8】對某企業的一臺自制設備進行評估，經核查沒有相關的行業製造成本數據。根據企業提供的數據並經查證，該自制設備製造成本為 30,000 元，期間費用為 3,800元，行業平均成本利潤率是 10％，設計費為 3,400 元，安裝調試費用為 2,800 元，試確定該設備的重置成本。

合理的製造利潤＝30,000×10％＝3,000（元）

其他必要的合理費用＝3,400（元）

安裝調試費用＝2,800（元）

被評估設備的重置成本＝30,000＋3,800＋3,000＋3,400＋2,800＝43,000（元）

（4）綜合估價法。

綜合估價法是根據設備的主材費用和主要外購件費用與設備成本費用存在的一定的比例關係，通過確定設備的主材費用和主要外購件費用，計算設備的完全製造成本，並考慮企業利潤、稅金和設計的費用，從而確定設備本體的重置成本。計算公式為：

$RC = (M_{rm}/K_m + M_{pm}) \times (1 + K_p) \times (1 + K_d/n)$

式中，RC 為設備本體的重置成本，M_{rm} 為主材費，K_m 為成本主材費率，M_{pm} 為主要外購件費，K_p 為成本利潤率，K_d 為非標準設備的設計費率，n 為非標準設備的生產數量。

主材費的計算中，主要材料是指在設備中所占的重量和價值比例較大的一種或幾

種材料。主材費可按圖紙分別計算各種主材的淨消耗量，然後根據各種主材的利用率求出它們的總消耗量，並按材料的市場價格計算每一種主材的材料費用。其計算公式為：

$$M_{rm} = \sum \left(\frac{某主材淨消耗量}{該主材利潤率} \times \frac{含稅市場價}{1 + 增值稅稅率} \right)$$

主要外購件費的計算中，主要外購件如果價值比重很小，可以綜合在成本主材費率 K_m 中考慮，而不再單列為主要外購件。外購件的價格按不含稅市場價格計算。其計算公式為：

$$M_{pm} = \sum \left(某主要外購件的數量 \times \frac{含稅市場價}{1 + 增值稅稅率} \right)$$

該方法只需依據設備的總圖計算主要材料消耗量，並根據成本主材費率即可估算出設備的售價，是機械工業概算中估算通用非標準設備時經常使用的方法。

【例6-9】某清洗機為非標準自製設備，於2010年1月建成，評估基準日為2019年1月。試估算該設備的重置成本。

分析：根據被評估設備的設計圖紙，該設備主材為鋼材，主材的淨消耗量為22噸，評估基準日鋼材不含稅市場價為3,800元/噸。另外，該設備所需主要外購件（泵、閥、風機等）不含稅費用為68,880元，主材利用率為90%，成本主材費率為47%，成本利潤率為16%，設計費率為15%，產量為1臺。

確定設備的主材費用，該設備的主材利用率為90%，則：

M_{rm} = 22÷90%×3,800 = 92,889（元）

K_m = 47%

M_{pm} = 68,880（元）

K_p = 16%

K_d = 15%

n = 1（臺）

設備重置成本 =（92,889÷47%+68,880）×（1+16%）×（1+15%/1）
　　　　　　 = 355,532.57（元）

【例6-10】某非標準設備的主要材料為鋼材，淨消耗鋼材為6噸，外購件為2噸，鋼材的利用率為85%，成本主材費用率為75%，評估基礎日鋼材的含稅市場價格為5,000元/噸，外購件的含稅市場價格為7,000元/噸，成本利潤率為15%，設計費為10%，設備共生產了兩臺。試估算該設備的重置成本。

M_{rm} =（6÷85%）×[5,000÷（1+17%）] = 30,165.91（元）

M_{pm} = 2×[7,000÷（1+17%）] = 11,965.81（元）

設備重置成本 =（30,165.91÷75%+11,965.81）×（1+15%）×（1+18.7%）
　　　　　　　×（1+10%/2）
　　　　　　 = 74,799.79（元）

6.2.3.2　運雜費

運雜費是指機器設備從生產地到使用地之間運輸、裝卸、保管等環節所發生的

費用。

（1）國產設備運雜費。

國產設備的運雜費是指從生產廠家到安裝使用地點所發生的裝卸、運輸、採購、保管、保險及其他有關費用。設備運雜費的計算方法主要有兩種，一種是根據設備的運輸距離以及重量、體積、運輸方式等，按照運輸計費標準計算；另一種方法是按設備原價的一定比率作為設備的運雜費率，以此來計算設備的運雜費，其計算公式為：

國產設備運雜費＝國產設備原價×國產運雜費率

國產設備運雜費率可參照有關權威部門制定的機械行業國產設備運雜費基本費率（見表6.12）。結合評估對象的實際情況加以確定。

表6.12 機械行業國產設備運雜費率表

地區類別	建設單位所在地	運雜費（％）	備註
一類	北京、天津、河北、山西、山東、江蘇、上海、浙江、安徽、遼寧	5	指標中包括建設單位倉庫離車站或碼頭50千米以內的短途運輸費。當超過50千米時按每超過50千米增加0.5％的費率計算，不足50千米的，可按50千米計算
二類	湖南、湖北、福建、江西、廣東、河南、陝西、四川、甘肅、吉林、黑龍江、海南	7	
三類	廣西、貴州、青海、寧夏、內蒙古	8	
四類	雲南、新疆、西藏	10	

（2）進口設備的國內運雜費。

進口設備的國內運雜費是指進口設備從出口國運抵中國後，從所到達的港口、車站、機場等地將設備運至使用的目的地現場所發生的港口費用、裝卸費用、運輸費用、保管費用、國內運輸保險費用等各項運雜費。進口設備運雜費的計算公式為：

進口設備國內運雜費＝進口設備到岸價×進口設備國內運雜費率

相關的運雜費率可參照有關權威部門制定的機械行業進口設備海運方式和陸運方式運雜費率表提供的基本費率（見表6.13、表6.14），結合評估對象的實際情況加以確定。

表6.13 機械行業進口設備海運方式國內運雜費率

地區類別	建設單位所在地	運雜費（％）	備註
一類	北京、天津、河北、山東、江蘇、上海、浙江、廣東、遼寧、福建、安徽、廣西、海南	1~1.5	進口設備國內運雜費指標是以離港口距離劃分指標上下限：20千米以內的為靠近港口，取下限；20千米以上、50千米以內為鄰近港口，取中間值；50千米以上為遠離港口，取上限
二類	山西、河南、陝西、湖南、湖北、江西、吉林、黑龍江	1.5~2.5	
三類	甘肅、內蒙古、寧夏、雲南、貴州、四川、青海、新疆、西藏	2.5~3.5	

表 6.14　機械行業進口設備陸運方式國內運雜費率

地區類別	建設單位所在地	運雜費（%）	備註
一類	內蒙古、新疆、黑龍江	1~2	進口設備國內運雜費指標是以離陸站距離劃分指標上下限：100 千米以內的為靠近陸站，取下限；100 千米以上、300 千米以內為鄰近陸站，取中間值；300 千米以上為遠離陸站，取上限
二類	青海、甘肅、寧夏、陝西、四川、山西、河北、河南、湖北、吉林、遼寧、天津、北京、山東	2~3	
三類	上海、江蘇、浙江、廣東、安徽、湖南、福建、江西、廣西、雲南、貴州、西藏	3~4	

6.2.3.3　設備安裝費

設備安裝費是指設備在安裝過程中發生的必要的、合理的人工費、材料費、機械費等全部費用。一般大型的設備安裝以專門的安裝工程方式進行，若工期較長或設備安裝後至投入使用的時間較長，還應考慮和計算資金成本。

（1）設備安裝工程範圍。

設備的安裝工程範圍包括以下幾部分：

①所有機器設備、電子設備、電器設備的裝配、安裝工程；

②鍋爐及其他各種工業鍋窯的砌築工程；

③設備附屬設施的安裝工程，如與設備相連的工作臺、梯子的安裝工程；

④設備附屬管線的敷設，如設備工作所需的電力線路、供水、供氣管線等；

⑤設備、附屬設施及管線的絕緣、防腐、油漆、保溫等工程；

⑥為測定安裝工作質量進行的單機試運轉和系統聯動無負荷試運轉。

設備的安裝費包括上述工程所發生的所有人工費、材料費、機械費及全部收費。

（2）設備安裝費的計算。

設備安裝費可以用設備的安裝費率計算。

①國產設備安裝費：

國產設備安裝費＝國產設備原價×國產設備安裝費率

式中，設備安裝費率按所在行業概算指標中規定的費率計算。

②進口設備安裝費：

進口設備安裝費＝進口設備到岸價×進口設備安裝費率

或者，

進口設備安裝費＝相似國產設備原價×國產設備安裝費率

由於進口設備原價較高，進口設備安裝費率一般低於國產設備的安裝費率。《機械工業建設項目概算編製辦法及各項概算指標》規定：進口設備的安裝費率可按相同類型國產設備的 30%~70% 選用。進口設備的機械化、自動化程度越高，價值越大，安裝費率取值越低；反之越高。設備安裝費率如表 6.15 所示。

表 6.15　設備安裝費率表

序號	設備名稱	安裝費率（%）	序號	設備名稱	安裝費率（%）
1	輕型通用設備	0.5~1	10	電梯	10~25
2	一般機械加工設備	0.5~2	11	供電、配電設備	10~15
3	大型機械加工設備	2~4	12	蒸汽及熱水鍋爐	30~45
4	數控機械及精密設備	2~4.5	13	化工設備	8~40
5	鑄造設備	3~6	14	快裝鍋爐	6~12
6	鍛造、衝壓設備	4~7	15	熱處理設備	1.5~4.5
7	焊接設備	0.5~1.5	16	壓縮機	10~13
8	起重設備	5~8	17	冷卻塔	10~12
9	工業窯爐及冶煉設備	10~20	18	泵站內設備	8~12

【例6-11】需要對某企業的一臺機床的價值進行重估，企業提供的資料如下：該設備的採購價格是5萬元，運輸費是0.1萬元，安裝費是0.3萬元，調試費是0.1萬元，已服役2年。經市場調查得知，該機床在市場上仍很流行，但是價格比購置時上升了20%，鐵路運輸費也提高了1倍，安裝材料和工費上漲幅度加權計算為40%，調試費上漲了15%。試評估該機床繼續使用的重置全價。

分析：該機床服役期限僅為2年，且在市場上仍很流行，一般來說技術條件變化不大，故採用復原重置成本評估法。

機床採購重置價格 = 5×（1+20%）= 6（萬元）

運雜費估價 = 0.1×2 = 0.2（萬元）

安裝調試費估價 = 0.3×（1+40%）+ 0.1×（1+15%）= 0.535（萬元）

綜合以上各項，該機床原地繼續使用的重置全價 = 6+0.2+0.535 = 6.735（萬元）

6.2.3.4　基礎費

設備的基礎是指為安裝設備而建造的特殊構築物。設備基礎費是指建造設備基礎所發生的人工費、材料費、機械費及全部取費。有些特殊設備的基礎列入構築物範圍，不按設備基礎計算。

(1) 國產設備基礎費。

國產設備基礎費 = 國產設備原價×國產設備基礎費率

式中，設備的基礎費率按所在行業頒布的概算指標中規定的標準取值，行業標準中沒有包括的特殊設備的基礎費率需自行測算。

(2) 進口設備基礎費。

進口設備基礎費 = 進口設備到岸價×進口設備基礎費率

或者，

進口設備基礎費 = 相似國產設備原價×國產設備基礎費率

由於進口設備原價較高，進口設備基礎費率一般低於國產設備的基礎費率。《機械工業建設項目概算編製辦法及各項概算指標》規定：進口設備的基礎費率可按相同類型國產設備的30%~70%選用。進口設備的機械化、自動化程度越高，價值越大，基礎費率取值越低；反之越高。其中存在一些特殊情況，進口設備的價格較高而基礎簡單的，應低於標準；反之則高於標準。

6.2.3.5 進口設備的從屬費用

進口設備的從屬費用包括國外運費、國外運輸保險費、關稅、消費稅、增值稅、銀行財務費、外貿手續費，對車輛還包括車輛購置附加費等。

（1）國外運費可按設備的重量、體積及海運公司的收費標準計算，也可按一定比例計取，取費基數為設備的離岸價，計算公式為：

海運費＝設備離岸價×海運費率

式中，海運費率取值分兩種情況：遠洋一般取5%~8%，近洋一般取3%~4%。航空運輸一般按照距離和單價計算運費。

（2）國外運輸保險費的取費基數為設備離岸價＋海運費，計算公式為：

國外運輸保險費＝（設備離岸價＋海運費）×保險費率

保險費率可根據保險公司費率表確定，一般為0.4%左右。

（3）關稅的取費基數為設備到岸價，計算公式為：

關稅＝設備到岸價×關稅稅率

關稅稅率按國家發布的進口關稅稅率表確定。

（4）消費稅的計稅基數為關稅完稅價加上關稅，計算公式為：

消費稅＝（關稅完稅價＋關稅）×消費稅稅率÷（1－消費稅稅率）

消費稅稅率按國家發布的消費稅稅率表確定

（5）增值稅的取費基數為關稅完稅價加上關稅和消費稅，計算公式為：

增值稅＝（關稅完稅價＋關稅＋消費稅）×增值稅稅率

（6）銀行財務費的取費基數為設備離岸價（人民幣），計算公式為：

銀行財務費用＝設備離岸價×費率

中國現行銀行財務費率一般為4%~5%。

（7）外貿手續費也稱為公司手續費，取費基數為設備到岸價（人民幣），計算公式為：

外貿手續費＝設備到岸價×外貿手續費率

目前，中國進出口公司的外貿手續費率一般為1%~1.5%。

（8）海關監管手續費僅對減稅、免稅、保稅貨物徵收。取費基數為設備到岸價（人民幣），計算公式為：

免稅設備的海關監管手續費＝設備到岸價×費率

減稅設備的海關監管手續費＝設備到岸價×費率×減稅百分率

中國現行免稅、保稅設備的海關監管手續費費率為3%。

（9）車輛購置附加費的取費基數為設備到岸價加上關稅和消費稅，計算公式為：

車輛購置附加費＝（設備到岸價＋關稅＋消費稅）×費率

【例6-12】評估一套進口設備，設備離岸價格為10,000,000美元，國外海運費率為4%，境外保險費率為0.4%，關稅稅率為25%，增值稅稅率為17%，銀行財務費率為0.4%，外貿手續費率為1%，國內運雜費率為1%，安裝費率為0.5%，基礎費率為1.5%。設備從訂貨到安裝完畢投入使用需要2年時間，第一年投入的資金比例為40%，第二年投入的資金比例為60%。假設每年資金均勻投入，不計複利，銀行貸款利率為5.8%，美元與人民幣匯率為1：6.5，試估算該設備的重置成本。

分析：該設備的重置成本包括設備離岸價、國外海運費、國外運輸保險費、關稅、增值稅、銀行財務費、外貿手續費、國內運雜費、安裝費、基礎費、資金成本。其計算過程如下：

國外海運費＝10,000,000×4%＝400,000（美元）

國外運輸保險費＝（10,000,000＋400,000）×0.4%＝41,600（美元）

設備到岸價＝（10,000,000＋400,000＋41,600）×6.5＝67,870,400（元）

關稅＝67,870,400×25%＝16,967,600（元）

增值稅＝（67,870,400＋16,967,600）×17%＝14,422,460（元）

銀行財務費＝10,000,000×0.4%×6.5＝260,000（元）

外貿手續費＝67,870,400×1%＝678,704（元）

國內運雜費＝67,870,400×1%＝678,704（元）

安裝費＝67,870,400×0.5%＝339,352（元）

基礎費＝67,870,400×1.5%＝1,018,056（元）

資金合計＝67,870,400＋16,967,600＋14,422,460＋260,000＋678,704＋678,704
　　　　＋339,352
　　　　＋1,018,056
　　　　＝102,235,276（元）

(11) 資金成本＝102,235,276×40%×5.8%×1.5＋102,235,276×60%×5.8%×0.5
　　　　＝3,823,111.57＋1,911,555.79
　　　　＝5,336,681.4（元）

(12) 重置成本＝設備到岸價＋關稅＋增值稅＋銀行財務費＋外貿手續費＋國內運雜費
　　　　＋安裝費＋基礎費＋資金成本
　　　　＝67,870,400＋16,967,600＋14,422,460＋260,000＋678,704＋678,704
　　　　＋339,352＋1,018,056＋5,336,681.4
　　　　＝107,571,957.4（元）

【思考】進口設備的從屬費用都包括哪些項目？

6.2.3.6 注意的問題

(1) 選擇復原重置成本還是更新重置成本。

一般來說，在技術進步快，技術進步因素對設備價格的影響較大，或者說被評估的設備被淘汰（原企業不再生產）的情況下，應該選擇計算更新重置成本。復原重置

成本一般只在兩種情況下適用：一種是技術進步慢或剛購置的設備，另一種是自製非標準設備。前者是由於無形損耗小，對設備的價格影響不大；後者是由於缺乏可以參照的技術先進的設備。當然，如果可以取得更新的自製非標準設備的製造成本資料，則其更新的重置成本也能測算。

（2）機器設備重置成本的構成。

重置成本一般包括重新購置或建造與評估對象功效相同的全新設備所需的一切合理的直接費用和間接費用及因占用資金而發生的成本。直接費用是由基礎費用（設備的購置價或建造價）和其他費用（如設備的運雜費、安裝調試費用、基礎費、稅金等）構成的。間接費用通常是指為購置建造設備而發生的各種管理費用、總體設計制圖費用以及人員培訓費用等。間接成本和資金成本有時不能對應到每一臺設備上去，它們是為了整個項目發生的，在計算每臺設備的重置成本時一般要按比率攤入。由於設備的取得方式和渠道不同，設備自身的構成也不同，在評估時需根據被評估資產是外購還是自製的、是國產還是進口的、是單臺的還是成套的設備來決定其構成。

6.2.4 機器設備各項貶值的估算

6.2.4.1 實體性貶值的估算

（1）實體性貶值的定義。

機器設備的實體性貶值也稱為有形磨損。設備運行中，零部件受到摩擦、衝擊、振動或交變載荷的作用，會產生磨損、疲勞等破壞，導致零部件的幾何尺寸發生變化，精度降低，壽命縮短，等等；設備在閒置過程中，由於受自然界中的有害氣體、雨水、射線、高溫、低溫等的影響，會出現腐蝕、老化、生鏽、變質等現象。設備在使用過程中和閒置存放過程中所產生的上述磨損稱為有形磨損，前者稱為第Ⅰ種有形磨損，後者稱為第Ⅱ種有形磨損。與第Ⅰ種有形磨損和第Ⅱ種有形磨損相對應，分別稱為第Ⅰ種實體性損耗和第Ⅱ種實體性損耗。

設備實體性貶值的程度可以用設備的價值損失與重置成本之比來反應，稱為實體性貶值率。全新設備的實體性貶值率為0，完全報廢且無任何利用可能的設備的實體性貶值率為100%。評估師可根據設備的狀態來判斷貶值程度。成新率是反應機器設備新舊程度的指標，或理解為機器設備現實狀態與設備全新狀態的比率。二者的關係如下：

成新率＝1－實體性貶值率

（2）實體性貶值的估算方法。

設備實體性貶值常用的確定方法有：觀察法、比率法和修復費用法。

①觀察法。

該方法是指評估人員在現場對設備進行技術檢測和觀察，結合設備的使用時間、實際技術狀況、負荷程度、製造質量等經濟技術參數，進行綜合分析後估測機器設備的貶值率或成新率的一種評估方法。

在用觀察法評估時要觀察和收集以下方面的信息：設備的現時技術狀況、設備的實際已使用時間、設備的正常負荷率、設備的維修保養狀況、設備的原始製造質量、

設備的重大故障經歷、設備大修技改情況、設備工作環境和條件、設備的外觀和完整性。

除此之外，在實際判斷機器設備實體性貶值率時，評估人員還必須與操作人員、維修人員、設備管理人員進行溝通，聽取他們的介紹和評價，加深對設備的瞭解；對所獲得的有關設備狀況的信息進行分析、歸納、綜合，依據經驗判斷設備的磨損程度及貶值率；有時也使用一些簡單的檢測手段獲取精度等方面的指標，但是這些指標一般並不能直接表示設備損耗量的大小，只能作為判斷貶值的參考。表 6.16 為實體性貶值率評估的參考表。

表 6.16　機器設備實體性貶值率評估參考表

設備類別	實體性貶值率（％）	狀態說明	成新率（％）
新設備及使用不久的設備	0～10	全部或剛使用不久的設備，在用狀態良好，能按設計要求正常使用，無異常現象	100～90
較新設備	11～35	已使用一年以上或經過第一次大修恢復原設計性能使用不久的設備，在用狀態良好，能滿足設計要求，未出現較大故障	89～65
半新設備	36～60	已使用二年以上或經過大修後已使用一段時間的設備，在用狀態良好，基本上能達到設備設計要求，滿足工藝要求，需要經常維修以保證正常使用	64～40
舊設備	61～85	已使用較長時間或經過幾次大修，目前仍能夠使用的設備，在用狀態一般，性能明顯下降，使用中故障較多，經維修後仍能滿足技術工藝要求，可以安全使用	39～15
報廢待處理的設備	86～100	已超過規定使用年限或性能嚴重劣化，目前已不能正常使用或停用，即將報廢更新	14～0

通過對設備的簡單觀察來判斷設備的狀態及貶值率往往不夠準確，為了提高判斷的準確性，對重點大型設備可採用專家判斷法、德爾菲法等。專家判斷法是一種簡單的直接觀察法，主要通過信號指標、專家感覺（視覺、聽覺、觸覺），或借助少量的檢測工具，憑藉經驗對鑒定對象的狀態、損耗程度等做出判斷。在不具備測試條件的情況下，常使用專家判斷法。德爾菲法是在個人判斷和專家會議的基礎上形成的另一種直觀判斷方法。它是採用匿名方式徵求專家的意見，並將他們的意見進行綜合、歸納、整理，然後反饋給各位專家，作為下一輪分析判斷的依據，通過幾輪反饋，直到專家的意見逐步趨向於一致為止。

②比率法。

比率法是指通過對一臺設備的使用情況或壽命進行分析，綜合設備已完成的工作量（或已使用年限）和還能完成的工作量（或尚可使用年限），通過計算比率，確定有形損耗率。

在實際操作中，比率法又常常分為工作量比率法和役齡比率法：

工作量比率法。由於設備的使用情況與實體性貶值有密切的關係，所以設備的有

形損耗率可簡化為下面的公式：

$$有形損耗率 = \frac{已完成工作量}{可完成工作量} = \frac{已完成工作量}{已完成工作量 + 尚可完成工作量}$$

【例6-13】某設備預計可生產產品500,000件，現在已生產150,000件，則該設備的有形損耗率計算過程如下：

該設備的有形損耗率 = 150,000÷500,000×100% = 30%

如果此設備已生產了500,000件產品，但因為維護良好或進行過大修，各種損耗已得到補償，預計還可再生產200,000件，這時其有形損耗率計算過程為：

$$有形損耗率 = \frac{500,000}{500,000 + 200,000} \times 100\% = 71\%$$

對運輸車輛的已完成工作量和尚可完成工作量的使用上，可用已行駛千米數和尚可行駛千米數替代。

役齡比率法（或稱年限法）。如果工作量法中的計量單位是時間，通常用年表示。將設備從開始投入使用至評估基準日所經歷的實際工作時間稱為設備的有效役齡，則設備的有形損耗率和成新率的估算公式分別為：

$$有形損耗率 = \frac{有效役齡}{有效役齡 + 尚可使用年限} = \frac{有效役齡}{總使用年限}$$

$$成新率 = \frac{尚可使用年限}{有效役齡 + 尚可使用年限} = \frac{總使用年限 - 有效役齡}{總使用年限}$$

從上述公式可知，使用役齡比率法估測設備的有形損耗率涉及三個基本參數：設備的總使用年限、設備的尚可使用年限和設備的役齡。為了合理確定這三個基本參數，需要介紹幾個有關設備壽命的基本概念。

物理壽命，即機器設備從開始使用到不能正常工作而予以報廢所經歷的時間。物理壽命的長短取決於機器設備製造質量、使用強度、使用環境、保養和維護情況。有些設備可以通過恢復性修理來延長其物理壽命。

技術壽命，即機器設備從開始使用到技術過時被淘汰所經歷的時間。技術壽命很大程度上取決於技術進步和技術更新的速度和週期。

經濟壽命，即機器設備從開始使用到經濟上不合算而停止使用所經歷的時間。所謂經濟上不合算，即使用該設備不能獲得收益。機器設備的經濟壽命不但受機器本身的物理性能、技術進步速度、機器設備的使用情況的影響，而且還與原始投資成本、維護使用費用以及外部經濟環境變化等都有直接聯繫。

下面，分別對使用役齡比率法中三個基本參數選擇做出說明：

第一個基本參數：有效役齡。通常情況下它與日曆役齡（或稱名義已使用年限）並不完全相同。

有效役齡 = 日曆役齡×設備利用率

有些設備利用率為實際工作時間與額定工作時間之比，額定工作時間隨設備種類不同而不同，這時設備利用率為：

$$\eta = \frac{至評估基準日累計實際工作時間}{至評估基準日累計額定工作時間}$$

式中，η 為設備利用率，$\eta < 1$，表示設備開工不足，有效役齡小於日曆役齡；$\eta > 1$，表示設備超負荷運行，有效役齡大於日曆役齡；$\eta = 1$，表示設備能按設計要求正常運行、維護，有效役齡等於日曆役齡。

有些設備的利用率並不一定與時間相關，如連續生產設備等，可根據實際使用負荷與額定負荷的關係來確定，這時設備利用率為：

$$\eta = \left(\frac{設備實際使用負荷}{設備額定負荷}\right)^x$$

式中，x 為規模經濟效益指數。

有效役齡實際是對機器設備磨損程度的一種度量，而機器設備的磨損常常是可以通過更換部件予以修復的，或者通過添加一些新的裝置來改善它的功能。這時採用上述方法計算有效役齡就不可能真實反應設備的磨損情況。因此，對多次投資形成的機器設備可通過估算加權投資年限來替代有效役齡，計算公式為：

加權投資年限=∑（復原或更新重置成本×投資年限）÷∑復原或更新重置成本
實體性貶值率=加權投資年限÷（加權投資年限+尚可使用年限）×100%
成新率=尚可使用年限÷（加權投資年限+尚可使用年限）×100%

【例6-14】被評估設備購置於2007年，原始價值為30,000元，2012年和2015年進行過兩次更新改造，主要是添置一些自動化控制裝置，費用分別為3,000元和2,000元。2017年對該資產進行評估，假設從2007—2017年每年的價格上升率為10%，該設備的尚可使用年限經檢測和鑒定為6年，求該設備的成新率。

第一，估算設備復原重置成本，如表6.17所示。

表6.17 設備復原重置成本估算過程

投資日期	原始投資額（元）	價格變動系數	復原重置成本（元）
2007年	30,000	$(1+10\%)^{10}=2.60$	78,000
2012年	3,000	$(1+10\%)^{5}=1.61$	4,830
2015年	2,000	$(1+10\%)^{2}=1.21$	2,420
合計	35,000		85,250

第二，估算設備加權重置成本，如表6.18所示。

加權重置成本 = ∑（復原重置成本 × 投資年限）

表6.18 設備加權重置成本估算過程

投資日期	復原重置成本（元）	投資年限	復原重置成本×投資年數（元）
2007年	78,000	10	780,000
2012年	4,830	5	24,150
2015年	2,420	2	4,840
合計	85,250		808,990

第三，計算加權投資年限。

加權投資年限 = 808,990÷85,250 = 9.5（年）

加權投資年限為 9.5 年，即被評估設備的有效役齡。若此時設備的利用率不等於 1，還需進行修正。

第四，計算設備成新率。

該設備成新率 = 6÷（9.5+6）×100% = 39%

第二個基本參數：尚可使用年限。設備的尚可使用年限是指設備於評估基準日後的剩餘使用壽命。嚴格地講，通過對設備進行技術檢測和專業技術鑒定，確定其尚可使用的物理年限，並結合委估設備的尚可使用技術年限和尚可使用經濟年限，採用技術經濟分析方法來估測尚可使用年限。實際上在評估中要對每一臺設備進行這種分析是難以做到的，往往只對價值較大的少數關鍵設備使用這種分析方法。而對大量的一般設備，可採用下述一些變通的替代方法：

第一，對於較新且使用維護正常的設備，可用設備的總使用年限減去設備的實際已使用年限，得到設備的尚可使用年限。

第二，對那些已接近、甚至超過總使用年限的設備，可以通過專業技術人員的判斷，直接估算尚可使用年限。

第三，對那些不準備通過大修理繼續使用的設備，可以利用設備下一個大修理週期作為設備尚可使用年限的上限減去設備上一次大修至評估基準日的時間，餘下的時間便是其尚可使用年限。

第四，對有些需要多次更換部件才能維持正常運行的設備，可根據構成機器設備各個部位的尚可使用年限及更換部件的投資，計算出加權尚可使用年限，作為評估時的尚可使用年限，計算公式為：

$$加權尚可使用年限 = \frac{\sum(復原或更新重置成本 \times 尚可使用年限)}{\sum 復原或更新重置成本}$$

第五，對於國家明文規定限期淘汰、禁止超期使用的設備，如嚴重污染環境、高能耗等設備，不論設備的現時技術狀態如何，其尚可使用年限不能超過國家規定禁止使用的日期。

第三個基本參數：總使用年限（也稱預計使用年限）。機器設備的總使用年限是指機器設備的使用壽命。前述機器設備的壽命有物理壽命、技術壽命和經濟壽命三種，到底以何種壽命作為總使用年限，是一個比較複雜的問題，存在一定爭議。

如果能夠合理地確定機器設備的尚可使用年限，以設備的實際已使用年限（有效役齡）與設備的尚可使用年限之和作為設備的總使用年限，在目前情況下更易於操作，也更合理。只是在較新設備評估中需要確定設備的總使用年限，這時可用設備的設計壽命替代。

③修復費用法。

修復費用法是根據修復設備磨損部件所需要的費用數額來確定機器設備實體性貶值及成新率的方法。它適用於機器設備某些特定結構部件已經被磨損，但能夠以經濟

上可行的辦法修復的情形，對機器設備來說，修復費用包括主要零部件的更換或者修復、改造等方面的費用。修復費用法的計算公式為：

實體性貶值＝修復費用

$$成新率 = 1 - \frac{修復費用}{重置成本}$$

在使用這種方法時，應注意以下兩點：

第一，應當將實體性損耗中的可修復損耗和不可修復損耗區別開來。兩者之間根本的不同點就是可修復的實體性損耗不僅在技術上具有修復的可能性，而且在經濟上是合算的；不可修復的實體性損耗則無法以經濟上合算的辦法修復。於是，對於不可修復的損耗按觀察法或使用年限法進行評估，可修復的損耗則按修復費用法評估。

實體性貶值＝修復費用＋不可修復部分的實體性貶值

第二，應當將修復費用中用於修復設備實體與對設備技術更新和改造的支出區別開來。由於機器設備的修復往往同功能改進一併進行，這時的修復費用很可能不全用在實體性損耗上，而有一部分用在功能性貶值因素上。因此，在評估時應注意不要重複計算機器設備的功能性貶值。

【例6-15】對某企業的一臺加工爐進行評估，該加工爐以每週7天、每天24小時工作的方式連續運轉。經現場觀察並與操作人員和技術人員進行交談，瞭解到這臺設備是8年前安裝的，現在需要對爐內的耐火材料、一部分管道及外圍設備進行更換。如果更換耐火材料、管道和外圍設備，該加工爐就能再運轉15年。經與設備維修和技術部門討論，更換耐火材料需投資15萬元，更換管道及外圍設備需投資7萬元，共計22萬元。該加工爐的重置成本為160萬元。試估測該加工爐的實體性貶值及成新率。

第一，估測不可修復部分的重置成本：
不可修復部分的重置成本＝重置成本－可修復的實體性損耗＝160－22＝138（萬元）
第二，計算不可修復部分的損耗率和損耗額：
損耗率＝8÷（8＋15）＝34.78%
損耗額＝138×34.78%＝48（萬元）
第三，計算實體性貶值及成新率：
實體性貶值＝22＋48＝70（萬元）

$$成新率 = 1 - \frac{22+48}{160} \times 100\% = 56.25\%$$

上述三種估測實體性貶值及成新率的方法，在資料信息充足並有足夠時間進行分析時都是行之有效的。但評估時很難做到同時運用三種方法，只能根據實際情況和所能掌握的有關資料選擇合適的某一種方法。在評估時還應注意，採用某一方法計算得出的成新率是否包含了功能性貶值和經濟性貶值的因素，以避免功能性貶值和經濟性貶值的重複計算和漏評。

（3）估算機器設備的實體性貶值應注意的問題。

估算設備實體性貶值的方法可以根據信息資料的獲得情況、被評估設備的具體特點以及評估人員的專業知識和經驗來確定。一般情況下，在信息資料充分的情況下，

同時運用多種方法估算實體性損耗，並且互相核對，在核對的基礎上根據孰低原則確定成新率。也可在有充分依據的前提下，採用加權平均法確定成新率。例如，成新率＝觀察法成新率×60%＋使用年限法成新率×40%。

在估算實體性損耗時，要注意其中是否含有功能性損耗或其他損耗因素，以避免發生重複扣減的問題。

6.2.4.2 功能性貶值的估算

機器設備功能性貶值是指由技術進步導致的設備貶值。它包括新技術引起的設計、材料及加工工藝的改變，從而導致老設備的相對能力過剩、能力不足、結構過多、功能短缺以及可變營運成本的過高等。

功能性貶值在評估時通常歸納成兩種表現形式：

第Ⅰ類功能性貶值。由於技術進步，勞動生產率得到提高，製造與原功能相同設備的社會必要勞動時間減少，再加上材料的節約、工藝的改進，從而使成本降低，造成原有設備的貶值。具體表現為原有設備價值中有一部分超額投資成本將不被社會所承認。

第Ⅱ類功能性貶值。由於技術進步，出現了新的、性能更優的設備，致使原有設備的功能相對新式設備已經落後，從而引起貶值。具體表現為與新式設備相比，原有設備完成相同生產任務時，消耗相對增加，形成了一部分超額營運成本。

原有設備的超額投資成本和超額營運成本便是機器設備的功能性貶值。

(1) 第Ⅰ類功能性貶值的估算。

超額投資成本形成的功能性貶值，即設備的復原重置成本與更新重置成本之間的差額，計算公式為：

設備超額投資成本＝設備復原重置成本－設備更新重置成本

在設備功能相同的情況下，由於技術進步，更新重置成本應該小於其復原重置成本。評估機器設備時直接使用設備的更新重置成本，其實就已經將被評估設備價值中所包含的超額投資成本剔除掉了，不必再通過尋找設備的復原重置成本與更新重置成本，以計算其差額的途徑去獲取設備的超額投資成本。因此，在機器設備評估時，其重置成本應盡量選取更新重置成本。

在評估的實際過程中，被評估的設備可能已經停止生產，評估時只能參照其替代設備。而這些替代設備的特性和功能通常要比被評估設備更先進、更好，其價格通常也會高於被評估設備的復原重置成本。這樣一來，就可能出現設備更新重置成本大於設備復原重置成本的情形（當然是相對的），上式得出的結果就會是負值。對此不必產生疑慮，其更新重置成本大於其復原重置成本的部分將在營運成本節約中得到抵償。

(2) 第Ⅱ類功能性貶值的估算。

超額營運成本形成的功能性貶值，從理論上講，就是設備在未來使用過程中產生的超額營運成本的現值。通常可以按下面的步驟測算：

第一，選擇參照物，並將參照物的年操作營運成本與被評估設備的年操作營運成本進行對比，找出兩者之間的差別及年超額營運成本額。

第二，估測被評估設備的剩餘使用年限或工作量。

第三，按企業適用的所得稅率計算被估設備超額營運成本抵減的所得稅，得出被評估設備的年超額營運成本淨額。

第四，選擇適當的折現率，將被評估設備在剩餘使用年限中的每年超額營運成本淨額折現，累加計算被估機器設備的功能性貶值。

【例6-16】某煉油廠鍋爐正常運轉需8名操作人員，每名操作人員平均每月的工資及福利費約為2,000元，鍋爐的年耗電量為12萬千瓦·時。目前相同功能的新式鍋爐運行只需5名操作人員，年耗電量為8萬千瓦·時，電的價格為1.3元/千瓦·時，被評估鍋爐的尚可使用年限為6年，所得稅稅率為25%，適用的折現率為10%。試評估該鍋爐在剩餘壽命年限內的功能貶值額。

根據上述數據資料，對被評估鍋爐超額營運成本引起的功能性貶值估測如下：

被評估鍋爐的年超額營運成本為：

年超額營運成本 = 2,000×12×（8-5）+1.3×（120,000-80,000）= 20,000（元）

被評估鍋爐的年淨超額營運成本為：

年淨超額營運成本 = 20,000×（1-25%）= 15,000（元）

被評估鍋爐在剩餘壽命年限內的功能性貶值額為：

功能性貶值額 = 15,000×（P/A, 10%, 6）= 15,000×4.355,3 = 65,329.5（元）

（3）功能性貶值估算中應注意的幾個因素。

在機器設備評估過程中，功能性貶值估算主要是在成本法中應用，因為在市場法和收益法中，功能性貶值因素已被綜合考慮了。但是，在使用成本法時，功能性貶值的估算也應注意以下幾點：

①如果在評估時採用的是復原重置成本，一般應考慮功能性貶值。例如，下列兩種情況均需單獨估算功能性貶值：其一，通過物價指數調整被評估機器設備的歷史成本來得到重置成本；其二，通過細分求和法計算被評估設備所用的原材料、人工、能源消耗以及用固定成本和間接成本之和來計算重置成本。

②對於採用了更新重置成本的設備，有時也要考慮其營運性的功能性貶值。這是因為現在許多新型設備不僅購置價比同功能的舊設備低，而且在營運時操作成本也低，如電腦。

③功能性貶值的扣除問題。在評估機器設備時，功能性貶值可以有兩種扣除方式：

其一，若重置成本採用的是更新重置成本，則：

設備評估值 = 更新重置成本 - 實體性貶值 - 超額營運成本

或者，

設備評估值 = 更新重置成本×成新率 - 超額營運成本

其二，若重置成本採用的是復原重置成本，則：

設備評估值 = 復原重置成本 - 實體性貶值 - 超額投資成本與超額營運性成本的代數和

或者，

設備評估值 = 復原重置成本×成新率 - 超額投資成本與超額營運成本的代數和

④在評估實務中，被評估的設備可能已經停止生產，此時評估只能參照其替代設備，而這些替代設備的特性和功能通常要比被評估設備更先進，其價格通常也會高於被評估設備的復原重置成本（例如，使用價格指數法調整得到的重置成本）。這樣一來，就可能會出現設備更新重置成本大於設備復原重置成本的情形，前述公式得出的結果就會是負值。但在一般情況下，更新重置成本大於復原重置成本的部分將在營運成本節約上得到抵償。但如果出現這種情況，評估師就要予以充分重視。

6.2.4.3 經濟性貶值的估算

（1）機器設備經濟性貶值的引發因素及估算方法。

機器設備的經濟性貶值是指由外部因素引起的貶值。這些因素包括：由於國家有關能源、環境保護等政策限制使設備強制報廢，縮短了設備的正常使用壽命；原材料、能源等提價，造成成本提高，而生產的產品售價沒有相應提高；市場競爭加劇，產品需求減少，導致設備開工不足，生產能力相對過剩；等等。

①使用壽命縮短。

引起機器設備使用壽命縮短的外部因素主要是國家有關能源、環境保護等方面的法律、法規及政策限制。尤其近年來，由於環境污染問題日益嚴重以及對部分行業規模的控制力度加強，使得部分設備不得不在國家規定的限期內實行強制淘汰，而且不得再次利用，導致設備的正常使用壽命被縮短。

②市場競爭的加劇。

一方面，市場競爭的加劇，會減少產品的銷售數量，引起設備開工不足，生產能力相對過剩，導致經濟性貶值。貶值的計算可採用規模經濟效益指數法，計算公式為：

$$經濟性貶值率 = \left[1 - \left(\frac{設備預計可被利用的生產能力}{設備原設計生產能力}\right)^x\right] \times 100\%$$

經濟性貶值額 =（重置成本−實體性貶值−功能性貶值）×經濟性貶值率

另一方面，受企業外部因素影響，雖然設備生產負荷並未降低，但原材料漲價、勞動力費用上升情況會導致生產成本提高或迫使產品降價銷售，均可能使設備創造的收益減少，使用價值降低，進而引起設備的經濟性貶值，計算公式為：

經濟性貶值額 = 設備年收益損失額 ×（1−所得稅稅率）×（$P/A, r, n$）

【例6-17】某企業建設了一條生產線。購置時設計生產能力為每天生產1,600件產品，設備狀況良好，技術先進。由於市場競爭加劇，該生產線開工不足，每天只生產1,200件產品。經評估，該生產線的重置成本為800萬元，規模經濟效益指數取0.7。如不考慮實體性貶值，試估算該生產線的經濟性貶值額。

經濟性貶值率 = [1−(1,200÷1,600)$^{0.7}$] ×100% = 18.2%

經濟性貶值額 = 800×18.2% = 145.6（萬元）

【例6-18】某家電生產企業的年生產能力為10萬臺，由於市場競爭加劇，該廠家產品銷售量銳減。如果該企業不降低生產量，就必須降價銷售該家電產品。假設原來產品的銷售價為2,000元/臺，今後要繼續保持10萬臺的銷售量，產品售價需降至1,900元/臺，即毛利損失為100元/臺。經估測，該生產線可以繼續使用3年。若折現

率為10%，試估算該生產線的經濟性貶值額。

根據上述公式和有關資料，計算該設備的經濟性貶值額：

經濟性貶值額＝（100×100,000）×（1-25%）×（P/A，10%，3）

＝7,500,000×2.486,9

＝18,651,750（元）

③其他類型的經濟性貶值。

其他類型的經濟性貶值是指受節能、環境保護等法規、政策限制而造成的經濟性貶值。

隨著節能和環保方面的規定越來越嚴格，有些機器設備在運行中會因高能耗或產生污染環境的有害氣體、液體、固體等，設備的使用會受到一定的約束和管制，機器設備的使用價值受到影響。因此，在被評估設備受到以上限制時，必須考慮法規對被評設備價值的影響，否則評估結果就不能全面反應被評資產的價值。

評估時首先要根據被評設備所在的具體環境判斷其是否受相關法規條款的限制和影響；其次是從專業的角度確定造成污染的種類、程度或數量，以便估算處理污染物所需的費用、不處理時所受的懲罰或消除污染所需的成本等；最後把這些影響計入評估結果。

下列三種情況是比較常見的：

第一，限制設備的使用期限。例如，規定某類設備只能使用到某年某月，這種強制性規定縮短了設備的尚可使用年限，從而造成經濟性貶值，可以通過縮短尚可使用年限進行扣除。

第二，高能耗或產生污染的設備可以繼續使用，但要繳納罰金。這種處罰增加了營運資本，從而造成了經濟性貶值。這時，可將年繳納的罰金視為年營運成本的增加，按一定的折現率計算出尚可使用年限內罰金的累計淨現值，予以扣除。

第三，必須立刻糾正，否則不準使用。這種情況下必須支出一筆設備改造成本，改造成本通常需要採用一定的方式在正常評估結果中予以扣除。

（2）估測機器設備經濟性貶值時注意事項。

在估測設備的經濟性貶值時，必須注意以下幾點：

經濟性貶值是由外界因素造成的。如果一個工廠是因為某些設備自身的原因不能按原定生產能力生產，那麼這樣的能力閒置就可能是有形損耗的結果；如果是因為工廠內部的生產能力不均衡，如同樣的人力、物力消耗，生產能力卻不同，那麼這樣的能力閒置就可能是功能性貶值問題。

在實際評估工作中，機器設備的經濟性貶值和功能性貶值有時是可以單獨估測的，有時不能單獨估測。這主要取決於在設備的重置成本和成新率的測算中考慮了哪些因素。因此，在具體運用重置成本法評估機器設備時，應時刻注意這一點，避免重複扣減貶值因素以及漏評貶值因素。

設備的生產能力與經濟性貶值是指數關係，而非線性關係。

【思考】產生實體性貶值、功能性貶值和經濟性貶值的原因分別是什麼？請列舉各種貶值在現實生產生活中的表現。

6.2.4 成本法應用舉例

【例6-19】被評估設備購置於2009年,帳面價值為100,000元,2014年進行了技術改造,追加技術改造投資50,000元。2019年對該設備進行評估,根據評估人員的調查分析得到以下數據:2009—2019年該類設備每年價格上升10%;該設備的月人工成本比其他同類設備高1,000元;被評估設備所在企業的正常投資報酬率為10%,規模經濟效益指數為0.7,所得稅稅率為25%;該設備在評估前使用期間的實際利用率僅為正常利用率的50%,經技術檢測,該設備尚可使用5年,在未來5年中,設備利用率能夠達到設計要求。

根據上述條件,估測該設備的有關參數和評估值。

1. 設備重置成本的計算

重置成本 = 100,000×(1+10%)^{10}+50,000×(1+10%)^5 = 339,899.75(元)

加權重置成本 = 100,000×(1+10%)^{10}×10+50,000×(1+10%)^5×5
　　　　　　 = 2,996,396.96(元)

2. 加權投資名義年限的計算

加權投資名義年限 = 2,996,396.96÷339,899.75 = 8.82(年)

3. 加權投資實際年限的計算

加權投資實際年限 = 8.82×50% = 4.41(年)

4. 成新率的計算

成新率 = [5÷(4.41+5)]×100% = 53.14%

5. 功能性貶值額的計算

功能性貶值額 = 1,000×12×(1-25%)×(P/A,10%,5) = 34,117.2(元)

6. 經濟性貶值率的計算

該設備在評估後的設計利用率可以達到設計要求,故經濟性貶值率為0。

7. 設備評估值的計算

設備評估值 = 339,899.75×53.14%-34,117.2 = 146,505.53(元)

6.3 市場法在機器設備評估中的應用

6.3.1 市場法的基本思路

機器設備評估中的市場法是以近期市場上相同或相類似設備的交易價格為基礎,通過對影響評估對象設備與參照物價格的各種因素進行對比分析,將參照物的市場交易價格修正為評估對象價值的評估思路和方法。

市場法中的相同或相類似設備主要指機器設備的功能、規格型號等方面相同或相類似,近期交易是指距評估基準日較近的交易時間,影響評估對象設備與參照物價格的各種因素一般包括交易情況因素、資產狀況因素、交易時間因素、交易地點因素等。

市場法評估的基本公式為：

評估值＝參照物交易價格×交易情況修正係數×資產狀況修正係數×交易時間修正係數×交易地點修正係數

對於交易情況修正，通常以評估對象的交易情況為正常交易，採取對參照物交易情況進行分析打分的方法確定修正係數；對於資產狀況修正，可根據評估對象的具體情況，分別確定品牌、功能、新舊程度等方面的修正係數。對於交易時間修正，可採用價格指數法確定其修正係數，或者由評估人員通過市場案例調查確定其修正係數；對於交易地點修正，可以根據評估對象交易地點與參照物交易地點同類新設備價格的比確定修正係數，如果二者交易地點相同，則交易地點修正係數可以確定為1。

6.3.2　市場法的適用範圍和前提條件

市場法主要適用於機器設備變現價值評估，不適用於機器設備的原地續用價值評估。變現價值與原地續用價值的不同不僅在於價值構成項目，更主要的是受市場因素影響的程度不同。應用市場法估價必須具備以下前提條件：

6.3.2.1　存在一個充分發育活躍的機器設備交易市場

充分發育活躍的機器設備交易市場是運用市場法的基本前提。充分發育活躍的機器設備交易市場應包括3種市場：全新機器設備市場，是常規性的生產資料市場；二手設備市場，即設備的舊貨市場；設備的拍賣市場。

這3種市場中影響設備交易價格的因素各不相同，而二手設備市場是否活躍和發達是運用市場法的首要前提。從地域角度來看，機器設備市場還可分為地區性市場、全國性市場和世界性市場，地域因素也會對機器設備的交易價格產生影響。

6.3.2.2　能夠找到與被評估設備相同或相類似的參照物設備

在機器設備市場中與被評估對象完全相同的資產是很難找到的，一般是選擇與被評估設備相類似的機器設備作為參照物。參照物與被評估機器設備之間不僅在用途、性能、規格、型號、新舊程度等方面應具有可比性，而且在交易背景、交易時間、交易目的、交易數量、付款方式等方面具有可比性，這是決定市場法運用與否的關鍵。

6.3.3　市場法的評估步驟

運用市場法對機器設備進行評估，通常採取以下步驟進行操作：

6.3.3.1　收集有關機器設備的交易資料

市場法的首要工作就是在掌握被評估設備基本情況的基礎上，進行市場調查，收集與被評估對象相同或類似的機器設備交易實例資料。所收集的資料一般包括設備的交易價格、交易日期、交易目的、交易方式、交易雙方情況以及機器設備的類型、功能、規格型號、已使用年限、實際狀態等。還應核查所收集的資料，以確保資料的真實性和可靠性。

6.3.3.2 選擇可供比較的交易實例作為參照物

在對所收集的資料進行分析整理後，按可比性原則，選擇所需的參照物。參照物選擇的可比性應注意兩個方面：一是交易情況的可比性，二是設備本身各項技術參數的可比性。這樣可以對被評估設備與參照物之間的差異進行比較、量化和調整。

6.3.3.3 量化和調整交易情況的差異

機器設備的交易價格會受到供求狀況、交易雙方情況、交易數量、付款方式等交易情況的影響。一般來說，在銷售設備時，如果有多個投資者競相購買，其價格必然要高；反之，價格就會降低。而只銷售一臺設備與同時銷售多臺設備相比，價格也會不一樣。另外，一次付款和分期付款銷售的價格也不相同。因此，應對上述因素進行分析，對由上述因素引起的價格偏高或偏低情況進行量化和修正。計算公式為：

$$交易情況調整後價值 = 參照物交易價格 \times \frac{正常交易情況值}{參照物交易情況值}$$

6.3.3.4 量化和調整品牌方面的差異

由於生產廠家和品牌的不同，同一類型設備的產品質量和銷售價格也會有所差別。名牌產品質量好、價格高，一般產品質量差一些，價格也低。因此在評估時應對這些影響因素進行量化處理，剔除其對交易價格的影響。計算公式為：

$$品牌差異調整後價值 = 參照物交易價格 \times \frac{全新被評估設備交易價格}{同型號全新參照物交易價格}$$

6.3.3.5 量化和調整功能方面的差異

機器設備規格型號及結構上的差異會集中反應在設備間的功能和性能的差異上，如生產能力、生產效率、營運成本等方面的差異。運用功能價值法和超額營運成本折現法等可以將被評估機器設備與參照物在結構、規格型號、性能等方面的差異進行量化和調整，計算公式為：

$$功能差異調整後價值 = 參照物交易價格 \times \left(\frac{被評估設備生產能力}{參照物生產能力}\right)^x$$

式中，x 為功能價值指數，x 的取值範圍通常為 0.6~0.7。

6.3.3.6 量化和調整新舊程度方面的差異

評估時，被評估機器設備與參照物在新舊程度上往往不一致，評估人員應對被評估設備與參照物的使用年限、技術狀態等情況進行分析，估測其成新率。比較而言，對被評估對象成新率的估測相對容易，關鍵是要對參照物的成新率進行客觀判定。如有條件，應對參照物進行技術檢測和鑒定，確定其成新率；如無條件，可採用年限法估測。取得被評估設備和參照物的成新率後，可採用下列公式調整差異：

$$新舊程度差異調整後價值 = 參照物交易價格 \times \frac{被評估設備成新率}{參照物成新率}$$

6.3.3.7 量化和調整交易日期的差異

在選擇參照物時應盡可能選擇離評估基準日較近的交易實例，這樣可以免去交易

時間因素差異的調整。如果參照物交易時的價格與評估基準日交易價格發生變化,可利用同類設備的價格指數進行調整,計算公式為:

$$交易日期調整後價值 = 參照物交易價格 \times \frac{評估基準日同類設備價格指數}{參照物交易時同類設備價格指數}$$

6.3.3.8 確定被評估機器設備的評估值

對上述各差異因素進行量化調整後,便可得出初步評估結果。然後,對初步評估結果進行分析,採用算術平均法或加權平均法確定最終評估結果。如果所選擇的參照物的交易地點與評估對象設備不在同一地區,並且設備價格的地區差異較大,還應對區域因素進行修正。

【例6-20】對某企業一臺紡織機進行評估,評估人員經過市場調查,選擇本地區近幾個月已經成交的該類紡織機的3個交易實例作為比較參照物,被評估對象及參照物的有關情況如表6.19所示。

表6.19 3個交易實例的相關情況表

	參照物A	參照物B	參照物C	被評估對象
交易價格(元)	10,000	6,000	9,500	
交易狀況	公開市場	公開市場	公開市場	公開市場
生產廠家	上海	濟南	上海	沈陽
交易時間	6個月前	5個月前	1個月前	
成新率(%)	80	60	75	70

評估人員經過對市場信息進行分析得知,3個交易實例都是在公開市場條件下銷售的,不存在受交易狀況影響使價格偏高或偏低的現象,影響售價的因素主要是生產廠家(品牌)、交易時間和成新率。

(1) 生產廠家(品牌)因素分析和修正。經分析,參照物A和參照物C是上海一家紡織機械廠生產的名牌產品,其價格比一般廠家生產的紡織機高25%左右。則參照物A、參照物B、參照物C的修正系數分別為:100/125、100/100、100/125。

(2) 交易時間因素的分析和修正。經分析,評估時該類設備的價格水準與參照物A、參照物B、參照物C交易時相比分別上漲了18%、15%、3%。則參照物A、參照物B、參照物C的修正系數分別為:118/100、115/100、103/100。

(3) 成新率因素分析和修正。成新率修正系數為被評估設備成新率與參照物成新率的比值,參照物A、參照物B、參照物C成新率修正系數分別為:70/80、70/60、70/75。

(4) 計算參照物A、參照物B、參照物C的因素修正後價格,得出初評結果。

$$參照物A修正後的價格 = 10,000 \times \frac{100}{125} \times \frac{118}{100} \times \frac{70}{80} = 8,260 (元)$$

$$參照物B修正後的價格 = 6,000 \times \frac{100}{100} \times \frac{115}{100} \times \frac{70}{60} = 8,050 (元)$$

參照物 C 修正後的價格 = $9,500 \times \dfrac{100}{125} \times \dfrac{103}{100} \times \dfrac{70}{75} = 7,306$（元）

（5）確定評估值。對參照物 A、參照物 B、參照物 C 修正後的價格進行簡單算術平均，求得被評估設備的評估值。

設備的評估值 =（8,260+8,050+7,306）÷3 = 7,872（元）

【例 6-21】某被評估對象是 6 年前購進的生產 A 產品的成套設備，評估人員通過對該設備考察以及對市場同類設備交易情況進行瞭解，選擇了 2 個與被評估設備相類似的近期成交的設備作為參照物，參照物與被評估設備的相關資料見表 6.20。

表 6.20　2 個交易實例的相關情況表

序號	經濟技術參數	參照物 A	參照物 B	被評估對象
1	交易價格（元）	1,100,000	1,800,000	
2	銷售條件	公開市場	公開市場	公開市場
3	交易時間	10 個月前	2 個月前	
4	生產能力（臺/年）	40,000	60,000	50,000
5	已使用年限（年）	8	6	6
6	尚可使用年限（年）	12	14	14
7	成新率（%）	60	70	70

根據表 6.20 中資料及市場調查所掌握的其他資料進行評估，評估過程如下：

（1）交易時間因素的分析與量化。經調查分析，近 10 個月同類設備的價格變化情況大約是每月平均上升 0.5%。被評估對象與參照物 A、參照物 B 相比，價格分別上升了 5% 和 1%，則參照物 A、參照物 B 的交易時間因素修正系數為：

參照物 A 時間因素修正系數 = 105÷100 = 1.05

參照物 B 時間因素修正系數 = 101÷100 = 1.01

（2）功能因素的分析與差異量化。經分析，設備的功能與其市場售價呈指數關係，功能價值指數取 0.6，則參照物 A、參照物 B 的功能因素修正系數為：

參照物 A 功能因素修正系數 =（50,000÷40,000）$^{0.6}$ = 1.14

參照物 B 功能因素修正系數 =（50,000÷60,000）$^{0.6}$ = 0.90

（3）成新率的因素差異量化。根據資料，參照物 B 與被評估設備的成新率相同，修正系數為 1。參照物 A 的成新率修正系數為：

參照物 A 成新率修正系數 = 70%÷60% = 1.17

（4）調整差異，確定評估結果。對上述分析與量化的各種差異進行調整，參照物 A 和參照物 B 因素調整後的價格為：

參照物 A 價格 = 1,100,000×1.05×1.14×1.17 = 1,540,539（元）

參照物 B 價格 = 1,800,000×1.01×0.90×1 = 1,636,200（元）

（5）採用算術平均法計算評估值。被評估設備的評估值為：

設備評估值 =（1,540,539+1,636,200）÷2 = 1,588,370（元）

6.3.4 運用市場法評估機器設備的具體方法

6.3.4.1 直接比較法

直接比較法是根據與評估對象相同的市場參照物，按照參照物的市場價格來直接確定評估對象價值的一種評估方法。這種方法適用於在二手設備交易市場上能夠找到與評估對象相同的參照物，包括製造商、型號、出廠年代、實體狀態、成新率等方面。在這種情況下，一般可以直接使用參照物的價格。直接比較法比較簡單，對市場的反應較為客觀，能較為準確地反應設備的市場價值。

大多數情況下，要找到完全相同的兩臺設備是很困難的，這就需要對評估對象與參照物之間的細微差異做出調整。需要注意的是，評估對象與參照物之間的差異必須是很小的，價值量的調整也應該很小且容易直接確定，否則不能使用直接比較法。

6.3.4.2 相似比較法

相似比較法是以相似參照物的市場銷售價格為基礎，通過對效用、能力、質量、新舊程度等方面的比較，按一定的方法對其差異做出調整，從而確定評估對象價值的一種評估方法。這種方法與直接比較法相比，主觀因素更大，因為需要做更多的調整。這種方法可用以下公式進行計算：

評估價值＝參照物價格±被評估設備與參照物差異的量化合計金額

為減少差異調整的工作量，減少調整時因主觀因素產生的誤差，應盡可能做到：在選擇對象上，所選擇的參照物應盡可能與評估對象相似；在時間上，參照物的交易時間應盡可能接近評估基準日；在地域上，參照物與評估對象盡可能在同一地區。調整的因素和方法如下：

（1）製造商。不同生產廠家生產的相同產品，其價格往往是不同的，市場參照物應盡量選擇同一廠家的產品。如果無法選擇同一廠家生產的設備作為參照物，則需要對該因素進行調整。可以將新設備的價格差異率作為舊設備的調整比率。

（2）生產能力。生產能力是影響價格的重要因素，如果參照物與評估對象的生產能力存在差異，那麼需要做出調整。調整方法一般為兩種：一是按新設備的價格差異率調整，二是用規模經濟效益指數法調整。

（3）出廠日期和服役年齡調整。二手設備交易市場的成交價資料顯示，設備的出廠日期是影響設備價格的主要因素。表 6.21 是不同出廠年代的某類型設備的統計數據，可以得知二手設備的交易價格與出廠年代之間的相關性是比較強的。

表 6.21　不同出廠年限設備的成新率

序號	出廠年限（年）	成新率二手設備售價÷新設備價格
1	6	0.70
2	7	0.61
3	8	0.59
4	9	0.56

表6.21(續)

序號	出廠年限（年）	成新率二手設備售價÷新設備價格
5	10	0.50
6	11	0.48
7	12	0.48
8	13	0.44
9	14	0.42

（4）銷售時間。從理論上講，參照物價格應該是評估基準日價格，這一點較難做到。如果獲取的資料不是基準日價格，就應對其進行調整，計算公式為：

調整額＝參照物的售價×價格變動率

（5）地理位置。參照物與評估對象可能處於不同地域，這就形成地理位置差異。地理位置差異可能影響價格，因為評估對象需要發生部分拆卸和移動成本。

（6）安裝方式。安裝是影響價格的一個因素。如果參照物的價格是已拆卸完畢並在交易市場提貨的價格，而評估對象是安裝在原使用者所在的地點未進行拆卸的，則需要考慮該因素的影響，從參照物的價格中扣減拆卸設備所要發生的費用。

（7）附件。在設備市場上交易的設備，附件和備件情況差異較大，有些設備的附件占整機價值量的比例很大，評估人員應對參照物和評估對象的附件情況進行比較。尤其是一些老設備的附件以及易損備件等也是要考慮的重要因素，因為這些備件可能在市場上難以買到，如果出售方沒有足夠的備件，設備的價格會大大降低。

（8）實體狀態。設備的實體狀態會影響價格。由於設備的使用環境、使用條件各不相同，因此，實體狀態一般都有差異，需要對評估對象和市場參照物進行比較調整。這是比較過程中最困難的部分。即使目標資產的狀況很清晰，參照物的狀態有時也很難取得。這就有必要對參照物的實體狀態進行實體調查取證。

（9）交易背景。評估人員應瞭解參照物的交易背景，以及可能對評估目標價值產生的影響，瞭解的內容應包括購買和出售的動機、購買方和出售方是否存在關聯交易、購買方是最終用戶還是經銷商、出售商是原使用者還是經銷商、交易的數量等。上述因素可能對交易價格產生影響，特別是大型設備。

（10）交易方式。設備的交易方式包括在設備交易市場公開出售、公開拍賣、買賣雙方的直接交易等。交易方式不同其價格是不同的，設備的拍賣價格一般會低於設備交易的價格。如果評估人員評估的是設備的正常交易價格，則應選擇設備交易市場作為參照物市場；如果評估的是快速變現價值，則應選擇拍賣市場作為參照物市場。

（11）市場。設備交易市場所在地區不同，設備的交易價格可能是不同的；在同一地區而在不同的市場上進行交易的設備的價格也可能是不同的。例如，同一個地區的設備交易市場和設備拍賣市場的價格就是不同的。評估時應選擇相同交易市場的參照物。如果評估對象與參照物不在同一個市場，評估人員必須清楚兩個市場的價格差異，並且做出調整。

6.4 收益法在機器設備評估中的應用

6.4.1 收益法的基本思路

收益法是通過估算設備在未來的預期收益，並採用適當的折現率折算成現值，然後累加求和，得出機器設備評估值的方法。收益法要求被評估對象應具有獨立的、連續可計量的、可預期收益的能力。其基本計算公式為：

$$P = \sum_{i=1}^{n} \frac{F_i}{(1+r)^i}$$

式中，P 為評估值，F_i 為機器設備未來第 i 個收益期的預期收益額，r 為折現率，n 為收益期限。

或者，

$$P = A \times \sum_{i=1}^{n} \frac{1}{(1+r)^i} = \frac{A}{r} \times \left[1 - \frac{1}{(1+r)^n}\right]$$

式中，P 為評估值，A 為收益年金，r 為折現率，n 為收益期限。

6.4.2 收益法的適用範圍和前提條件

對單臺機器設備進行評估使用收益法，通常是不適用的，因為分別確定每臺設備的未來收益相當困難。如果把若干臺機器設備組成生產線，作為一個整體生產產品，它們就能為企業創造收益。在這種情況下，可以用收益法對這一組能產生收益的資產進行評估。此外，對於能夠產生租金收入的可供出租的設備也可以採用收益法進行評估。

使用收益法對機器設備進行評估的前提條件有兩個：一是能夠確定被評估機器設備的獲利能力、淨利潤或淨現金流量，二是能夠確定合理的資產折現率。

6.4.3 收益法的評估步驟

運用收益法評估機器設備（以租賃設備為例）的價值，應按下列步驟進行：

第一，對租賃市場上類似設備的租金水準進行調查。

第二，分析市場參照物設備的租金收入，經過比較調整後確定被評估設備的預期收益。調整的因素主要包括時間、地點、規格和使用年限等。

第三，根據類似設備的租金及市場價格確定折現率。

第四，根據被評估設備的預期收益、收益年限和折現率評估設備價值。

【例6-23】某有線網路公司有一條從 A 地到 B 地的光纖線路，某通信公司租賃該條光纖線路，租期為 10 年。試估算該光纖線路的價值。

分析：經調查，該光纖線路具有獨立獲利能力，因此可以採用收益法進行評估。評估人員從租賃市場瞭解到該類線路年租金為 80,000 元左右，折現率確定為 14.5%。

則該光纖線路的價值為：

$$P = \frac{A}{r} \times \left[1 - \frac{1}{(1+r)^i} \right] = \frac{80\,000}{14.5\%} \times \left[1 - \frac{1}{(1+14.5\%)^{10}} \right] = 409,273 \text{（元）}$$

【例6-24】運用收益法評估租賃設備價值。有關資料如下：

（1）被評估設備為某設備租賃公司的一臺大型機床，評估基準日以前的年租金淨收入為19,800元。市場調查顯示，與被評估設備規格型號相同、地點相同、新舊程度大致相同的設備的平均年淨租金為20,000元。

（2）評估人員根據被評估設備的現狀，確定該租賃設備的收益期為10年，假設收益期後該設備的殘值忽略不計。

（3）評估人員對類似設備交易市場和租賃市場進行了調查，得到的市場數據如表6.22所示。

表6.22　類似設備相關市場資料表

市場參照物	設備使用壽命（年）	市場售價（元）	年淨收益（元）	投資回報率（%）
A	10	84,610	21,000	24.82
B	10	83,700	20,000	23.89
C	8	76,500	19,000	24.84

根據3個市場參照物的投資回報率以及對3個參照物進行分析，顯示折現率為23.89%~24.84%，平均值是24.52%。

由此可得被評估設備的預期收益為20,000元，折現率為24.52%，收益年限為10年。將上述數據代入公式，求得被評估租賃設備的評估值為：

$$P = \frac{A}{r} \times \left[1 - \frac{1}{(1+r)^i} \right] = \frac{20\,000}{24.52\%} \times \left[1 - \frac{1}{(1+24.52\%)^{10}} \right] = 72,464 \text{（元）}$$

課後練習

一、單項選擇題

1. 機器設備本體的重置成本通常是指設備的（　　）。
   A. 購買價+運雜費　　　　　　　　B. 購買價+運雜費+安裝費
   C. 建造價+安裝費　　　　　　　　D. 購買價或建造價

2. 下列關於物價指數法說法正確的是（　　）。
   A. 一般應採用綜合物價指數
   B. 對進口設備所採用的物價指數應是國內物價指數
   C. 物價指數法得到的重置成本一般是更新重置成本
   D. 物價指數法得到的重置成本一般是復原重置成本

3. 設備的（　　）屬於進口設備的從屬費用。
   A. 到岸價　　　　　　　　　　　B. 離岸價
   C. 國內運雜費　　　　　　　　　D. 國外運雜費
4. 鑒定機器設備實際已使用年限不需要考慮的因素是（　　）。
   A. 技術進步因素　　　　　　　　B. 設備使用的日曆天數
   C. 設備的使用強度　　　　　　　D. 設備的維修保養水準
5. 設備的經濟壽命是指（　　）。
   A. 設備從開始使用到報廢為止的時間
   B. 設備從使用到營運成本過高而被淘汰的時間
   C. 設備從評估基準日到設備繼續使用在經濟上不劃算的時間
   D. 設備從使用到出現了新的技術性能更好的設備而被淘汰的時間
6. 機器設備評估最常採用的方法是（　　）。
   A. 成本法　　　　　　　　　　　B. 市場法
   C. 收益法　　　　　　　　　　　D. 物價指數法
7. 進口設備到岸價不包括（　　）。
   A. 離岸價　　　　　　　　　　　B. 國外運費
   C. 國外運輸保險費　　　　　　　D. 關稅
8. 自製設備自身購置價格的估測方法通常採用（　　）。
   A. 重置核算法　　　　　　　　　B. 市場詢價法
   C. 功能價值法　　　　　　　　　D. 價格指數法
9. 某設備的原購置價格為 30,000 元，當時的定基價格指數是 105%，評估時的定基價格指數是 115%，則評估時該設備自身購置價格為（　　）元。
   A. 32,857　　　　　　　　　　　B. 27,391
   C. 32,587　　　　　　　　　　　D. 27,931
10. 對超額投資成本造成的設備功能性貶值進行估測的方法為（　　）。
    A. 更新重置成本減復原重置成本　B. 復原重置成本減更新重置成本
    C. 重置成本減歷史成本　　　　　D. 歷史成本減重置成本
11. 如果企業有已經退出使用的設備使用年限記錄，估測設備尚可使用年限時通常採用（　　）。
    A. 使用年限記錄法　　　　　　　B. 壽命年限平均法
    C. 預期年限法　　　　　　　　　D. 折舊年限法

二、多項選擇題

1. 進口設備的重置成本包括（　　）。
   A. 設備購置價　　　　　　　　　B. 設備運雜費
   C. 設備進口關稅　　　　　　　　D. 銀行手續費
   E. 設備安裝調試費
2. 運用使用年限法估測設備的成新率涉及的基本參數為（　　）。

A. 設備總的經濟使用壽命　　　　B. 設備的技術壽命
　　C. 設備的實際已使用年限　　　　D. 設備的使用強度
　　E. 設備的剩餘經濟使用年限
3. 設備實體性貶值估測通常採用（　　）進行。
　　A. 使用年限法　　　　　　　　　B. 修復費用法
　　C. 觀察法　　　　　　　　　　　D. 功能價值法
　　E. 統計分析法
4. 設備的功能性貶值通常表現為（　　）。
　　A. 超額重置成本　　　　　　　　B. 超額投資成本
　　C. 超額營運成本　　　　　　　　D. 超額更新成本
　　E. 超額復原重置成本
5. 機器設備的經濟性貶值通常與（　　）有關。
　　A. 市場競爭　　　　　　　　　　B. 產品供求
　　C. 國家政策　　　　　　　　　　D. 技術進步
　　E. 設備保養
6. 機器設備重置成本一般包括（　　）。
　　A. 設備自身購置價格　　　　　　B. 運雜費
　　C. 安裝費　　　　　　　　　　　D. 基礎費
　　E. 折舊費
7. 機器設備自身購置價格的估測方法包括（　　）。
　　A. 重置核算法　　　　　　　　　B. 價格指數法
　　C. 使用年限法　　　　　　　　　D. 功能價值法
　　E. 市場詢價法
8. 計算進口設備增值稅時，組成計稅價格包括（　　）。
　　A. 關稅完稅價格　　　　　　　　B. 關稅
　　C. 增值稅　　　　　　　　　　　D. 消費稅
9. 運用市場法評估機器設備價值的基本前提條件包括（　　）。
　　A. 活躍的設備交易市場　　　　　B. 類似設備的交易活動
　　C. 設備預期收益可確定　　　　　D. 設備投資風險可確定
　　E. 設備使用年限可確定
10. 可以採用收益法評估的機器設備主要有（　　）。
　　A. 外購設備　　　　　　　　　　B. 自製設備
　　C. 進口設備　　　　　　　　　　D. 租賃設備
　　E. 生產線

三、判斷題

1. 與房地產不可分離的機器設備通常不能單獨作為評估對象。　（　　）
2. 價格指數法通常適用於技術進步速度較快的機器設備重置成本的估測。（　　）

3. 實際已使用年限是指會計記錄記載的設備的已提折舊年限。（ ）
4. 設備利用率小於1，表明設備實際已使用年限小於名義已使用年限。（ ）
5. 可修復的實體性損耗不僅在技術上具有修復的可能性，在經濟上也合算。
（ ）

四、簡答題

1. 如何界定機器設備的使用狀態？
2. 可以通過哪些途徑測算機器設備的重置成本？
3. 如何判斷機器設備的功能性貶值？
4. 作為要素資產的機器設備評估應當如何把握？
5. 可以通過哪些途徑測算機器設備的成新率？
6. 機器設備現場勘查包括哪些內容？
7. 機器設備重置成本包括哪些內容？
8. 設備自身購置價格的估測方法有哪些？
9. 機器設備實體性貶值的估測方法有哪幾種？
10. 超額營運成本造成的設備功能性貶值的估測步驟有哪些？
11. 運用市場法評估機器設備價值通常進行哪些因素修正？
12. 運輸設備、產品生產設備和生產線應採用哪種鑒定方法？

五、計算題

1. 某條被評估的生產線購置於2009年，原始價值為200萬元，2013年和2016年分別投資10萬元和5萬元進行了兩次更新改造，2019年對該設備進行評估。經評估人員調查，該類設備及相關零部件的定基價格指數在2009年、2013年、2016年和2019年分別為110%、125%、130%、145%。該設備尚可使用6年。另外，該生產線正常運行需要6名技術操作員，而目前新式同類生產線僅需4名操作員。假定待評估設備與新式設備的營運成本在其他方面沒有差異，操作員的人均年工資為30,000元，所得稅稅率為25%，適用折現率為10%。根據上述數據資料估算被評估資產的價值。

2. 某被評估設備購置於2013年1月，帳面原值為100萬元。2015年1月對該設備進行了技術改造，使用了某項專利技術，改造費為10萬元。2017年1月對該設備進行評估。現得到以下數據：

（1）2013—2017年該類設備的環比物價指數為105%、108%、104%、110%、112%；

（2）被評估設備的月人工成本比同類設備節約1,000元；

（3）被評估設備所在企業的正常投資報酬率為10%，規模經濟效益指數為0.7，該企業為正常納稅企業，所得稅稅率為25%；

（4）被評估設備從使用到評估基準日，由於市場競爭，利用率僅僅為設計生產能力的60%，估計評估基準日以後其利用率會達到設計要求；

（5）經過瞭解，得知該設備在評估使用期間進行了技術改造，其實際利用率為正

常利用率的80%，評估人員鑒定分析認為，被評估設備尚可使用6年。

根據上述條件估算該設備的有關技術經濟參數和評估值。

3. 某企業的進口設備於2016年購進，當時的購置價格（離岸價）為8.5萬歐元，2019年進行評估。根據調查得知，2019年與2016年相比，該類設備國際市場價格上升了12%；現行的海運費率和保險費率分別為5%和0.3%；該類設備進口關稅稅率為15%，增值稅稅率為17%；銀行財務費率為0.8%，外貿手續費率為1.2%；國內運雜費費率為1%，安裝費費率為0.5%，基礎費費率為1.5%；評估基準日歐元同人民幣的比價為1：7.90。

要求：根據上述條件，估測該進口設備的重置成本。

4. 某公司的一條生產線購置於2014年，構建成本為800萬元，2017年對該生產線進行評估。有關資料如下：

(1) 2014年和2017年該類設備定基價格指數分別為108%和115%；

(2) 與同類生產線相比，該生產線的年營運成本超支額為3萬元；

(3) 被評估的生產線尚可使用12年；

(4) 該公司的所得稅稅率為25%，評估時國債利率為5%，風險收益率為3%。

要求：根據上述條件，估測該生產線的價值。

5. 對某企業的一臺通用機床進行評估，經過市場調查，評估人員選擇本地區近幾個月已經成交的3個交易實例作為參照物，被評估對象及參照物的有關資料如表6.23所示。

表6.23 被評估對象及參照物的有關資料

		參照物A	參照物B	參照物C	被評估對象
交易價格（萬元）		186	155	168	
因素修正	交易狀況	105	98	103	100
	品牌因素	102	100	102	100
	功能因素	99	101	98	100
	價格指數（%）	110	112	108	125
	成新率（%）	80	70	75	70

要求：根據上述條件，評估該機床的價值。

第 7 章　流動資產評估

案例導入

宏遠工程機械有限公司的流動資產價值評估

宏遠工程機械有限公司是一個大型工程機械製造企業，主要生產推土機、挖掘機、鏟運機、裝載機等，年銷售收入5,458萬元，年利潤653萬元。由於該企業實行股份制改造，需對企業2018年9月30日的全部流動資產進行評估。在評估基準日，該企業流動資產總額為68,367,328.16元。具體構成如下：貨幣資金為1,232,275.65元；短期投資為307,000.00元，預付帳款為923,157.46元，應收帳款為45,059,915.28元，其他應收款為3,253,758.59元，存貨價值為16,915,925.93元。宏遠工程機械有限公司現委託某評估機構對其流動資產的價值進行評估。

問題：如果你是評估師，你將採用怎樣的操作步驟、採用何種方法對不同種類的流動資產價值進行評估？（具體評估過程可參看本章第4節）

7.1　流動資產評估概述

7.1.1　流動資產概述

流動資產是指滿足以下條件之一的資產：
（1）預計在一個正常營業週期中變現、出售或耗用。
（2）主要為交易目的而持有。
（3）預計在資產負債表日起一年內（含一年）變現。
（4）自資產負債表日起一年內，交換其他資產或清償債務的能力不受限制的現金或現金等價物。

流動資產一般包括庫存現金、各種銀行存款以及其他貨幣資金、應收及預付款項、存貨以及其他流動資產等，具有週轉速度快、變現能力強、形態多樣化等特點。作為資產評估對象的流動資產，按其存在形態劃分為貨幣類、債權類和實物類三部分，分別採用不同的評估方法。

7.1.2 流動資產評估的特點

流動資產自身所具備的特點賦予了流動資產評估獨有的特徵，直接影響著評估工作的組織和進行。

7.1.2.1 評估對象是單項資產

流動資產評估以單項資產為對象。例如，對材料、在產品等分別進行評估。這是因為對形式和種類多樣化的流動資產進行評估時，並非估算所有資產的價值，如貨幣資金、債權和票據等，只存在不同幣種的價值換算或者具體數額的核實問題。也並非能合理預測任何類型的流動資產其未來收益。例如，材料、在產品的價值會隨著生產週轉環節不斷發生轉移。因此，流動資產評估不以綜合獲利能力為依據進行整體價值評估。

7.1.2.2 評估基準時間確定上的特殊性

流動資產的流動性特點，使得流動資產的構成、數量和價值金額總是處於變化之中，相對於資產評估旨在評定某一時點價值的要求，在流動資產營運中選擇不同的評估基準時間，評估結果往往大相徑庭，會影響評估結論的可靠性和有效性，然而不可能人為地停止流動資產的運轉以固定某一時點。因此，評估流動資產時，評估基準日應盡可能地確定在會計期末，或者盡量與利用資產評估結論時的時間一致，並在規定時間進行清查、登記和確定流動資產的數量和帳面價值，確保評估結果的準確性和評估工作的高效化。

7.1.2.3 評估操作須分清主次，掌握重點

由於流動資產數量較大，種類繁多，且處於快速週轉之中，所以在評估中進行資產清查的工作量很大，必須同時考慮評估的時間要求和成本，根據不同企業的生產經營特點和流動資產分佈的特點，分清主要和次要、重點和一般，在此基礎上選擇合理有效的方法進行清查和評估。

7.1.2.4 評估的信息資料主要來自於會計核算資料

流動資產始終處於企業的生產經營過程中，決定了流動資產評估必須要考慮企業的經營特點。若深入流動資產週轉環節進行現場評估，勢必影響企業的正常活動。在流動資產的長期營運中，其數量和價格隨市場供求變化而頻繁波動，評估中不可能逐個盤點，或逐一瞭解其市場價格。因此，評估時可以與企業合作，瞭解企業流動資產核算的程序和方法，正確判斷企業會計帳表中有關數據資料的有用性，在相對靜止的條件下進行資產的清查盤點和檢測，並以此為依據確定流動資產的實際數量和價值。

7.1.2.5 流動資產的帳面價值基本上可以反應流動資產的現值

流動資產週轉速度快，變現能力強，在評估時，一般無須考慮資產的功能性貶值問題，更不用考慮折舊、成新率等因素，只需計算低值易耗品以及呆滯、積壓的流動資產的有形損耗。因此，流動資產的重置價值、變現價值、清算價值都基本上統一於

市價，差別較小，在價格變化不大的情況下，流動資產的帳面價值基本上可以反應出其現值。

7.1.3 流動資產評估的目的

流動資產評估主要服務於基於流動資產的市場行為或管理活動。具體而言，流動資產評估的目的有如下 5 種情形：

7.1.3.1 企業產權變動

在企業發生經營形式轉變時，為了合理確定產權主體的權益，明確企業的整體資產價值，需要評估流動資產的價值。

7.1.3.2 企業清算和資產變賣

當企業按章程規定解散以及由於破產或其他原因宣布終止經營，或者當企業必須將資產變價賣出、換取現款時，需要對涉及的流動資產進行評估，以確定全部的償債資產數額或者出售底價。

7.1.3.3 保險索賠

企業辦理財產保險須以固定資產和流動資產為保險標的，索賠時要以保險責任範圍內的標的損失及蔓延費用為依據，這些都涉及流動資產的價值確定。

7.1.3.4 對外投資

當投資主體為了獲得投資報酬或資產權利而將流動資產投入其他企業時，必須在明確投資金額的基礎上確定投資份額，作為行使股東權利的依據。

7.1.3.5 清算核資

企業遵照國家要求或者自行組織開展清產核資工作時，必須清查、核實流動資產，作為企業占用的全部資產的一部分。

7.1.4 流動資產評估的程序

7.1.4.1 確定評估對象和評估時點

流動資產評估的對象根據資產業務所涉及的資產範圍而定。當企業產權整體轉讓時，評估對象是全部流動資產；當企業產權部分轉讓時，部分或單件資產為評估對象。在具體確定評估對象的同時，要根據國家有關規定核實待評估資產的產權狀況，如果作為抵押物的流動資產不能轉讓或投資，這類流動資產就不能列入評估範圍。

確定流動資產評估時點時，至少應當考慮以下 3 個方面的因素，並在評估實踐中適當兼顧：

（1）盡可能接近於會計報表的時間，以便有效利用會計報表的信息資料。

（2）盡可能接近於資產業務發生或生效的時間，以減少價格調整的工作量，確保評估結果的可用性。

（3）最好選擇在評估期或者與之相鄰的某個時點。

7.1.4.2 清查核實資產，驗證基礎資料

流動資產評估對企業會計核算資料的依賴性較強。清查和核實資產，正是為了證實會計資料的真實性和準確性，進行帳實、帳帳核對和盤點，從而為評估提供可靠的依據。

清查核實流動資產的內容主要包括：

（1）各種存貨的實際數量與企業申報表所列數字的一致性。被評估資產應以實存數量為準，清查中若發現短缺或漲溢，應當對申報表的數字進行調整。

（2）各類應收和預付款項的真實性。應側重於對重複記錄或漏記、應核銷而未核銷等事項的核查，要逐筆落實，及時清理。在條件具備時，應採用信函或其他形式與債務人核對，並對債務人的資信狀況、償債能力等進行調查。

（3）貨幣資金的真實性。主要核實企業庫存現金與會計帳目上的數字是否一致，企業銀行存款帳目的金額與銀行對帳單上的數字是否一致，有無短庫情況和白條抵庫現象。

（4）對事物性流動資產的質量檢測和技術鑒定。確定資產的質量狀態、技術等級和先進性水準，並核對上述方面是否與資產清單的記錄相符。

針對流動資產量大且雜的特點，在進行流動資產清查工作中，可以通過表格形式反應並匯總有關資料。根據需要，可以按不同的評估對象分別設計申報表和評估表兩類表格，也可以簡化為一張表，同時反應申報和評估兩方面的信息。表格內容應該包含反應資產物理性能、現實狀態、時間和價值量等方面的指標。表格的設計應當簡明易懂，便於填寫和匯總。

7.1.4.3 立足資產實際，合理選擇評估方法

針對不同的資產業務目的，應當選擇不同評估方法對流動資產價值進行評估，即流動資產評估的目的與價值類型和評估方法應當相匹配。

根據流動資產的不同特點，對於實物類流動資產，可採用現行市價法和重置成本進行評估；對於貨幣類流動資產，其清查核實後的帳面值就是現值，只需對外幣存款按評估基準日的國家外匯牌價進行折算；對於債權類流動資產，則適宜按變現淨值進行評估。

7.1.4.4 實施評定估算，確定評估結論，出具評估報告

根據掌握的資料和技術檢測的結果，按照選定的評估方法，對流動資產進行評定估算。同時編製和整理評估明細表和評估匯總表，對各項評估結果進行匯總分析，並與委託方有關人員進行討論，最後編製評估報告。

7.2 實物類流動資產評估

實物類流動資產是指流轉於企業生產經營過程之中，以實物形態存在的流動資產，主要包括各種材料、在產品、產成品、庫存商品和低值易耗品等，是企業流動資產的

重要組成部分。在流動資產評估中，實物類流動資產評估居於顯著地位。

7.2.1 材料價值評估

7.2.1.1 材料價值評估的內容和步驟

企業中的材料按其用途可以分為兩大類，即庫存材料和在用材料。由於在用材料在生產過程中已經形成產成品或半成品，不再作為單獨的材料存在，因此，材料評估僅限於對庫存材料的評估。庫存材料包括各種原料及主要材料、輔助材料、燃料、修理用備件、包裝物、低值易耗品等。

庫存材料具有品種多、數量大、金額大、計量單位、購進時間和自然損耗等各不相同的特點，在評估時應當按照以下步驟進行：

(1) 核實、檢查資產。

核實、檢查資產主要是進行帳實、帳表核對，核實庫存材料的數量，並經勘查鑒定，掌握材料的質量狀態以及管理和使用情況，如查清有無變質、毀損、超儲呆滯的材料以及尚可使用的邊角餘料等。

(2) 選擇評估方法。

根據不同的評估目的和待估資產的特點選擇合適的評估方法。通常，市場法和成本法在評估中的應用較為頻繁。

(3) 講求評估技巧。

在實際操作中，要重視技巧的運用。可以利用企業庫存管理的 ABC 分類法，按照一定的目的和要求對材料進行分類，分清評估中的重點對象和一般內容，重視對重要材料的評估，同時抓好對普通材料的評估。

7.2.1.2 材料價值評估的方法

對材料進行評估時，一般根據材料的購進情況選擇相應的方法。

(1) 近期購進庫存材料評估。

近期購進的材料庫存時間短，在市場價格變化不大的情況下，其帳面價值與現行市價基本接近。評估時，可以採用歷史成本法，也可以採用市場法，運用這兩種評估方法得出的結果相差不大。其計算公式為：

材料評估值＝材料帳面價值－損耗價值（歷史成本法）

材料評估值＝庫存材料數量×該種材料的現行市價（現行市價法）

【例 7-1】被評估企業中的甲材料於 2 個月前從外地購進，材料明細帳的記載為：重量為 6,000 千克，單價為 500 元/千克，運雜費為 600 元。根據材料消耗的原始記錄和清查盤點結果，評估時甲材料尚有庫存 1,000 千克。根據以上材料，確定甲材料的評估值。

甲材料評估值＝1,000×（500+600÷6,000）＝500,100（元）

(2) 購進批次間隔時間長、價格變化較大的庫存材料評估。

對於這類材料的評估，可以根據實際情況，採用以下 3 種方法：

其一，以最接近市場價格的那批材料的價格作為評估的計價基礎。

其二，直接以評估基準日的市場價格作為評估的計價基礎。

其三，考慮評估時點物價指數與材料購進時的物價指數的變動率，對材料的帳面價值進行調整。其計算公式為：

評估值＝帳面價值×（評估時物價指數÷購進時物價指數）

這裡需要注意的是，各企業對材料的購進時間和購進批次等的核算在會計上採用不同的方法，如先進先出法、後進先出法、加權平均法等，這使得材料的帳面餘額不盡相同，但核算方法的差異對評估結果並無影響，評估時的關鍵是準確核查庫存材料的實際數量，在此基礎上確定庫存材料的評估價值。

【例7-2】對被評估企業庫存的乙材料進行評估，評估基準日為2018年12月31日，經核查，該材料分兩批購進，第一次購進時間為2015年1月，重量為1,500噸，單價為450元/噸；第二批購進時間為2018年11月，重量為2,000噸，單價為300元/噸。截至評估基準日，2015年購入的乙材料還剩100噸，2018年購入的還沒有使用。求乙庫存材料的評估值。

分析：尚需評估的乙材料數量為2,100噸，按照最接近評估基準日現行市價的2018年11月的購進價300元/噸計價。

乙材料評估值＝300×（100+2,000）＝630,000（元）

【例7-3】對某企業的庫存鋼材進行評估。鋼材的帳面價值為540,000元，共分三批購進，具體情況為：第一批購進的鋼材帳面價值為40,000元，當時的物價指數為100%；第二批購進的鋼材帳面價值為50,000元，當時的物價指數為140%；第三批購進的鋼材帳面價值為450,000元，當時的物價指數為200%。資產評估時的物價指數為180%。假設損耗不計。求庫存鋼材的評估值。

第一批鋼材的評估值＝40,000×180%÷100%＝72,000（元）

第二批鋼材的評估值＝50,000×180%÷140%＝64,286（元）

第三批鋼材的評估值＝450,000×180%÷200%＝405,000（元）

庫存鋼材評估值合計＝72,000+64,286+405,000＝541,286（元）

（3）購進時間早、沒有準確的現行市價的庫存材料的評估。

企業的庫存材料中存在購進時間較長、當前市場已經脫銷、沒有明確的市價可供參考或利用的情形。對這類材料的評估，也可以採取以下3種方法：

其一，通過尋找替代品的價格變動資料來修正該材料價格。公式為：

庫存材料評估值＝庫存數量×替代品現行市價×代替品物價比較指數－損耗

其二，通過分析該材料的市場供求情況變化來修正該材料的價格。公式為：

庫存材料評估值＝庫存數量×進價×市場供需升降指數－損耗

其三，利用市場同類材料的平均物價指數修正該材料的價格。公式為：

庫存材料評估值＝庫存數量×進價×同類商品物價指數－損耗

【例7-4】某企業於2018年9月購進甲材料100噸，單價為20,000元/噸，當時該種材料的市場供給緊張，價格較高，同時其供給有季節性特點。2019年3月進行評估時，市場上已經沒有大量的購銷活動。評估中經清查核實，甲材料尚存50噸，因保管等原因造成的有形損耗占結存材料原值的2%，供求緊張、抬級收購引起質量上的損耗

約占結存材料原值的3%。假設在評估中還掌握了以下3類信息：

市場上有與甲材料功能類似的乙材料可以作為甲材料的替代品，乙材料的現行市價為30,000元/噸，根據經驗，甲、乙材料的價格之比為1：2；經分析市場供需，估計甲材料價格下降5%左右；調查同類商品的物價指數，2018年9月為100%，2019年3月為105%。

請分別根據上述三種不同情況估算甲產品的評估值。

甲材料的評估值=50×30,000×1/2−50×20,000×（2%+3%）=700,000（元）

甲材料的評估值=50×20,000×（100%−5%）−50×20,000×（2%+3%）=900,000（元）

甲材料的評估值=50×20,000×(105%÷100%)−50×20,000×(2%+3%)=1,000,000(元)

（4）呆滯材料價值的評估。

呆滯材料是指企業從庫存材料中清理出來需要進行處理的材料。這些材料由於長期積壓或保管不善可能會導致使用價值下降。在評估時，首先應對其數量和質量進行核實和鑒定，然後區別不同的情況，按以下方法確定其評估值：

對失效、變質、殘損、無用的材料，應作為廢料處理，按可回收淨值確定其評估值。計算公式為：

呆滯材料評估值=該種材料庫存數量×回收價格

對雖能使用但質量下降的材料，扣除相應的貶值或損耗後確定其評估值。計算公式為：

呆滯材料評估值=呆滯材料帳面價值×（1−貶值率）

【例7-5】某被評估企業有積壓的某種化工原料10噸，帳面單價為2,500元/噸。在評估過程中查明，因工廠生產轉型，該種化工原料的使用量大為減少，加之該原料的市場供大於求，使用面較窄，故確定綜合損耗率為35%，求該種化工原料的評估值。

化工原料評估值=10×2,500×（1−35%）=16,250（元）

（5）盤盈、盤虧材料的評估。

評估盤盈、盤虧材料時，應以有無實物存在為原則，分別選用相應的評估方法。因盤虧材料已無實物存在，故不需要評估，直接從申報的待估材料中減除其價值即可；一般的盤盈材料缺乏歷史成本資料，應當採用現行市價法或重置成本法進行評估。

若盤盈材料能取得同種材料的現行市價，就依據市場價評估。計算公式為：

盤盈材料評估值=盤盈材料數量×該種材料現行市場單價−損耗

若無法取得盤盈材料現行市價，應參照類似材料的交易價位進行評估。計算公式為：

盤盈材料評估值=盤盈材料數量×類似材料交易價×(1±調整系數)−損耗

【例7-6】評估人員對某企業的庫存材料進行評估時，盤盈甲材料8噸。經瞭解，甲材料在市場上已經脫銷，改用乙材料代替。乙材料的現行市價為4,000元/噸。經比較鑒定，甲材料的性能優於乙材料，故擬定增值率為5%；而由於庫存時間較長，甲材料的質量有所下降，確定損耗率為10%。求甲材料的評估值。

甲材料的評估值=8×4,000×（1+5%−10%）=30,300（元）

7.2.2 在產品價值評估

在產品是指原材料投入生產後，製造尚未完成，不能作為商品出售的產品。作為評估對象的在產品包括各生產階段正在加工或裝配的在製品以及已經完成若干生產工序但尚未結束整個生產過程的庫存半成品。在企業生產中外購的半成品視同材料評估，可直接對外銷售的自制半成品視同產品評估。

在產品尚處於生產過程中，在不同的時間，其數量和完工程度都不相同，價值差別也很大。因此，在產品評估中首先應把握三個方面的要點，即合理確定評估時點、認真核定在產品數量和正確估計在產品完工程度，然後再根據具體情況選擇評估方法。通常，若在產品數量不多、生產週期較短、成本變化不大，可以按實際發生的成本為計價依據，在沒有變現風險的情況下，對帳面價值進行調整後作為在產品的評估值；若在產品數量多、金額大、成本變化大，或者生產週期較長，可採用重置成本法或現行市價法進行評估。

7.2.2.1 成本法

對於生產週期較長仍需繼續生產和銷售並有贏利的在產品的評估，一般使用重置成本法。在產品評估的重置成本法是根據在產品清查核實、技術鑒定和質量檢測的結果，按評估時的相關市場價格和費用水準，計算同等級在製品及半成品的料工費，從而確定在產品價值的方法。

對於生產週期短的在產品，主要以其實際發生的成本為計價依據，在沒有變現風險的情況下，對其帳面價值進行調整後確定評估值。在具體應用中，可以選擇採取以下3種方法：

（1）價格變動系數調整法。

價格變動系數調整法，即按價格變動系數調整原成本的方法，是以在產品實際發生的成本為基礎，根據評估基準日的市場價格變動情況對其進行調整，從而得出在產品的重置成本。這種方法主要適用於生產經營正常、會計核算水準較高的企業的在產品的評估。其計算公式為：

在產品的評估值＝原合理材料成本×（1+價格變動系數）+原合理工資、製造費用×（1+合理工資、製造費用變動系數）

該方法在應用中須遵循以下步驟：

第一，對被評估在產品進行技術鑒定，從總成本中剔除不合格在產品的成本；第二，分析原來的成本構成，從總成本中剔除不合理的費用；第三，分析原成本中材料從生產準備開始到評估基準日止的價格變動情況，並測算出價格變動系數；第四，分析原成本中工資、燃料、動力、製造費用等從開始生產到評估基準日的變動情況，測算出調整系數；第五，根據原成本的構成和各部分的調整系數進行計算，確定評估值。

需要明確的是，在產品成本包括直接材料、直接人工和製造費用三部分，其中前兩項屬於直接費用，製造費用屬於間接費用。在評估時，由於直接人工與間接費用均較難測算，所以通常將兩者合併進行計算。

（2）定額成本法。

定額成本法，即按社會平均工藝定額計算各道工序的在產品定額成本，從而求得在產品價值的方法。這種方法適用於企業定額成本資料齊全且可信度較高的情況下在產品價值的評估。其基本公式為：

在產品的評估值＝在產品實有數量×（該工序單件材料工藝定額×單位材料現行市價+該工序單件工時定額×正常小時工資、費用定額）

利用此公式時，工藝定額應當選用行業標準；若無行業統一標準，則按企業現行的工藝定額。材料現行市價根據庫存材料評估的有關數據確定，該工序單件工時定額應按實際情況測算，正常小時工資、費用標準按行業的一般水準或企業的實際情況來確定。

【例7-7】對某企業進行評估，有處於某一生產階段的在產品300件，已知每件在產品消耗鋁材50千克，鋁材每千克市場單價為5元；在產品工時定額20小時，每定額小時的燃料和動力費用定額0.45元，工資及附加費定額10元，車間經費定額2元，企業管理費用定額4元，該在產品不存在變現風險。試確定在產品的評估值。

該在產品的評估值＝300×［50×5+20×（10+0.5+2+4）］
　　　　　　　　　＝300×579＝173,700（元）

（3）約當產量法。

約當產量法，即按完工程度將在產品的數量調整為約當產量，然後根據產成品的重置成本和約當產量計算確定在產品評估值的方法。其計算公式為：

在產品評估值＝產成品重置成本×在產品約當產量

其中，在產品約當產量＝在產品數量×在產品完工程度

某道工序在產品完工程度＝（上道工序的累計單位工時定額+該道工序的單位工時定額×50%）÷產品單位工時定額×100%

評估時，在產品的完工程度可以根據已完成工序（工時）與全部工序（工時）的比例來確定，也可根據生產完成時間與生產週期的比例來確定。

【例7-8】G產品的生產需經過三道工序加工。在對G產品的評估中發現，第一道工序有在產品300件，第二道工序有在產品500件，第三道工序有在產品400件。原材料在第一道工序一次性投入，該產品單位工時定額為50小時，其中第一道工序為15小時，第二道工序為18小時，第三道工序為17小時。單位產品社會平均成本為：材料成本為300元，工資費用成本為50元，管理費用成本為20元。根據以上材料，計算G產品在產品的評估值。

（1）計算各工序在產品完工程度及在產品約當產量。

在產品完工程度：

第一道工序：（15×50%）÷50×100%＝15%

第二道工序：（15+18×50%）÷50×100%＝48%

第三道工序：（15+18+17×50%）÷50×100%＝83%

在產品約當產量＝300×15%+500×48%+400×83%＝617（件）

（2）計算在產品的材料成本。

因原材料在第一道工序一次投入，故材料成本應按在產品的實際數量核算。

材料成本＝（300+500+400）×300＝1,200×300＝360,000（元）

（3）計算在產品工資費用成本。

在產品工資費用成本＝617×50＝30,850（元）

（4）計算在產品管理費用成本。

在產品管理費用成本＝617×20＝12,340（元）

（5）確定在產品評估值。

在產品評估值＝36,000+30,850+12,340＝403,190（元）

7.2.2.2 現行市價法

現行市價法是指用同類在產品的市場價格扣除銷售過程中預計發生的費用後確定在產品評估價值的方法。這種方法適用於因產品下線，在產品不能進一步繼續加工，只能按評估時的狀態以及對外銷售的情況下進行的在產品的價值評估。一般來說，如果在產品的通用性強，能用作產品配件更換或用於維修等，其評估價值就較高；如果在產品的專用性強，很難通過市場銷售或調劑出去，則只能通過報廢收回廢料殘值，這時評估值可能會低於其成本。其計算公式為：

在產品評估值＝在產品數量×可接受的不含稅的單位市場價格－預計銷售過程中發生的稅費

如果在調劑過程中存在一定的變現風險，則需要設立一個風險調整系數，計算可變現評估值。其計算公式為：

報廢在產品的評估值＝可收回廢料的重量×廢料的單位現行回收價格

7.2.3 產成品及庫存商品價值評估

產成品及庫存商品是指工業企業中已完工入庫和已完成並經過質量檢驗但尚未辦理入庫手續的產品以及流通企業的庫存商品等。產成品或庫存商品都可以直接對外銷售，但他們的價格構成不同，在評估時應當依據其質量水準、變現的可能性和市場接受的價格，採用重置成本法和現行市價法進行評估。

7.2.3.1 重置成本法

重置成本法是一種按照現行市價計算重置相同產品所需的成本來確定產成品及庫存商品評估價值的方法。在評估時，應分不同情況採用相應的方法。

（1）評估基準日與產成品完工時間或庫存商品購進時間較為接近，且成本升降、物價漲跌變化不大的情形。這時可以直接按產成品和庫存商品的帳面成本加上適當利潤確定其評估值。其計算公式為：

產成品或庫存商品評估值＝產成品或庫存商品數量×（產成品或庫存商品帳面單位成本+適當單位利潤）

或者，

產成品或庫存商品的評估值＝產成品或庫存商品數量×產成品或庫存商品帳面單位成本×（1+成本利潤率）

（2）評估基準日與產成品完工時間或庫存商品購進時間間隔較長，成本費用或市場物價變化較大時的情形。這時可按以下兩種方法確定產成品或庫存商品的評估值：

產成品或庫存商品的評估值＝產成品或庫存商品實有數量×（合理材料工藝定額×材料單位現行價格＋合理工時定額×單位小時合理工時工資、費用）

或者，

產成品或庫存商品評估值＝產成品實際成本×（材料成本比例×材料綜合調整系數＋工資、費用成本比例×工資、費用綜合調整系數）

【例7-9】對某企業進行評估，有一年前完工的A產成品100臺，每臺實際成本為500元。會計核算資料顯示，A產品生產成本中材料與工資費用的比例為3：2。根據目前價格變動情況和其他相關資料，確定材料綜合調整系數為1.2，工資費用綜合調整系數為1.1，試確定A產成品的評估值。

A產成品評估值＝100×500×（60%×1.2×40%×1.1）＝58,000（元）

7.2.3.2 現行市價法

現行市價法是按不含價外稅的可接受市場價格扣除相關費用後計算被評估產成品及庫存商品評估值的方法。其中，工業企業的產成品一般以賣出價為依據，商業企業的庫存商品一般以買進價為依據。

運用現行市價法評估產成品和庫存商品，在選擇市場價格時應當綜合考慮被評估資產的使用價值、質量狀況、銷售前景以及市場供求狀況，盡可能選擇近期公開市場的交易價格。對於產成品和庫存商品的實體性損耗，可根據其損耗程度，確定調整系數並予以調整。

現行市價由成本、稅金和利潤等因素構成。由於產成品和庫存商品存放於企業倉庫中尚未出售，其價值只有通過市場銷售才能實現。因此，採用現行市價法評估產成品和庫存商品時，對未實現的利潤和稅金的處理應視評估的不同目的和性質而定。

（1）如果以產成品出售為評估目的，應當直接以現行市場價格作為其評估值，不需要扣除其銷售費用和稅金。但如果企業是以投資為目的而對產成品進行評估時，由於產成品的評估值將作為投資者的收益，所以必須從現行市價中扣減各種稅金和利潤後才能作為產成品的評估值。

（2）在《資產評估操作規範意見（試行）》中關於運用市場法評估產成品提出了以下要求：產成品一般以完全成本為基礎，根據該產品市場銷售情況好壞決定是否加上適當的利潤，或是否低於成本。對於十分暢銷的產品，應根據其出廠銷售價格減去銷售費用和全部稅金確定其評估值；對於正常銷售的產品，應根據其出廠銷售價格減去銷售費用、全部稅金和適當數額的稅後淨利潤確定其評估值；對於勉強能銷售出去的產品，應根據其出廠銷售價格減去銷售費用、全部稅金和稅後淨利潤確定其評估值；對於滯銷、積壓、降價銷售產品，應根據其可收回淨收益確定其評估值。

7.2.4 在用低值易耗品價值的評估

低值易耗品是指單項價值在規定限額以下或使用期限不滿一年的勞動資料。按用

途，低值易耗品分為一般工具、專用工具、替換設備、管理用具、勞動保護用品及其他。按使用情況，低值易耗品可分為在庫低值易耗品和在用低值易耗品。

評估庫低值易耗品時，可以採用與庫存材料評估相同的方法。這裡重點分析在用低值易耗品的評估。

在用低值易耗品的評估方法類似於固定資產的評估方法，可以根據不同情況採用歷史成本法、物價指數法、重置成本法或現行市價法。但由於在用低值易耗品已經發生了部分實際損耗，所以不能按其原值評估，而只能按淨值評估。具體評估方法有以下兩種：

7.2.4.1 成新率法

成新率法，即先確定在用低值易耗品的完全重置成本，然後分類計算其成新率，最後計算出重置淨值的方法。由於低值易耗品的使用期限短於固定資產，一般不考慮其功能性損耗和經濟性損耗。其計算公式為：

在用低值易耗品評估值＝完全重置成本×成新率

完全重置成本可以直接採用其帳面價值（價格變動不大時），也可以採用現行市場價格，有時還可以在帳面價值的基礎上乘以其物價變動指數來確定。

成新率＝（1－低值易耗品實際已使用月數÷低值易耗品可使用月數）×100%

【例7-10】某項低值易耗品原價為800元，預計使用1年，現已使用9個月，該低值易耗品的現行市價為1,100元，要求確定其評估值。

該項低值易耗品評估值＝1,100×（1－9/12）×100%＝275（元）

7.2.4.2 綜合調整法

綜合調整法，即根據在用低值易耗品的借方餘額和應分攤的材料成本差異額，按一定的調整系數確定其重置淨價的方法。這裡的系數包括兩個：低值易耗品價格上漲率和帳外價值佔帳內價值的比重，可以通過分類抽樣測定。其計算公式為：

在用低值易耗品重置淨價＝（在用低值易耗品借方餘額＋材料差價）×（1＋綜合價格上漲率）×（在用低值易耗品實際原始成本÷在用低值易耗品帳面原始成本）

7.3 債權類及貨幣類流動資產評估

債權類流動資產是指企業在生產經營中因生產和銷售產品等形成的，具有流動資產性質的債權，包括應收及預付帳款、應收票據等。貨幣類流動資產是指企業擁有的貨幣形式或變現能力較強的其他形式的流動資產，包括現金和銀行存款、短期投資等。

7.3.1 債權類流動資產評估

7.3.1.1 應收及預付帳款評估

企業的應收及預付帳款主要指企業在經營過程中因賒銷產品所形成的尚未收回的款

項以及企業按合同規定預付給供貨單位的貨款，兩者都屬於企業的債權類流動資產。評估這類資產時，應當在對企業各種應收及預付帳款進行核實的基礎上，以每筆款項可變現收回的貨幣額確定其評估值，預付帳款評估可參照以下應收帳款的評估方法進行：

(1) 計算公式。

應收帳款評估值＝應收帳款帳面價值－已確定的壞帳損失－預計可能發生的壞帳損失

(2) 各要素的確定方法。

核定應收帳款的帳面價值。評估人員要進行帳證核對、帳表核對，查實應收和應付款的價值。對外部債權要盡可能地按客戶名單發詢證函，查明每項應收帳款的發生時間、金額、債務人單位的基本情況等，為預計壞帳損失提供依據；對機構內部獨立核算單位之間的往來要進行雙向核對，以避免重記、漏記；對預付貨款要重點核對貨已收到但尚未結清款項的項目，避免將已收到的貨物按帳外資產處理而重複計算資產價值。

確認已經發生的壞帳損失。按規定，符合下列條件之一即可確定應收帳款為壞帳：債務人死亡，以其遺產清償後仍然無法收回；債務人破產，以其破產財產清償後仍然無法收回；債務人在較長的時間內未履行其償債義務，並有足夠的證據表明其無法收回或收回可能性較小。

要對已確定的壞帳損失的真實性進行檢查，並嚴格按照《中華人民共和國合同法》《中華人民共和國擔保法》等相關法律進行追索清償，盡可能減少損失。

預計可能發生的壞帳損失，即預測應收帳款回收的可能性並估計其損失金額。預計壞帳損失一般可採用以下3種方法：

①分類判斷法。一般根據企業與債務人的業務往來和債務人的信用狀況，或者發生商品支付與拒付的可能性，將應收帳款分為以下類別，分別估計壞帳損失發生的可能性及其數額。

第一類：業務往來較多，對方結算信用好的，應收帳款能夠全部收回，預計不發生壞帳損失。

第二類：業務往來較少，對方結算信用一般的，應收帳款收回的可能性很大，但收回的時間不確定。

第三類：偶然發生業務往來，不清楚對方信用情況的，可能只能收回一部分。

第四類：債務人信用狀況較差，長期拖欠或對方已破產或單位已歇業，應收帳款無法收回，全部為壞帳損失。

②帳齡分析法。帳齡分析法是指按應收帳款拖欠時間的長短及各期回收率的經驗數據，估計壞帳損失。由於應收帳款的順利回收與應收帳款拖欠的時間長短有很大關係，故應收帳款的帳齡越長，產生壞帳的可能性越大，可回收的金額就越少。因此，這種方法主要是將應收帳款按帳齡分類，分別估計各類應收帳款產生壞帳的可能性，從而估計壞帳損失金額。

【例7-11】 某企業的評估以2018年12月31日為評估基準日。經核實，評估基準日其應收帳款的實有數額為35,000元，具體情況如表7.1所示，試估計壞帳損失額並確定應收帳款評估值。

表 7.1　壞帳損失計算分析表

應收帳款帳齡	金額（元）	估計壞帳損失率（%）	預計壞帳損失額（元）
未到期	18,000	1	180
過期一個月	10,000	3	300
過期二個月	4,350	10	435
過期三個月	1,000	20	200
過期三個月以上	1,650	50	825
合計	35,000	—	1,940

應收帳款評估值＝35,000－1,940＝33,060（元）

③ 壞帳比例法。壞帳比例法是指根據被評估企業前若干年（一般為3~5年）的實際壞帳損失額和應收帳款發生額確定壞帳的發生比例，然後根據這一比例和全部應收帳款的數額來確定評估時的預計壞帳損失。其計算公式為：

壞帳比例＝評估前若干年發生的壞帳數額÷評估前若干年應收帳款餘額×100%

預計壞帳損失額＝評估時點應收帳款數額×壞帳比例

【例7-12】現對某企業的應收帳款進行評估，根據企業會計核算資料，截至評估基準日應收帳款的帳面餘額為500萬元，前4年的應收帳款發生情況及壞帳損失情況如表7.2所示，試確定應收帳款的評估值。

表 7.2　應收帳款及壞帳損失統計表　　　　　　　　單位：萬元

年份	應收帳款餘額	處理壞帳金額
第一年	150	20
第二年	245	7.2
第三年	250	12
第四年	355	10.8
合計	1,000	50

前4年壞帳比例＝（50÷1,000）×100%＝5%

預計壞帳損失額＝500×5%＝25（萬元）

應收帳款評估值＝500－25＝475（萬元）

評估應收帳款之後，「壞帳準備」科目應按零值計算。因為「壞帳準備」科目是應收帳款的備抵帳戶，是企業根據壞帳損失發生的可能性以一定方法計提的，而在評估應收帳款時，則是按照款項實際可收回的可能性來估算的，因此，不必考慮「壞帳準備」數額。

7.3.1.2　應收票據的評估

票據是由付款人或收款人簽發、由付款人承兌、到期無條件付款的一種書面憑證，包括匯票、本票和支票。應收票據是指企業持有的尚未兌現的各種票據，是企業的債權憑證，評估中涉及的應收票據主要是商業匯票。

商業匯票按承兌人不同，分為商業承兌匯票和銀行承兌匯票；按是否計息，分為不帶息匯票和帶息匯票；按是否到期、分為未到期匯票和到期匯票。商業匯票可以依法背書轉讓，也可以向銀行申請貼現。在評估應收票據時，應當考慮票據是否到期，是否帶息以及票據評估的目的，因而採取不同的評估方法。

應收票據評估時一般採用以下兩種方法：

（1）計算票據的本利和作為評估值，即應收票據的評估值為票據的面值加上截至評估基準日應計利息。其計算公式為：

應收票據評估值＝本金×（1+利息率×時間）

【例7-13】某企業持有一張期限為6個月的商業匯票，本金為60萬元，月息為20‰，截至評估基準日離付款期還差1.5個月，由此確定該票據的評估值為：

應收票據評估值＝600,000×（1+20‰×4.5）＝654,000（元）

（2）計算應收票據的貼現值作為評估值，即應收票據的評估值為評估基準日所持票據到銀行申請貼現的貼現值，其計算公式為：

應收票據評估值＝票據到期價值－貼現息

其中，貼現息＝票據到期價值×貼現率×貼現期

【例7-14】對甲企業評估時確定的基準日為2019年4月3日。甲企業於2019年2月1日向乙企業售出一批商品，價款為300萬元，採用商業匯票結算，約定6個月收款。2019年2月3日甲企業開出一張匯票並經乙企業承兌，匯票到期日為2019年8月3日。假定貼現率為月息5‰，求該票據評估值。

貼現息＝（300×5‰÷30）×120＝6（萬元）

應收票據評估值＝300－6＝294（萬元）

7.3.2 貨幣類資產評估

貨幣類資產是指以貨幣形態存在的資產，包括現金、銀行存款和短期內準備變現的短期投資。

7.3.2.1 現金、銀行存款評估

資產評估主要是對非貨幣資產而言。對於貨幣性資產，因其價值一般不會隨時間的變化而產生較大差異，因此對於貨幣資金的評估，尤其是對現金銀行存款的評估，主要是對數額的清查確認。在評估中，首先要對現金進行盤點，並與現金日記帳和現金總帳核對，實現帳實相符；其次，要對銀行存款進行函證，核實其實有數額，從而以核實後的現金和銀行存款實有數額作為評估值；最後，對於外匯存款，應按評估基準日的國家外匯牌價折算成人民幣。

7.3.2.2 短期投資評估。

短期投資是指能夠隨時變現並且持有時間不超過一年（含一年）的投資，包括股票、債券、基金等有價證券和其他投資。企業進行短期投資的目的是利用正常營運中暫時閒置的資金謀取一定的收益。這樣既能保證企業現金支付的需要，又能提高資金的使用效益。

短期投資的評估方法主要視短期投資的變現方式而定，對於公開掛牌交易的股票、債券和基金等有價證券，可按評估基準日的收盤價計算確定評估值，對於不能公開掛牌交易的有價證券，可按其本金加持有期利息計算確定評估值。

7.4　流動資產評估典型案例分析

7.4.1　被評估企業概況

宏遠工程機械有限公司是一個大型工程機械製造企業，主要生產推土機、挖掘機、鏟運機、裝載機等，年銷售收入為 5,458 萬元，年淨利潤為 653 萬元。

7.4.2　評估目的和範圍

由於企業實行股份制改造，必須對企業的全部流動資產進行評估。

7.4.3　評估基準日

評估基準日為 2018 年 9 月 30 日。

7.4.4　流動資產評估程序和方法

在評估基準日 2018 年 9 月 30 日，該企業流動資產總額為 68,367,328.16 元。具體構成如下：貨幣資金為 1,232,275.65 元，短期投資為 307,000.00 元，預付帳款為 923,157.93 元，應收帳款為 4,505,915.28 元，其他應收款為 3,253,758.59 元，存貨價值為 16,915,925.93 元，待攤費用為 675,295.25 元。

7.4.4.1　貨幣資金評估

企業提供的貨幣資金帳面金額為 1,232,275.65 元。其中，現金為 182,666.03 元，銀行存款為 1,049,609.62 元。

（1）現金的評估程序和方法。

評估人員於 2018 年 10 月 15 日對現金進行了現場盤點，以盤點日實盤數加上盤點日至評估基準日的支出數，減去盤點日至評估基準日的收入數，驗證評估基準日的實盤數，與評估基準日帳面餘額核對相符後，確認帳面值為評估值。具體過程如表 7.3、表 7.4 所示。

表 7.3　庫存現金盤點表

被評估單位名稱：宏遠工程機械有限公司

清點現金			核對金額	
貨幣面額	張數	金額（元）	項目	金額（元）
100 元	231	23,100.00	現金帳面餘額	59,184.54

表7.3(續)

清點現金		核對金額	
50元	15	750.00	加：收入憑證未記載	55,000.00
20元	42	840.00	減：付出憑證未記載	84,529.90
10元	178	1,780.00	調整後現金餘額	29,645.64
5元	151	755.00	實盤現金	29,645.64
2元	499	998.00	現金長款	—
1元	2	2.00	現金短款	—
5角	2,717	1,358.50	評估基準日	2016年9月30日
2角	50	10.00	現金盤點日	2016年10月15日
1角	512	51.20	財務負責人	×××
分幣	—	9.94	出納員	×××
合計	—	29,654.64	評估人員	××××

表7.4　現金清查評估工作底稿

被評估單位名稱：宏遠工程機械有限公司
評估基準日：2018年9月30日　　　　　　　　　　　評估方法：實地盤點
評估人員：×××　　　清查日期：2018年10月15日
審核人員：×××　　　審核日期：2018年10月20日　　　　　　　　單位：元

項目	金額	備註
清查日調整後現金餘額	29,654.64	
加：評估基準日至清查日支出	632,438.73	
減：評估基準日至清查日收入	479,427.34	
評估基準日帳面餘額	182,666.03	
調整事項：無		
評估基準日清查調整數	—	
評估基準日評估值	182,666.03	

(2) 銀行存款的評估程序和方法。

銀行存款帳面餘額為1,049,609.62元，包括開設在中國工商銀行、中國銀行、中國建設銀行等金融機構的20個帳戶的餘額。在評估時，首先，將銀行存款日記帳與銀行存款總帳進行核對，其金額相符；其次，取得銀行對帳單，編製銀行存款餘額調節表，經調節後相符，未發現金額大、時間長的未達帳項，並對於在評估基準日餘額較大的銀行存款帳戶，向開戶銀行進行了函證，經函證後確認無誤；最後，以核實無誤的帳面值1,049,609.62元作為評估值。

7.4.4.2 短期投資的評估程序和方法

宏遠工程機械有限公司在評估基準日的短期投資情況及評估值計算過程如表 7.5 所示。該公司的短期投資均為購買的上市股票，股票評估值可按評估基準日股票的收盤價確定，經計算該公司短期投資的評估值為 341,300.00 元。

表 7.5　短期投資評估計算表

股票名稱	股數	帳面成本（元）	評估基準日市價（元）	評估值（元）
太鋼不銹	1,000	15,000.00	16.5	16,500.00
東風汽車	1,500	24,000.00	15.2	22,800.00
天山股份	8,000	48,000.00	8.5	68,000.00
西寧特鋼	10,000	145,000.00	16	160,000.00
巴士股份	5,000	75,000.00	14.8	74,000.00
合計		-307,000.00		341,300.00

預付帳款帳面金額為 923,157.46 元，是預付的材料和設備款。評估時，首先將評估基準日的明細帳餘額、總帳餘額及報表數進行了核對，其金額相符；其次對預付帳款中金額大、帳齡長的進行函證，對各個明細項目的發生原因和時間進行分析，在此基礎上對其可收回程度進行判斷，從而確定有兩筆款項共計 85,950.50 元因供貨單位停業，無法追回材料或貨款，被認定為壞帳；最後確定預付帳款的評估值為 837,206.96 元。

7.4.4.3 應收帳款的評估程序和方法

宏遠工程機械有限公司在評估基準日有應收帳款 45,059,915.28 元，共 508 筆。評估人員經與財務處管理人員和收帳組成員進行座談，瞭解到應收帳款不能收回的問題較為嚴重，決定採用帳齡分析法確定壞帳損失數額。同時，結合該公司往年應收帳款回收情況和債務人的經營情況，制定了以下計算壞帳損失的辦法：帳齡為 2 年以內（不含 2 年），不確認壞帳損失；帳齡為 2~3 年（不含 3 年），預計壞帳率定為 10%；帳齡為 3~4 年（不含 4 年），預計壞帳率定為 15%；帳齡在 4~5 年（不含 5 年），預計壞帳率為 20%；帳齡在 5 年以上（含 5 年），預計壞帳率定為 50%。對於千元以下的小額款項，如果屬於與不再發生業務往來的客戶進行往來結算的尾數，且帳齡較長，該應收帳款的評估值按零值處理，應收帳款評估的具體計算過程如表 7.6 所示，最後確定的應收帳款的評估值為 40,672,677.90 元。

表 7.6　應收帳款評估值計算分析表

拖欠時間	應收金額（元）	預計壞帳率（%）	壞帳金額（元）	評估值（元）
2 年以內	23,078,643.46	0	0	23,078,643.46
2~3 年	9,798,562.38	10	9,798,562.38	8,818,706.14

表7-6(續)

拖欠時間	應收金額（元）	預計壞帳率（%）	壞帳金額（元）	評估值（元）
3~4年	5,099,188.39	15	764,878.26	4,334,310.13
4~5年	2,997,525.47	20	599,505.09	2,398,020.38
5年以上	4,085,995.58	50	2,042,997.79	2,042,997.79
合計	45,059,915.28	—	4,387,237.38	40,672,677.90

7.4.4.4 其他應收款的評估程序和方法

其他應收款帳面金額為3,253,758.59元，包括與其他單位往來款和備用金，其中與其他單位往來款共計2,403,404.09元，備用金為850,354.50元。評估時，先將評估基準日的其他應收款明細帳的餘額、總帳的餘額與報表數進行核對，其金額相符；然後對其中帳齡長、金額大的款項進行函證，對其發生的時間和原因進行分析，判斷其收回程度，從而確定有5筆款項共計189,687.00元系職工所借住院費，因職工死亡，該借款無法收回，故確認為壞帳。在此基礎上確定其他應收款的評估值為3,064,071.59元。

7.4.4.5 原材料及產成品的評估程序和方法

評估基準日該企業有存貨共計16,915,925.93元。其中原材料共計8,689,230.45元，產成品共計8,226,695.48元。

(1) 原材料的評估程序和方法。

該公司的原材料品種繁多，有鋼材、各種半成品和零部件等。經評估人員現場盤點和查看，原材料保存情況良好，帳實相符，並且由於該公司的銷售形勢較好，材料儲存時間較短，週轉較快，材料的帳面成本基本上能夠反應市場價格，因而評估值按帳面成本確定為8,689,230.45元。

(2) 產成品的評估程序和方法。

該公司的產成品有挖掘機、裝載機、鏟運機、推土機等。經調查，該公司上述產品銷路均較好，根據2018年1—9月份的產品銷售資料，考慮產品營業費用和其他費用、產品稅金及附加以及所得稅等因素，以現行市場銷售價格估算產成品的評估值為10,324,134.83元。

7.4.5 案例評析

在流動資產評估中，應當遵循以下兩項原則：

(1) 以實際存在為原則。流動資產流動性非常強，在評估過程中一定要進行盤點與函證，以確定流動資產是否存在；要以評估基準日實際擁有的、客觀存在的流動資產為評估依據，而不能完全以委託方提供的帳表所列示的流動資產或審計後的流動資產帳表為依據，對帳表不符、帳實不符的部分要進行處理。

(2) 以變現的可能性為原則。流動資產變現的可能性及其速度影響被評估單位的

資產質量和財務狀況，在評估時無論採用何種評估方法都應重點考慮市場變現問題，包括變現價格、變現風險和變現費用。

對貨幣資金進行評估時，應注意對現金進行盤點，將被評估單位的銀行存款日記帳與隱含對帳單相核對，編製銀行存款月調節表，必要時向其開戶銀行函證銀行存款的餘額。

對債券類流動資產進行評估時，應瞭解債權的經濟內容、發生時間，對金額較大、帳齡較長的債權進行函證，帳齡較長、欠款單位不清楚或債務人已倒閉的款項可以作為壞帳核銷，並盡可能進行追償。對存貨進行評估時，應當進行盤點，對數量多、單位價值量較小的存貨進行抽查，對單位價值量較大的存貨進行詳查。在盤點過程中應關注呆滯、積壓和變質的存貨，必要時可以聘請專家對存貨進行鑒定。

實訓　流動資產評估實訓

【實訓目標】

　　流動資產評估是最常見的評估業務之一。通過系統地進行流動資產評估的操作訓練，使學生明確評估對象和範圍，熟悉評估程序，掌握流動資產評估方法，熟練運用評估技術，能夠獨立完成流動資產項目的評估。

【實訓內容與要求】

　　一、實訓項目
（1）材料評估。
（2）低值易耗品評估。
（3）在產品評估。
（4）產成品和庫存商品評估。
（5）應收帳款評估。
（6）應收票據評估。
（7）待攤費用和預付費用評估。
　　二、實訓要求

　　流動資產評估實訓以學生為中心，分組訓練，集中交流，集體總結。教師主要擔任輔導者、具體組織者和觀察員，向學生布置任務，進行必要指導，解答有關問題，進行進度控制與質量監督。學生按每組6~8人分為若干小組，每組為一個實訓團隊，開展實際操作訓練，每個團隊分別確定一個負責人，具體組織和管理實訓活動。要求如下：
（1）依照資產評估準則規定的程序實施評估。
（2）根據實訓項目分析確定評估方法，總結各種評估方法的應用前提條件。
（3）能夠規範、正確地完成每個評估項目。

(4) 熟悉評估程序，按照評估準則要求實施。

(5) 熟悉應用評估方法，按教師給出的案例資料進行練習。

【成果檢測】

(1) 每個團隊分別撰寫實訓總結報告，在班級內進行交流。

(2) 教師與同學們共同總結流動資產評估實訓中存在的問題，明確今後教學過程中應當改進的方面。

(3) 由各團隊負責人組織小組成員進行評價打分。

(4) 教師根據各團隊的實訓情況、總結報告及各位同學的表現予以評分。

【思考討論】

(1) 運用成本法評估在產品價值的理論依據是什麼？

(2) 談談你對在產品評估中成本法具體應用方法的認識。

(3) 同學之間互相評價所得出的評估結論是否客觀。

課後練習

一、簡答題

1. 流動資產評估的特點表現在哪些方面？
2. 簡述流動資產的評估程序。
3. 如何評估企業中在產品的價值？
4. 運用市場法評估產成品價值時，如何合理選擇和確定市場價格？
5. 評估應收帳款時如何確定預計發生的壞帳損失？

二、案例分析題

運用成本調整法評估在產品價值。

被評估資產是某企業生產的丙系列產品的在產品，評估人員在瞭解企業的生產情況並進行市場詢價後，掌握了以下資料。請評估在產品的價值：

(1) 評估基準日該在產品的帳面成本累計為 400 萬元。

(2) 經實地調查和技術鑒定，發現在產品質量存在問題，廢品率偏高，其中超過正常範圍的廢品有 80 件，帳面單位成本為 30 元，估計可收回的廢料價值為 800 元。

(3) 該在產品的總成本中，材料成本占 60%，從生產開始時一次投入，到評估基準日時材料價格上漲了 12%。

(4) 經分析，該企業在產品製造費用偏高，主要原因是由於將補提的折舊費用 12 萬元計入了本期成本。

第 8 章　無形資產評估

案例導入

怎樣評估商譽

某企業進行股份制改組，根據企業過去的經營情況和未來市場的形勢，預測其未來 5 年的收益額分別是 13 萬元、14 萬元、11 萬元、12 萬元和 15 萬元，並假定從第 6 年開始，以後各年的收益額均為 14 萬元。根據銀行利率及企業經營風險情況確定的折現率和本金化率均為 10%。並且，採用單項資產評估方法評估確定該企業各單項資產評估之和（包括有形資產和可確指的無形資產）為 90 萬元。

問題：如果你是評估師，你將遵循怎樣的操作步驟，採用何種方法對不同種類的無形資產價值進行評估？

8.1　無形資產評估概述

8.1.1　無形資產及其特性

8.1.1.1　無形資產的含義

無形資產是指由特定的主體所擁有或控制的，不具有實物形態，對生產經營長期發揮作用且能帶來經濟利益的資源。

無形資產應從以下方面理解：一是無形資產具有非實體性。相對於有形資產而言，無形資產沒有物質實體形態，因此，也就不會像有形資產那樣，其價值會因為物質實體的變化損壞而貶值。無形資產的價值取決於無形資產的貢獻。二是無形資產具有可控性。無形資產應當為特定主體所控制，那些儘管產生效益但不能給特定主體創造效益的公知技術，就不能被確認為無形資產。三是無形資產具有效益性。並非任何無形的事物都是無形資產，成為無形資產的前提是其必須能夠以一定的方式，直接或間接地為其控制主體創造效益，而且必須能夠在長時期內持續產生經濟效益。

8.1.1.2　無形資產的分類

無形資產種類很多，可以按不同的標準進行分類。

(1) 按無形資產的性質分類。

按無形資產的性質，可分為：知識產權型無形資產，如專利權、商標權等；關係型無形資產，如銷售網路、顧客名單等；權力型無形資產，如採礦權、特許經營權等；組合型無形資產，如商譽。

(2) 按無形資產的取得方式分類。

按無形資產的取得方式，可分為自創無形資產和外購無形資產。企業自身研究創造和形成的專利權、商標權、專有技術、商譽等都屬於自創無形資產；企業外購專利權、商標權、專有技術等屬於外購無形資產。

(3) 按無形資產是否獨立存在分類。

按無形資產是否獨立存在，可分為可確指無形資產和不可確指無形資產。可確指無形資產是指具有專門名稱，可單獨取得、轉讓的無形資產。不可確指無形資產是指不能辨識、不可單獨取得、離開企業整體就不復存在的無形資產。一般認為，除商譽以外的無形資產都是可確指無形資產。

8.1.1.3 無形資產的特性

無形資產的形成、發揮作用的方式、研發成本等都與有形資產存在很大的差異，由此體現了無形資產的功能特性和成本特性。

(1) 無形資產的功能特性。

無形資產的功能特性主要包括累積性、共益性和替代性。

累積性。無形資產的形成基於其他無形資產的發展，無形資產自身的發展也是一個不斷累積和演進的過程。無形資產總是在生產經營的一定範圍內發揮作用，其成熟程度、影響範圍和獲利能力總是在不斷變化。

共益性。無形資產可以作為共同財產在同一個時間、不同的地點、由不同的主體使用，並給不同的主體創造效益。無形資產的共益性一般會受相關合約的限制。由於無形資產可同時被不同的主體擁有或控制，評估時，應根據其權益界限界定其範圍。

替代性。隨著科學技術的進步，一種技術會取代另一種技術，一種工藝也會取代另一種工藝，無形資產在不斷地替代、更新中發展。無形資產的作用期間特別是尚可使用年限，取決於該領域內技術進步的速度和無形資產帶來的競爭。

(2) 無形資產的成本特性。

無形資產的成本特性主要包括不完整性、弱對應性和虛擬性。

不完整性。會計核算中一般會把相當部分的研發費用從當期生產經營費用中列支，而不是先對科研成果進行資本化處理，再按無形資產減值或攤銷的辦法從生產經營費用中補償。這樣，企業帳簿上不能全面反應無形資產研發過程中所發生的全部的成本費用。

弱對應性。無形資產的研發時間較長，有的經過若干年的研究才形成成果，有的是在一系列的研究失敗之後偶爾出現的成果，成果的出現帶有很大的隨機性和偶然性。因此，無形資產價值並不與開發費用和時間產生某種既定的關係。

虛擬性。既然無形資產的成本具有不完整性、弱對應性的特點，因而無形資產的

成本往往是相對的。特別是一些無形資產的內涵已經遠遠超出了它外在形式的含義，這種無形資產的成本只具有象徵意義。

8.1.2 無形資產評估的特點

無形資產評估是指評估人員依據相關法律、法規和資產評估準則對無形資產的價值進行分析、估算並發表專業意見的行為和過程。無形資產的特性決定了無形資產評估具有其自身特點。

8.1.2.1 無形資產評估通常以產權變動為前提

從無形資產評估所涉及的具體資產業務來看，無形資產評估通常是以產權變動為前提。無形資產發生產權變動大體有兩種情況：一種情況是無形資產的擁有者或控制者以無形資產對外投資或交易時，需要對無形資產進行評估；另一種情況是，當企業整體發生產權變動時，企業資產中所包括的無形資產隨企業產權變動而產生評估的需求。

8.1.2.2 評估無形資產時對超額獲利能力的評估

無形資產的價值體現了無形資產所擁有的超額獲利能力，無形資產的超額獲利能力是無形資產被利用後給產權主體帶來的超額收益能力，無形資產的超額收益通常表現為無形資產直接帶來的新增收益額或超過行業平均水準的收益額。無形資產的超額獲利能力主要取決於無形資產的稀缺性、技術成熟程度、效用狀況、適用範圍等。

8.1.3 無形資產評估的程序

無形資產評估程序是指無形資產評估的具體工作步驟，主要包括明確基本事項、簽訂業務約定書、制訂工作計劃、鑒定無形資產、收集評估資料、估算無形資產價值、編製評估報告等工作。

8.1.3.1 明確基本事項

明確無形資產的基礎事項主要是明確無形資產的評估目的、評估對象、價值類型和評估基準日等基本情況。

（1）明確評估目的。

無形資產評估因評估目的的不同，其評估的價值類型和選擇的方法也不同，評估結果也會不同。從中國目前的市場條件和人們對無形資產評估的認識水準來看，無形資產評估一般應以產權變動為前提。無形資產評估的特定目的可分為無形資產轉讓，用於工商註冊登記的無形資產出資，股份制改造，企業合資、合作、重組及兼併，企業改制、上市，銀行質押貸款，處理無形資產糾紛和有關法律訴訟，其他目的等。

（2）明確評估對象。

明確評估對象類別。明確無形資產類別一方面是便於把握無形資產和識別無形資產，另一方面也便於瞭解無形資產的屬性及作用空間，以便進一步掌握無形資產的價值規律。明確評估對象的自身狀況。作為評估標的物的無形資產，其自身狀況對其自

身的價值影響極大。無形資產自身的狀況包括無形資產的適用性和先進性、安全可靠性和配套性、評估時無形資產所處的經濟壽命階段、受法律保護的程度或自我保護程度、保密性與擴散情況、研製開發成本及宣傳成本、無形資產的產權狀況和獲利能力等。通過對無形資產進行鑒定，可以對無形資產的自身狀況進行瞭解和掌握。

（3）明確價值類型。

無形資產評估的價值類型是無形資產評估結果的價值屬性的表現形式。無形資產評估的價值類型一般分為市場價值和市場價值以外的價值兩類。評估無形資產市場價值的基礎條件包括無形資產評估目的、評估時的市場條件、評估對象自身的性質和狀況等。就一般情況而言，除可供出售的無形資產外，其他無形資產價值的評估基本上都是屬於市場價值以外的價值類型。

（4）明確評估基準日。

無形資產作為單獨的評估對象，評估基準日通常選擇現在某個日期，個別情況下評估基準日也可選擇在過去或將來某個日期，如對無形資產評估結果有爭議而引起的復核評估、評估無形資產未來預期價值等。如果無形資產作為機器設備的有機組成部分與機器設備一起評估，則無形資產的評估基準日應與機器設備的評估基準日相一致。如果無形資產與企業整體資產一起評估，則其評估基準日應與企業價值評估的評估基準日相一致。

8.1.3.2　簽訂業務約定書

無形資產評估業務約定書的主要內容包括無形資產評估的目的、評估對象和評估範圍、評估價值類型、評估基準日、評估收費、評估報告提交日期等內容。

8.1.3.3　制訂工作計劃

無形資產評估工作計劃主要包括評估人員安排計劃、評估工作進度計劃和評估作業經費計劃等內容。其中，人員安排計劃是重點，由於無形資產評估類型多，市場透明度不高，無形資產比有形資產評估難度大。因此，應選擇合適的人員或外聘專家完成。

8.1.3.4　鑒定無形資產

無形資產的鑒定直接影響評估範圍和評估價值的科學性，通過鑒定無形資產可以確認無形資產是否存在，鑑別和確定無形資產的權力狀況、效用和有效期限。

（1）確認無形資產是否存在。

確認無形資產是否存在，主要是驗證無形資產的來源是否合法，產權是否明確，經濟行為是否合法、有效，評估對象是否已經成為無形資產。對於單獨作為評估對象的無形資產，可以從以下幾個方面進行分析：一是查詢評估對象無形資產的內容、國家有關規定、專門人員評估情況、法律文書，核實有關資料的真實性、可靠性和權威性，分析和判定評估對象是否真正形成了無形資產。二是分析無形資產使用所要求的與之相適應的特定技術條件和經濟條件，鑒定其應用能力。三是核查無形資產的歸屬是否為委託者所擁有或他人所有。對於作為企業資產的組成部分隨同企業整體資產評

估而評估的無形資產（特別是商譽），應分析企業是否具有由無形資產所帶來的超額收益。超額收益一般表現為超額利潤或者壟斷利潤。

（2）確認無形資產的權利狀況。

確認無形資產的權利狀況主要分析企業對無形資產具有的是所有權還是使用權。如果是使用權，就要確認是獨家許可使用權、獨占許可使用權還是普通許可使用權。無形資產的權利狀況通常根據委託方提供的合法有效的產權證明文件確定。

（3）鑒定無形資產的效用。

無形資產價值的大小主要取決於無形資產的效用。對無形資產效用的鑒定可以從以下兩個方面進行：一是鑑別無形資產的類別。主要確認無形資產的種類、具體名稱、存在形式以及無形資產的使用範圍和作用領域。二是分析無形資產的先進性和可靠性。主要考慮無形資產自身的技術狀況、成熟程度以及與同類無形資產的有關技術指標進行比較。

（4）確定無形資產的有效期限。

無形資產有效期是指無形資產能夠獲得超額收益的時間（通常以年為單位計量），它是無形資產存在和具有價值的前提。如果某項專利權超過國家法律保護期限，就不能作為專利權評估。有的未交專利年費，視為撤回，專利權失效。在對無形資產進行鑒定時，必須要求委託方提供各方能夠反應無形資產有效期限的證明文件。

8.1.3.5 收集評估資料

無形資產評估所需的相關資料一般通過委託人提供和評估人員調查獲得。這些資料主要包括以下內容：

（1）法律、權屬資料。

法律、權屬資料主要指無形資產的法律文件或其他證明材料，如專利證書、商標註冊證、有關機構和專家的鑒定材料等。

（2）成本資料。

成本資料主要指無形資產的研發成本和外購成本的費用和價格資料，如自創無形資產所耗費的材料、人工及其他費用，外購無形資產的購置價格、購置費用，同類無形資產的價格水準及價格變動情況等。

（3）技術資料。

技術資料主要指反應無形資產技術先進性、可靠性、成熟度、適用性等方面的資料，如無形資產技術在國內或國際所處的地位，技術應用的範圍和具體的使用狀況等。

（4）轉讓內容和條件。

轉讓內容主要應考慮無形資產轉讓的是所有權或使用權以及使用權的不同方式等；轉讓條件包括轉讓方式、已轉讓次數、已轉讓地區範圍、轉讓時的附帶條件以及轉讓費支付方式等。

（5）盈利能力資料。

盈利能力資料主要指運用無形資產後的生產能力、產品的銷售、市場佔有率、價格水準、行業盈利水準及風險等的情況。

(6) 使用期限。

使用期限主要考慮無形資產的存續期、法定期限、收益年限、合同約定期限、技術壽命等。

(7) 市場供求狀況。

市場供求狀況主要考慮評估對象無形資產及同類無形資產的供給、需求、範圍、活躍程度、變動情況等。

8.1.3.6 估算無形資產價值

收益途徑是評估無形資產的主要途徑。採用收益途徑進行評估時，要合理確定超額獲利能力和預期收益，分析與之有關的預期變動、收益期限、與收益有關的資金規模、配套資產、現金流量、風險因素及貨幣時間價值。注意評估對象收益額的計算口徑要與折現率口徑保持一致。

採用市場途徑進行評估時，要根據有關資料選擇可比性較強的交易實例作為可供比較的參照物，並根據宏觀經濟、行業和無形資產變化情況，考慮交易條件、時間因素、交易地點和影響價值的其他因素的差異，調整確定評估值。

採用成本途徑進行評估時，要注意根據現行條件下重新形成或取得該項無形資產所需的全部費用確定評估值，並充分考慮無形資產存在的功能性貶值和經濟性貶值因素。

8.1.3.7 編製評估報告

上述工作完成後，應根據評估報告規範要求的格式和內容，在對評估過程綜合分析的基礎上撰寫評估報告。評估報告中要明確闡述評估結論產生的前提、假設和限定條件，各種參數的選用依據，評估方法使用的理由及邏輯推理方式。

8.2　收益途徑在無形資產評估中的應用

8.2.1　收益途徑的基本思路

無形資產評估中的收益途徑是將無形資產帶來的超額收益以適當的折現率折現求和，以此確定無形資產價值的評估思路和技術方法。

收益途徑的基本前提條件是：能夠預測和計量無形資產的未來預期超額收益，能夠預測和計量無形資產未來所面臨的風險狀況，能夠確定無形資產獲得超額收益的年限。因此，運用收益途徑評估無形資產價值的關鍵是確定超額收益、折現率、收益期限這三個基本參數。

8.2.2　無形資產超額收益的估測

根據無形資產的類型和收益取得方式的不同，無形資產超額收益的估測方法通常有以下幾種：

8.2.2.1 直接估算法

直接估算法是通過對未使用無形資產的收益情況和使用無形資產以後收益情況進行對比,確定無形資產帶來的收益,具體又分為三種情況:

(1) 無形資產應用於生產經營過程,使產品能夠以高出同類產品的價格出售,從而獲得超額收益。假設在銷售量和單位成本不變、不考慮銷售稅金的情況下,無形資產形成的超額收益的計算公式為:

$$R = (P_2 - P_1) \cdot Q \cdot (1 - T)$$

式中,R 為超額收益,P_2 為使用無形資產以後的單位產品價格,P_1 為使用無形資產以前的單位產品價格,Q 為產品銷售量,T 為所得稅稅率。

(2) 無形資產應用於生產經營過程,產品的銷售數量大幅度增加,從而獲得超額收益。假設單位價格和單位成本不變,在不考慮銷售稅金的情況下,無形資產形成的超額收益的計算公式為:

$$R = (Q_2 - Q_1) \times (P - C) \times (1 - T)$$

式中,R 為超額收益,Q_2 為使用無形資產以後的產品銷售量,Q_1 為使用無形資產以前的產品銷售量,P 為產品價格,C 為產品單位成本,T 為所得稅稅率。

(3) 無形資產應用於生產經營過程,使產品的成本費用降低,從而獲得超額收益。假設在銷售量和單位產品的價格不變、不考慮銷售稅金的情況下,無形資產形成的超額收益的計算公式為:

$$R = (C_1 - C_2) \cdot Q \cdot (1 - T)$$

式中,R 為超額收益,C_1 為使用無形資產以前的單位產品成本,C_2 為使用無形資產以後的單位產品成本,Q 為產品銷售量,T 為所得稅稅率。

實際上,運用無形資產後,其帶來的超額收益通常是價格提高、銷售量增加以及成本降低等各因素共同形成的結果,評估人員應根據不同情況加以綜合性的運用和測算,科學地估測無形資產的超額收益。

8.2.2.2 分成率法

分成率法是以運用無形資產後的銷售收入或銷售利潤率為基數,乘以無形資產的分成率來確定無形資產超額收益的方法。其評估計算公式為:

超額收益=運用無形資產後的銷售收入(或新增銷售收入)×銷售收入分成率

或者,

超額收益=運用無形資產後的銷售利潤(或新增利潤)×銷售利潤分成率

運用此方法的關鍵是估測和確定銷售收入或銷售利潤以及相應的分成率。

(1) 銷售收入或銷售利潤的估測。由於無形資產的種類不同,其發揮作用的形式、能否再轉讓等都是有差別的,預測無形資產的超額收益應根據每一種具體的無形資產實際情況,考慮適宜的估測思路。在估測使用無形資產後的銷售收入或銷售利潤時,應充分考慮同行業競爭因素的影響、未來市場產品或服務需求數量、對受讓方的市場份額的預期、與無形資產相關產品或服務價格的預期以及使用無形資產需追加的投資及相關費用的預期等,這些都應建立在科學、合理、可靠的基礎之上。

(2) 分成率的估測。無形資產銷售收入分成率的估測，可考慮按同行業約定俗成的無形資產銷售收入分成率確定，如行業技術分成率、特許使用權分成率、商標分成率等。例如，按照國際慣例一般技術轉讓費不超過銷售收入的 1%～10%。但從銷售收入分成率和銷售利潤分成率的比較來看，銷售利潤分成率比銷售收入分成率更能反應出轉讓價格的合理性。因此，在無形資產評估中主要選用銷售利潤分成率。

銷售利潤分成率通常是以無形資產帶來的新增利潤在利潤總額中的比重為基礎確定的。無形資產轉讓銷售利潤分成率的估測可以有多種方法，下面主要介紹其中的 3 種方法：

其一，分成率換算法。該方法是通過已知的銷售收入分成率和銷售利潤率指標計算求得銷售利潤分成率。其計算公式為：

銷售利潤分成率＝銷售收入分成率÷銷售利潤率

【例 8-1】 如果行業平均銷售利潤率為 10%，當技術轉讓費為銷售收入的 3% 時，求無形資產轉讓的銷售利潤分成率。

銷售利潤分成率＝3%÷10%＝30%

其二，邊際分析法。邊際分析法是選擇無形資產受讓方運用無形資產前後兩種經營條件下的利潤差額，即無形資產使用後所形成的新增利潤，測算其占無形資產使用後的總利潤的比率作為無形資產的銷售利潤分成率的一種方法。使用該方法的具體步驟是：首先，對無形資產的邊際貢獻因素進行分析，因素主要包括：新市場的開闢，銷售量提高；消耗量的降低，成本費用節省；產品質量改進，功能增加，價格提高，等等；其次，測算使用無形資產後受讓方可以實現的總利潤和無形資產帶來的新增利潤；再次，根據無形資產的剩餘經濟壽命或設定年限，將各年的新增利潤和利潤總額分別折現累加，得到剩餘經濟壽命或設定年限內的新增利潤現值之和與利潤總額現值之和；最後，用新增的利潤現值之和與利潤總額現值之和的比率作為無形資產銷售利潤分成率。其計算公式為：

$$K = \sum_{i=1}^{n} \frac{R_i'}{(i+r)^i} + \sum_{i=1}^{n} \frac{R_i}{(i+r)^i}$$

其中，K 為銷售利潤分成率，R_i' 為第 i 年無形資產帶來的新增利潤，R_i 為第 i 年受讓方運用無形資產後的利潤總額，r 為折現率，n 為無形資產的剩餘經濟壽命。

邊際分析法僅僅是確定無形資產超額收益比例的一種可參考的技術思想，即在運用無形資產後增加的超額收益不能全部劃歸為無形資產的超額收益，無形資產帶來的超額收益僅僅是其中一部分。至於無形資產應分得多少，應根據無形資產在其中發揮作用的程度來確定。因此，該方法的重點應放在對無形資產邊際貢獻度的分析上。

【例 8-2】 某企業擬轉讓一項印染技術，受讓方在未取得該技術之前，年利潤額在 50 萬元的水準上；如果受讓方購買了該項技術，年利潤每年將會比上年增加 20 萬元。假定該技術的經濟壽命還有 5 年，折現率為 10%，求該項技術的銷售利潤分成率。

分析：受讓方使用無形資產後每年的利潤總額是 70 萬元、90 萬元、110 萬元、130 萬元和 150 萬元，每年新增利潤是 20 萬元、40 萬元、60 萬元、80 萬元和 100 萬元。

$$利潤分成率 = \left[\frac{20}{1+10\%} + \frac{40}{(1+10\%)^2} + \frac{60}{(1+10\%)^3} + \frac{80}{(1+10\%)^4} + \frac{100}{(1+10\%)^5}\right] +$$
$$\left[\frac{70}{1+10\%} + \frac{90}{(1+10\%)^2} + \frac{110}{(1+10\%)^3} + \frac{130}{(1+10\%)^4} + \frac{150}{(1+10\%)^5}\right]$$
$$= 0.53$$

因此，該項技術的利潤分成率大約為53%。

其三，約當投資分成法。約當投資分成法是根據等量資本獲得等量報酬的思想，將共同發揮作用的有形資產和無形資產換算成相應的投資額（約當投資量），再按無形資產的約當投資量占總約當投資量的權重確定無形資產銷售利潤分成率。其計算公式為：

$$銷售利潤分成率 = \frac{無形資產約當投資量}{購買方約當投資量 + 無形資產約當投資量}$$

其中，

無形資產約當投資量＝無形資產的重置成本×（1+適用的成本利潤率）

購買方約當投資量＝購買方投入總資產的總重置成本×（1+適用的成本利潤率）

約當投資分成法的關鍵是能否準確地確定無形資產約當投資量，由於無形資產的種類繁多，既有技術含量高的無形資產，也有普通的無形資產，無形資產的重置成本和適用的成本利潤率都不易準確把握。因此，在使用約當投資分成法確定無形資產銷售利潤分成率時，應具有充分的數據資料。

【例8-3】甲企業以液晶電視新技術向乙企業投資，該技術的重置成本為150萬元，乙企業投入合營的資產重置成本為9,000萬元，甲企業無形資產的成本利潤率為400%，乙企業擬合作的資產原利潤率為12%。試評估無形資產投資的銷售利潤分成率。

根據題意可得：

無形資產的約當投資量＝150×（1+400%）＝750（萬元）

企業總資產的約當投資量＝9,000×（1+12%）＝10,080（萬元）

無形資產的銷售利潤分成率＝750÷（750+10,080）＝6.93%

8.2.2.3　差額法

差額法是採用無形資產和其他類型資產在經濟活動中的綜合收益與行業平均水準進行比較，從而得到無形資產超額收益的方法。該方法的具體步驟是：首先，收集有關使用無形資產的產品進行生產經營活動的財務資料，進行盈利分析，計算得到企業的銷售收入和銷售利潤。其次，收集並確定行業平均銷售利潤率指標，用企業的銷售收入乘以行業的平均利潤率，得到按行業評估利潤率計算的企業利潤。最後，計算無形資產帶來的超額收益。其計算公式為：

超額收益＝銷售利潤－銷售收入×行業平均銷售利潤率

需要注意的是，運用差額法計算出來的超額收益往往是各類無形資產共同創造的，在對某一種無形資產進行評估時，還需將計算出來的超額收益進行分解。

8.2.3 無形資產折現率的估測

折現率是指將無形資產帶來的超額收益換算成現值的比率。它本質上是從無形資產受讓方的角度,作為受讓方投資無形資產的投資報酬率。折現率的高低取決於無形資產投資的風險和社會正常的投資收益率。因此,從理論上講,無形資產評估中的折現率是社會正常投資報酬率(無風險投資報酬率)與無形資產的投資風險報酬率之和。其計算公式為:

無形資產評估中的折現率＝無風險報酬率＋無形資產投資風險報酬率

關於無風險報酬率,在市場經濟比較發達的國家,無風險報酬率大都選擇政府債券利率。從中國目前的情況看,除了可以選擇國債利率以外,也可以考慮國家銀行利率。無風險報酬率突出了投資回報的安全性和可靠性,中國的國債利率與國家銀行利率基本都能保證這兩點。

無形資產投資風險報酬率的選擇和量化主要取決於無形資產本身的狀況以及運用無形資產的外部環境。如技術的先進性、技術成果是否已經在市場中得以體現、企業整體素質和管理水準、企業所處行業、市場因素和政策因素等。因此,對於無形資產的投資風險報酬率的確定,通常要對評估對象的具體情況進行分析,從而得出合理判斷。

總之,無形資產評估中的折現率的確定是一個比較複雜的過程,受諸多因素的影響和制約。評估者一定要抓住影響無形資產折現率的主要因素,在認真調查研究的基礎上,經過充分分析予以量化。

8.2.4 無形資產收益期限的確定

無形資產的收益期限是指無形資產發揮作用並具有超額收益能力的時間。無形資產能帶來超額收益持續的時間通常取決於無形資產的剩餘經濟壽命。但是在無形資產轉讓或其他形式的產權變動過程中,由於轉讓的期限、無形資產受法律保護的年限等諸因素都將影響某一種無形資產的收益持續時間。因此,在判斷無形資產獲得超額收益持續的時間時,要掌握這樣一個原則,即剩餘經濟壽命與法律保護年限以及合同年限孰短的原則。關於無形資產的法定壽命和合同年限一般都是明確的,而無形資產的剩餘經濟壽命通常需要評估者予以估測。當然,無形資產的種類不同,其剩餘經濟壽命的決定因素也不相同,要根據無形資產的具體特點採取適當的方法加以判斷。例如,技術型無形資產通常要用產品更新週期法或技術更新週期法來判斷其剩餘經濟壽命。

8.2.5 無形資產價值的估測

在確定無形資產的超額收益、折現率和收益期限後,便可按照將利求本的思路,運用收益折現法將無形資產在其發揮效用的年限內的超額收益折現累加求得評估值。其計算公式為:

$$P = \sum_{i=1}^{n} \frac{R_i}{(1+r)^i}$$

上式中,P 為評估值,R_i 為第 i 年無形資產帶來的預期超額收益,r 為折現率,n

為收益持續的年限數。

【例 8-4】甲啤酒廠將該廠知名的註冊商標使用權通過許可使用合同允許乙啤酒廠使用，使用期限為 5 年。雙方約定由乙啤酒廠每年按使用該商標新增利潤的 25% 支付給甲啤酒廠，作為商標使用費。經預測，在未來 5 年中乙啤酒廠使用甲啤酒廠的商標後每年新增淨利潤分別為 300 萬元、320 萬元、350 萬元、370 萬元和 390 萬元。假設折現率為 12%，求該商標使用權的價值。

$$商標使用權的價值 = \frac{300\times 25\%}{1+12\%} + \frac{320\times 25\%}{(1+12\%)^2} + \frac{350\times 25\%}{(1+12\%)^3} + \frac{370\times 25\%}{(1+12\%)^4} + \frac{390\times 25\%}{(1+12\%)^5}$$
$$= 307.13 \text{（萬元）}$$

當然，根據不同無形資產的特點，還可以選擇收益途徑中的其他具體方法進行評估。需要指出的是，本書中的舉例是為了說明收益法原理的，並不是實際案例，讀者不可以不加分析地將例題中的參數作為實際評估時的參數，尤其是折現率的選取，哪怕是很小的偏差都會導致評估結果的較大變化。因此，收益法中的各個參數應根據實際情況來確定。

8.3　成本途徑在無形資產評估中的應用

8.3.1　成本途徑的基本思路

運用成本途徑評估無形資產，是在確定無形資產具有現實或潛在的獲利能力但不易量化的情況下，根據替代原則，以無形資產的現行重置成本為基礎判斷其價值。

運用成本途徑評估無形資產需要把握兩大基本要素：一是無形資產的重置成本；二是無形資產的貶值，主要是無形資產的功能性貶值和經濟性貶值。

由於無形資產的成本具有不完整性、弱對應性和虛擬性等特點，因此運用成本途徑評估無形資產的價值受到一定的限制。

8.3.2　無形資產重置成本的估測

無形資產的重置成本是指在現行的條件下，重新取得該無形資產需支出的全部費用。根據無形資產形成的渠道，在測算無形資產重置成本時，要分自創無形資產和外購無形資產兩類進行考慮。

8.3.2.1　自創無形資產重置成本的估測

自創無形資產的成本包括研製、開發、持有期間發生的全部物化勞動和活勞動的費用支出。現實中，大多數企業或個人對自創無形資產的基礎成本數據累積不夠，使得自創無形資產的成本記錄不完整、不真實，甚至沒有。這樣運用成本法評估無形資產時有一定的困難。在無形資產研製、開發費用資料較完備的情況下，可按下列思路測算其重置成本。

（1）和算法。和算法是將以現行價格水準和費用標準計算的無形資產研發過程中

的全部成本費用（包括直接成本和間接成本）加上合理的利潤、稅費確定無形資產的重置成本。其計算公式為：

無形資產重置成本＝直接成本＋間接成本＋合理利潤＋稅費

其中，直接成本是指無形資產研發過程中實際發生的材料、工時耗費支出，一般包括材料費用、科研人員的工資、專業設備費、諮詢鑒定費、協作費、培訓費、差旅費和其他有關費用；間接成本是指與無形資產研發有關，應攤入無形資產成本的費用，包括管理費用、非專用設備折舊費用、應分攤的公共費用和能源費用等；合理利潤是指以無形資產直接成本和間接成本為基礎，按同類無形資產平均成本利潤率計算的利潤；稅費是指無形資產轉讓過程中應繳納的增值稅、城市維護建設稅和教育費附加以及無形資產轉讓過程中發生的其他費用，如宣傳廣告費、技術服務費、交易手續費等。

（2）倍加系數法。對於投入智力比較多的技術型無形資產，考慮到科研勞動的複雜性和風險性，可以用以下公式估算無形資產的重置成本：

$$C_r = \frac{C + \beta_1 V}{1 - \beta_2}(1 + P)\frac{1}{(1 - T)}$$

上式中：C_r 為無形資產重置成本，C 為研製開發無形資產消耗的物化勞動，V 為研製開發無形資產消耗的活勞動，β_1 為科研人員創造性勞動的倍加系數，β_2 為科研的平均風險系數，P 為無形資產投資報酬率，T 為流轉稅費率。

當評估對象無形資產為非技術型無形資產時，科研人員創造性勞動的倍加系數 β_1 和科研的平均風險系數 β_2 可以不予考慮。當然，上述公式中並沒有反應間接成本和轉讓成本的因素，在實際評估操作中也應該考慮在內。

沒有較完備的費用支出數據資料的無形資產重置成本的估測，應盡可能利用類似無形資產的重置成本作為參照物，通過調整求得評估對象的重置成本。

8.3.2.2 外購無形資產重置成本的估測

外購無形資產由於其原始購入成本在企業帳簿上有記錄，相對於自創無形資產的重置成本的估測似乎容易一些。外購無形資產的重置成本包括購買價和購置費用兩部分，一般可採用以下兩種方法估測：

（1）類比法。類比法是以與評估對象相類似的無形資產近期交易實例作為參照物，再根據功能和技術的先進性、適用性等對參照物的交易價格進行調整和修正，從而確定評估對象現行購買價格，再根據現行標準和實際情況核定無形資產的購置費用，以此來確定無形資產的重置成本。該方法的難點是能否找到合適的參照物以及調整因素的確定與量化。

（2）價格指數法。價格指數法是以被評估無形資產的歷史成本為基礎，採用同類無形資產的價格指數將無形資產的歷史成本調整為重置成本的方法。可根據獲得價格指數的情況具體採用定基價格指數和環比價格指數進行調整。採用定基價格指數進行調整的公式為：

重置成本＝歷史成本×評估時定基價格指數÷購置時定基價格指數

採用環比價格指數進行調整的公式為：

$$重置成本 = 歷史成本 \times \prod_{t=t_0+1}^{t_n} 環比價格指數$$

上式中，t_0為設備購置時間，t_n為設備評估時間。

價格指數應綜合考慮生產資料價格指數的變化和消費資料價格指數的變化。根據評估對象的種類以及可能投入的活勞動情況選擇生產資料價格指數與消費資料價格指數的權重。

8.3.3 無形資產貶值的估測

無形資產本身沒有有形損耗，它的貶值主要體現在功能性和經濟性貶值兩個方面，而無形資產的功能性和經濟性貶值又會通過其經濟壽命的減少和縮短體現出來。評估時，可以把無形資產的貶值以其剩餘經濟壽命的減少來表示。這樣利用使用年限法就能較為客觀地反應出無形資產的貶值。其計算公式為：

貶值率＝已使用年限÷（已使用年限＋尚可使用年限）×100%

運用使用年限法確定無形資產的貶值率，關鍵問題是如何確定無形資產的尚可使用年限。無形資產的尚可使用年限可以根據無形資產法律保護期限或合同期限減去已使用年限來確定，或者通過有關專家對無形資產的先進性、適用性，同類無形資產的狀況以及國家有關政策等方面的綜合分析，判定其剩餘經濟壽命。此外，還應注意分析無形資產的使用效用與無形資產的使用年限是否呈線性關係，以此來確定上述公式的適用性。

8.3.4 無形資產價值的估測

無形資產評估實質上是對其權利和獲利能力的評估。在無形資產轉讓過程中，無形資產的權利可分為所有權和許可使用權。由於無形資產的權利不同，其獲利能力不同，無形資產的價值也不相同。因此，對無形資產價值的評估可分為以下兩種情況：

8.3.4.1 無形資產所有權價值的估測

無形資產所有權是無形資產最根本的權利。無形資產所有權的轉讓標誌著無形資產的權利（控制權、使用權、收益權、處置權等）的全部轉移。在這種情況下，無形資產的評估價值應該是無形資產的重置成本扣除無形資產貶值後的全部餘額。評估計算公式為：

無形資產評估值＝重置成本×（1－貶值率）

8.3.4.2 無形資產許可使用權價值的估測

無形資產許可使用權通常可分為獨占使用權、排他使用權和普通使用權等。上述使用權轉讓的形式和內容儘管有所不同，但具有共同的特點，即無形資產的所有權仍被原產權主體擁有，無形資產的使用權和收益權在一定的時間和地域範圍內被多家產權主體擁有。因此，在這種情況下，無形資產使用權的價值就不是全部無形資產重置成本的淨值，而是全部無形資產重置成本的淨值的分攤額與無形資產轉讓的機會成本之和。評估計算公式為：

無形資產評估值＝重置成本×（1-貶值率）×轉讓成本分攤率+轉讓的機會成本

其中：

轉讓成本分攤率＝購買方運用無形資產的設計能力÷運用無形資產總的設計能力×100%

無形資產轉讓的機會成本＝無形資產轉讓的淨減收益+無形資產再開發的淨增費用

上述公式中，購買方運用無形資產的設計能力和運用無形資產總的設計能力可根據設計產量或按設計產量計算的銷售收入計算確定。無形資產轉讓的淨減收益一般是指在無形資產尚能發揮作用期間減少的淨現金流量。無形資產再開發的淨增費用包括保護和維持無形資產追加的科研費用和其他費用。通常運用邊際分析法分析測算無形資產轉讓的淨減收益和無形資產再開發的淨增費用。

由於無形資產自身的特點，其價值主要不是取決於它物化的量，而是其帶來的經濟利益的量。因此，只有確信評估對象有超額獲利能力，運用成本法評估其價值才不至於出現重大失誤。

【例8-5】某公司轉讓某項專利技術許可使用權，有關資料如下：該項專利技術是該公司2年前購買的，當時的購買價格及有關購置費用合計為400萬元；近兩年同類無形資產的轉讓價格上漲了15%；經分析，該專利技術的剩餘經濟壽命為8年；根據合同規定，該專利轉讓的是排他使用權，即使用權僅為買賣雙方所擁有，不再轉讓給第三者使用，買賣雙方運用無形資產生產產品的設計生產能力分別為60,000件和80,000件；預計由於專利權的轉讓，該公司未來的收益損失額現值合計為80萬元，需要投入的再開發及保護費用的現值合計為16萬元。試評估該專利技術許可使用權轉讓價值。

（1）計算無形資產重置成本淨值（現值）。

重置成本淨值＝400×（1+15%）×［1-2÷（2+8）×100%］＝368（萬元）

（2）計算無形資產轉讓成本分攤率。

轉讓成本分攤率＝60,000÷（60,000+80,000）×100%＝42.86%

（3）計算無形資產使用權轉讓價值評估值。

評估值＝368×42.86%+80+16＝253.72（萬元）

8.4 市場途徑在無形資產評估中的應用

8.4.1 市場途徑的基本思路

無形資產評估中的市場途徑是指通過市場調查，選擇與被評估無形資產相同或類似的近期交易實例作為參照物，並通過對交易情況、交易時間、交易價格類型、無形資產的先進性、適用性、可靠性、使用範圍、經濟壽命等各方面因素的比較、量化和修正，將參照物無形資產的市場交易價格調整為評估對象價值的評估思路和技術方法。

由於無形資產的個別性、壟斷性、保密性等特點決定了無形資產的市場透明度較

低，加之中國無形資產市場不發達，交易不頻繁，使得運用市場途徑及其方法評估無形資產有諸多的困難。因此，在中國目前的條件下運用市場途徑評估無形資產的情況並不普遍。

8.4.2 參照物的選擇

同有形資產一樣，無形資產採用市場途徑評估，首先要收集資料和合理選擇參照物。根據無形資產評估準則規定，收集資料時應確定具有合理比較基礎的無形資產；收集類似的無形資產交易市場信息和被評估無形資產以往的交易信息；價格信息具有代表性，且在評估基準日是有效的；根據宏觀經濟、行業和無形資產情況的變化，考慮時間因素，對被評估無形資產以往信息進行必要調整。在對所收集資料進行分析、整理和篩選的基礎上合理選擇參照物，參照物的選擇需要注意：第一，所選擇的參照物應與評估對象在功能、性質、適用範圍等方面相同或基本相同；第二，參照物的成交時間應盡可能接近基準日或其價格可調整為評估基準日價格；第三，參照物的價格類型要與評估對象要求的價格類型相同或接近；第四，至少有三個以上的參照物可供比較。

8.4.3 可比因素的確定

可比因素就是影響被評估對象和參照物之間價格差異的因素。從大的方面來看，這些影響因素包括交易情況因素、交易時間因素、無形資產狀況因素等。其中，交易情況因素包括交易類型、市場供求狀況、交易雙方狀況、交易內容（如所有權轉讓或使用權轉讓）、交易條件、付款方式等；交易時間因素主要分析參照物交易時同類無形資產的價格水準與評估時點是否發生變化、變化的幅度以及對無形資產價格的影響程度；無形資產的類型不同，無形資產狀況因素也不完全相同，技術型無形資產的狀況因素主要包括無形資產的產權狀況，無形資產的適用性、先進性、安全可靠性和配套性，無形資產的剩餘經濟壽命，無形資產受法律保護和自我保護的程度，無形資產的保密性和擴散性，無形資產的研發和宣傳成本等。評估時，應對上述因素進行全面分析，合理確定可供比較的各種因素，並通過可比因素的量化和調整最終估測出被評估對象的價值。

根據不同的資產評估業務，分別採用收益法、成本法和市場法對無形資產價值進行評估後，按照評估報告準則的要求撰寫無形資產評估報告。評估報告中應明確說明無形資產評估的價值類型及其定義，評估方法的選擇及其理由，各重要參數的來源、分析、比較與測算過程，對初步評估結論進行分析，形成最終評估結論的過程，評估結論成立的假設前提和限制條件等內容，使評估報告使用者能夠正確認識評估結論。

實訓 1　企業商標權評估實訓

【實訓目標】

無形資產評估是資產評估的重要內容之一。通過對專利資產、專有技術、商標權

和商譽評估的實際操作訓練，使學生熟悉無形資產的評估程序，制訂無形資產評估工作計劃，在進行實地勘察與收集資料的基礎上選擇並熟練運用各種評估方法，對各類無形資產的價值進行評估，並獨立完成無形資產評估報告。

【實訓項目與要求】

一、實訓項目

（1）無形資產評估程序。
（2）商標權價值的評估。
（3）運用收益法對商標權價值進行評估。

二、實訓要求

（1）分團隊成立模擬資產評估事務所。資產評估是由專門的機構和人員進行的，因此首先確定資產評估主體，對學生進行分組，10人一組，成立資產評估團隊，組長是其任課教師或實踐指導老師，在學生中選一人為副組長，具體組織和管理實訓活動。

（2）確定資產評估客體。資產評估的客體為即評估什麼，也就是被評估的無形資產。

（3）熟悉各類無形資產的特性，瞭解不同類型無形資產狀況、有效年限，並鑒定其有效性。掌握不同類型的無形資產適用的評估方法，選用科學的方法判斷其價值。

（4）以某企業的商標、專利、商譽等為評估對象進行實踐操作，進行現場模擬評估。

（5）依照資產評估準則規定的程序實施評估。
（6）依據實訓項目情況確定評估方法，總結各種評估方法的應用前提條件。
（7）根據教師所講的評估方法並結合評估對象情況評定估算出各類型無形資產的價值，從而規範、正確地完成每個評估項目。

【成果檢測】

（1）每個團隊根據教師所講的評估方法並結合評估對象評定估算出無形資產的價值，寫出一份簡要的實訓總結報告，在班級內進行交流。

（2）由各團隊負責人組織小組成員進行自評打分。
（3）教師根據各團隊的實訓情況、總結報告及各位同學的表現予以評分。

實訓2　企業商譽價值評估實訓

【實訓目標】

商譽屬於無形資產，商譽評估是資產評估的重要內容之一。通過商譽評估的實際操作訓練，確定商譽是否存在及其價值，使學生熟悉多種評估方法，並能獨立完成無形資產評估報告。

【實訓項目與要求】

一、實訓項目

（1）商譽評估的程序。

（2）商譽評估的方法。

（3）運用收益法對商譽進行評估。

二、實訓要求

（1）資產評估是由專門的機構和人員進行的，因此首先確定資產評估主體，對學生進行分組，10人一組，成立資產評估團隊，組長是其任課教師或實踐指導老師，在學生中選一人為副組長，具體組織和管理實訓活動。

（2）確定商譽是否存在及其價值。

（3）熟悉各類無形資產的特性，瞭解不同類型的無形資產的狀況、有效年限，鑒定其有效性，掌握不同類型的無形資產適用的評估方法，選用科學的方法判斷其價值。

（4）以某企業的商標、專利、商譽等為評估對象進行實踐操作，進行現場模擬評估。

（5）依照資產評估準則規定的程序實施評估。

（6）依據實訓項目分析確定評估方法，總結各種評估方法的應用前提條件。

（7）根據教師所講的評估方法並結合評估對象情況評定估算商譽的價值，從而規範、正確地完成每個評估項目。

【成果檢測】

（1）每個團隊根據教師所講的評估方法並結合評估對象評定估算出商譽的價值，寫出一份簡要的實訓總結報告，在班級內進行交流。

（2）由各團隊負責人組織小組成員進行自評打分。

（3）教師根據各團隊的實訓情況、總結報告及各位同學的表現予以評分。

課後練習

一、單項選擇題

1. 進行無形資產評估的前提一般為（　　）。
   A. 產權變動　　　　　　　　B. 資產重組
   C. 股份經營　　　　　　　　D. 資產抵押

2. 下列屬於不可確指無形資產的是（　　）。
   A. 商標權　　　　　　　　　B. 專利權
   C. 土地使用權　　　　　　　D. 商譽

3. 無形資產有效期限是無形資產獲得（　　）。

A. 正常收益的時間　　　　　　B. 超額收益的時間
C. 客觀收益的時間　　　　　　D. 實際收益的時間

二、多項選擇題

1. 按無形資產的性質劃分，無形資產可分為（　　）。
   A. 知識型無形資產　　　　　B. 權利型無形資產
   C. 關係型無形資產　　　　　D. 促銷型無形資產
   E. 金融型無形資產
2. 無形資產分成率的估測方法有（　　）。
   A. 分成率換算法　　　　　　B. 邊際分析法
   C. 約當投資分成法　　　　　D. 市場比較法
   E. 功能比較法

三、判斷題

1. 無形資產評估一般應以產權變動為前提。　　　　　　　　　　（　　）
2. 受市場條件制約，無形資產評估的價值類型只能是市場價值以外的價值。
   　　　　　　　　　　　　　　　　　　　　　　　　　　　　　（　　）
3. 無形資產有效期限是無形資產能夠獲得超額收益的時間。　　　（　　）

四、思考題

1. 無形資產主要有哪些分類？
2. 無形資產的鑒定包括哪些內容？

五、計算題

1. 甲企業擁有一項專利，該專利保護期限還有8年，評估人員調查分析認為該專利的剩餘經濟壽命為6年。乙企業擬購買該項專利，預計乙企業運用該項專利後每年可新增稅前利潤120萬元，該專利對新增利潤的貢獻度為60%，所得稅稅率為25%，折現率為15%。

   要求：根據上述資料，估測該項專利的轉讓價值。

2. 甲企業擬將可視電話專利技術使用權轉讓給乙企業，有關資料如下：
   (1) 該專利技術是甲企業2年前獲得的，歷史成本為260萬元；
   (2) 與2年前相比該類技術的價格上漲了8%；
   (3) 該專利技術的剩餘經濟壽命為6年；
   (4) 該專利為甲企業、乙企業共享使用，甲企業、乙企業的設計生產能力分別為500萬部和220萬部；
   (5) 專利轉讓後，甲企業未來淨減收益現值為60萬元，增加研發費用現值為18萬元。

   要求：根據上述資料，估測該項專利使用權的轉讓價值。

第 9 章　長期投資性資產評估

案例導入

如何評估公司的長期投資價值

科創電子集團公司擬改制為有限公司，目前共有投資 20 項，包括長期債權投資 1 項、長期股票投資 1 項和直接性股權投資 18 項，需要於 2016 年 3 月 31 日對長期投資進行價值確認。現委託偉達資產評估對該公司的長期投資價值進行評估。

問題：如果你是評估人員，將如何評估其價值？

9.1　長期投資評估概述

對外投資是企業資產的重要組成部分。在現代企業的發展中，長期投資非常普遍，一方面是由於生產週期的存在，企業可以擁有進行長期投資的穩定資源；另一方面是基於企業發展戰略理念的建立，長期投資已經成為企業抵禦風險、優化資源配置、實現規模擴張的重要手段。因此，對長期投資性資產價值的評估已成為資產評估的重要內容，本章主要介紹債權投資和股權投資評估。

9.1.1　長期投資的概念與分類

9.1.1.1　長期投資的概念

長期投資，即不準備在一年內變現的投資。從廣義上講，長期投資是企業投入財力、物力以期獲得長期報酬的投資行為，包括對內投資和對外投資。狹義的長期投資僅指企業的對外長期投資行為。是從狹義角度而言的，作為資產評估對象的長期投資，就是反應在企業「長期投資」帳戶的那部分企業資產。

與短期投資不同，長期投資本質上是一種戰略性的資源控制權力。它以股權或債券的形式來獲取長期穩定收益或實現某種戰略影響，而不以獲取短期市場差價收益為目的。

9.1.1.2　長期投資的分類

長期投資主要有以下三種分類方式：

(1) 按投資目的劃分。

按投資目的的不同，長期投資分為直接投資和間接投資。直接投資是指投資方將現金、實物或無形資產等生產要素直接投入被投資單位，以取得相應產權的投資方式。間接投資是指投資方通過購買被投資企業的股票或債券來獲得相應收益的投資方式。

(2) 按資產形式劃分。

按投資形式的不同，長期投資分為實物投資、無形資產投資和證券資產投資。實物投資是指投資方以廠房、機器設備、材料等作為資本金投入，參與其他企業營運或組成聯營企業的投資方式。無形資產投資是指投資方以專利、專有技術、土地使用權作為資本金投入，參與其他企業營運或組成聯營企業的投資方式。證券資產投資是指投資方以貨幣資金購買被投資企業的股票或債券的投資方式。

(3) 按投資性質劃分。

按投資性質的不同，長期投資分為股權投資、債權投資和混合性投資。

股權投資，又稱權益投資，是指投資方為了獲得另一企業的權益或淨資產所進行的投資，其目的是獲得對被投資企業的控制或對被投資企業產生重大影響。股權投資通常為長期持有，不準備隨時出售。同時，股權投資的收益決定於動態化的企業經營效益，故股權投資屬於無確定請求權的、永久性的長期投資。

債權投資是指為了獲得債權而進行的投資，其目的不是為了獲得另一企業的剩餘資產，而是為了獲得高於銀行存款利息的收入，並保證按期收回本息。由於債券有約定的利率和還本利息期限，債權人的收益不受企業盈利大小的影響，所以債權投資屬於有確定請求權的、有期限的長期投資。

混合性投資是指兼有股權投資和債權投資雙重性質的投資方式，如購買的優先股股票和可轉換公司債券。

在以上三種類型的長期投資中，前兩類屬於直接投資，第三類屬於間接投資。

9.1.2　長期投資評估的概念與特點

長期投資評估是指對企業進行長期投資所能獲取的資產增值和投資收益進行的評定估算。企業進行長期投資，意味著出讓資產支配權，也包含著對未來資本增值和投資收益的更大期望。因此，對長期投資的評估不同於對企業其他資產的評估，其特點主要體現在以下幾點：

9.1.2.1　長期投資評估是對資本的評估

在長期投資行為中，聯結投資雙方的唯一紐帶就是資本。儘管長期投資的形式不同、目的各異，但是一旦該項資產被轉移到被投資企業，即被當作是資本的象徵。因此，對長期投資的評估實質上是對被投資企業資本的評估。

9.1.2.2　長期投資評估是對被投資企業獲利能力和償債能力的評估

在實踐中，企業進行長期投資的目的是獲取投資收益和實現資本增值。這一目的的實現依賴於被投資企業資產經營所形成的盈利能力。長期投資作為企業的資產之一，其價值主要取決於被投資企業股權收益分配和債務償還能力。因此，對長期投資性資

產的評估從根本上是對被投資企業的獲利能力和償債能力進行的評估。

9.1.3 長期投資評估的程序

根據長期投資的特點和資產評估的操作規範，長期投資的評估一般按以下程序進行：

9.1.3.1 確定評估對象和範圍

首先應明確被評估的長期投資項目的具體內容，如投資項目名稱、原始投資額、持股比例、投資期限、約定利率、投資收益分配方式等，掌握其基本情況。

9.1.3.2 對評估對象的分析判斷

依據被評估企業提供的有關會計資料，著重對各項長期投資投入和收回數額進行核實，審驗被投資企業資產負債表的準確性，判斷長期投資的未來獲利狀況和風險程度。

9.1.3.3 選擇評估方法

針對不同形式的長期投資項目，按照是否能上市交易來確定不同的評估方法。凡是可以在市場上交易的長期投資項目，採用收益法評估其價值。

9.1.3.4 評定估算長期投資的價值，得出評估結論

按照選定的評估方法估算長期投資的價值，並經過綜合分析評價確定評估結果。

9.2 長期債權投資評估

長期債權投資是指企業購入的在一年之內不能變現或不準備變現的債券或其他債權投資，具有投資風險較小、收益相對穩定、流動性強等特點。

基於長期債權投資的目的，對債券投資價值的評估實際上是對債券可能獲得的未來收益的估算。因此，長期債權評估應當遵循收益現值原則和實際變現原則，債券的現時價值應當是對債券的預期收益進行折現的結果。同時還要結合債券在現行市場的實際變現情況進行綜合分析，從而確定債券的評估值。因此，長期債權投資的評估方法通常採取現行市價法和收益現值法。

9.2.1 現行市價法

現行市價法就是指以可以上市流通的債券的現行市價作為評估值。用現行市價法評價上市債券的價格，一般以評估基準日的收盤價為準。在使用此方法時，評估人員應該在評估報告書中說明所用評估方法和結論與評估基準日的關係，並申明該評估結果的時效性。

應用現行市價法評估債券價值的計算公式如下：

債券評估值＝債券數量×評價基準日債券的收盤價

【例9-1】 某企業持有2016年發行的5年期國債1,000張，每張面值100元，年利率為8%。該債券已上市交易，評價基準日的收盤價為120元/張。試確定該債券的評估值。

債券的評估值 = 1,000×120 = 120,000（元）

9.2.2 收益現值法

收益現值法是指在考慮債券風險的前提下，按適用的本金化率將債券的預期收益折算成現值來確定債券的價值。對於不能進入市場流通的債券，無法直接通過市場來判斷其價值，故採用收益現值法進行評估。根據債券付息方法，債券分為分年（期）付息、到期一次還本債券和到期一次還本付息債權兩種。應採取不同的評估方法計算其價值。

9.2.2.1 分年（期）付息、到期一次還本債券的評估

分年（期）付息、到期一次還本債券評估的計算公式為：

$$P = \sum_{t=1}^{n}\left[R_t(1+r)^{-t}\right] + A(1+r)^{-n}$$

式中，R為債券的評估值，R_t為第t年的預算利息收入，r為折現率或本金化率，A為債券面值，t為評估基準日距收利息日的期限，n為評估基準日距到期還本日的期限。

債券的預期收益根據事先約定的債券的利率、期限、利息支付方式等確定。本金化率一般由風險報酬率和無風險報酬率兩部分組成。風險報酬率的確定必須根據債券發行者的信用評級確定，若無信用評級，則需按其經營、財務、信用、所處行業等多種狀況綜合判斷。此外，還需考慮通貨膨脹率，故稍為複雜。無風險報酬率根據銀行利率或政府債券利率確定。

【例9-2】 被評估企業的長期債券投資的帳面金額為60,000元，為A企業發行的3年期債券，每年付一次利息，債券到期一次還本，年利率為5%，單利計算。評估基準日距到期日還有兩年，當時國券利率為4%，評估人員對發行企業的經營狀況進行分析調查，認為被投資企業的債券風險較低，取2%的風險報酬率。試確定該債券的評估值。

$$P = \sum_{t=1}^{2}\left[R_t(1+r)^{-t}\right] + A(1+r)^{-2}$$

$= 60,000×5\%×(1+6\%)^{-1} + 60,000×5\%×(1+6\%)^{-2} + 60,000×(1+6\%)^{-2}$

$= 3,000×0.943 + 3,000×0.89 + 60,000×0.89$

$= 58,900.2$（元）

9.2.2.2 到期一次性還本付息債券的評估

到期一次性還本付息債券評估的計算公式為：

$$P = F/(1+r)^n$$

式中，p為債券的評估值，F為債券到期時的本利和，r為折現率或本金率，n為

評估基準日至債券到期日的間隔（以年或月為單位）。

其中，本利和的計算要注意計息方式是採用單利率還是複利率。採用單利率時，計算公式為：

$F = A(1 + m \times i)$

採用複利率時，計算公式為：

$F = A(1 + i)^m$

式中，A 表示債券面值，m 表示債券期限或計息期限，i 表示債券利率。

在【例9-2】中，若將債券的還本付息方式改為到期一次還本付息，債券評估值的計算變為：

$F = A(1 + m \times i) = 6,000 \times (1 + 3 \times 6\%) = 70,800(元)$
$P = F/(1 + r)^n = 70,800 \times (1 + 6\%)^{-2} = 63,001.748(元)$

應用收益現值法評估債券價值時，首先應當考慮評估基準日與債券到期日的關係，採用下列評估方法：

(1) 距評估基準日一年內到期的債券，可以根據本金加上持有期間的利息（即本利和）確定評估值；

(2) 距評估基準日超過一年到期的債券，要考慮資金的時間價值，通過計算本利和的折現值來確定評估值。

其次，還要考慮債券的不同還本付息方式，每年（或每期）支付利息到期還本和到期一次性還本付息兩種情況分別適用不同的方法確定其評估值。

最後，還必須注意對於不能按期付收回本金和利息的債券，評估人員應在充分調查核實的基礎上進行分析預測，合理確定債券的評估值。

9.3　長期股權投資評估

股權投資是投資者通過購買股份有限公司的股票從而取得收益或達到其他目的的一種投資方式。股權投資通常採取兩種形式：一是直接投資形式，即以現金、實物或無形資產等直接投入被投資企業而取得股權；二是間接投資形式，即投資方通過證券市場購買股票發行企業的股票從而擁有股權。這兩種方式因投資者（或股東）的權利和利益分配方面的差別決定了對股權投資的評估應採取不同的方法。

9.3.1　直接性股權投資評估

企業以直接投資形式進行的股權投資主要是因為設立股份制企業或者進行聯營、合資、合作等經營而形成的。由於所投資的企業通常都有確定的經營期限，所以這種股權投資一般是有限期的長期投資。直接性股權投資的價值由本金和投資收益兩部分組成，其評估也主要是對這兩部分進行的。因此，不同的投資收益分配方式和投資本金處置方式決定著直接性股權投資評估值的大小。

9.3.1.1 直接性股權投資的收益分配方式和本金處理方式

(1) 收益分配方式。

在一般的投資行為中，投資雙方的權利、義務和責任，投資收益的分配方式和投資本金的處理辦法等，投資協議均有明確規定。通常，直接性股權投資的收益分配方式有：按投資方投資額占被投資企業實收資本的比例參與被投資企業淨收益的分配，按被投資企業的銷售收入或利潤的一定比例提成，按投資方出資額的一定比例支付資金使用報酬。

(2) 本金處理方式。

對於直接性股權投資行為，其投資本金的處置方法取決於投資是否有期限。無期限的股權投資不存在本金處置問題。協議中規定了投資期限的，協議期滿時，其投資本金要按協議規定的辦法處置，通常處置辦法有以下三種：按投資時的作價金額以現金返還；返還實投資產；按期滿時實投資產的變現價格和續用價格作價，以現金返還。

9.3.1.2 直接性股權投資的評估方法

對於直接性股權投資，無論採取何種投資形式和收益分配方式，在評估時一般採取收益現值法，在分別估算股權投資收益現值和投資本金現值的基礎上進行加總，從而確定股權投資的評估值。其計算公式為：

股權投資評估值＝投資收益現值＋投資本金現值

(1) 投資收益評估。

對於投資協議中規定了直接性股權投資期限的，按照有限期的收益現值法進行評估；協議中沒有規定直接性股權投資確定期限的，則按非有限期的收益現值法進行評估。

(2) 投資本金評估。

以投資協議為依據，規定以現金返還投資本金的，可以採用收益現值法對到期回收的現金進行折現或資本化處理；規定返還實投資產的，應根據實投資產的具體情況進行評估。

【例9-3】甲廠以價值100萬元的機器設備向乙廠投資，占乙廠資本總額的10%，雙方協議聯營10年，設備年折舊率定為5%，按照投資比例分配聯營企業利潤，投資期滿時，乙廠按甲廠所投入機器設備的折餘價值50萬元返還。評估時雙方已聯營5年，前5年甲廠每年從乙廠分得的利潤分別為10萬元、14萬元、15萬元、15萬元、15萬元。經評估人員分析，認為今後5年，乙廠的生產經營狀況基本穩定，對每年分給甲廠15萬元收益有很大把握。根據評估時的實際情況，折現率定為12%。試確定甲廠該項長期股權投資的評估值。

分析：甲廠未來5年能夠取得每年15萬元的收益，可採用收益現值法計算出收益現值，再將期滿返還的折餘價值折現處理，然後兩部分相加得出評估值。

$$長期股權投資評估值 = 15 \times (P/A, 12\%, 5) + 50 \times (1+12\%)^{-5}$$
$$= 15 \times 3.604\,8 + 50 \times 0.567\,4$$
$$= 82.442（萬元）$$

9.3.1.3 直接性股權投資評估的特別情形

通常，按照投資方的直接投資在被投資企業中所占的比重不同，股權投資可分為全資投資、控股投資和非控股投資。在這三種情形下，投資方所享有的權益差別較大，應當採用不同的方法評價股權投資的價值。

(1) 對全資企業和控股企業的股權投資評估。

應當對被投資企業進行整體評估，按照整體評估後的被投資企業價值和投資方企業股權投資的比例計算確定股權投資的評估值。對被投資企業進行整體評估，評估基準日與投資方相同，評估方法以收益法為主，特殊情況也可以單獨採用市場比較法。

(2) 非控股的股權投資評估。

合同、協議明確約定了投資報酬，可將按規定應獲得的收益折為現值，作為評估值；根據到期回收資產的實物投資情況，可將約定貨物測出的收益折為現值，再加上到期回收資產的現值，計算評估值。對於不是直接獲取資金收入而是具有某種權利或其他間接經濟效益的，可以通過瞭解分析，測算相應的經濟效益，折現計算評估值，或根據剩餘的權利、利益所對應的重置價值確定評估值；對於明顯沒有經濟利益，也不能形成任何經濟權力的投資，按零值計算；在未來收益難以確定時，可以採用重置價值法進行評估，即先通過對被投資企業進行評估，確定淨資產數額，再根據投資方的持股比例確定評估值；如果該項投資發生時間不長，價值變化不大，被投資企業資產帳實不符，可以根據核實後的被投資企業資產負債表上的淨資產數額以及投資方的持股比例確定評估值；非控股型長期投資也可以採取成本法評估，即根據被評估企業長期投資的帳面價值，經審核無誤後作為評估值。

9.3.2 間接性股權投資評估

投資者以間接形式進行的股權投資主要是股票投資。對間接性股權投資的評估，實際上就是對股票投資的評估。本章主要以上市股票和非上市股票來說明股票投資的評價方法。

9.3.2.1 上市股票評估

上市股票是企業公開發行的、可以在股票市場上自由交易的股票。在正常的市場條件（指股票市場發育正確，股票可以自由交易，不存在各種非法歪曲股票市場價格的情況）下，上市股票的價格一直在變動，因此，一般可以採用現行市價法，以股票的市場價格作為股票價值評估的基本依據，其計算公式為：

上市股票評估值＝持有股票的數量×評估基準日該股票的收盤價

在非正常的市場條件（證券市場發育不完全，交易不正常，存在政治、人為等炒作因素）下，股票的市場價格不能正確地反應股票的價值。這時，應當根據評估人員對股票未來收益的預測，結合公司的發展前景、財務狀況及獲利風險等，判斷確定股票的內在價格和理論價值，從而得到股票的評估值。

應用現行市價法評估上市公司股票時，應當注意證券市場價格變動對評估結論的影響，在評估報告中申明評估結果應隨市場價格變化而加以調整。

9.3.2.2 非上市股票評估

非上市股票，即股份有限公司發行的不能通過證券市場自由交易的股票。在評估中，要區分普通股和優先股。普通股是指股東完全平等地享受一般財產所有權的基本權利和義務的股票，其特點是股利隨公司利潤的變化而變化。優先股是指優先股股東相對於普通股股東享有的特定優先權的股票，特點為股息固定、優先分配股息和優先清償剩餘資產等。

非上市股票評估一般採用收益現值法。評估人員要綜合分析股票發行主體的經營狀況及風險、歷史利潤水準、收益水準等因素，針對不同的股票類別，合理預測股票投資的未來收益，並選擇適宜的折現率進行折現來確定評估值。

(1) 優先股的價值評估。

由於優先股在發行時就約定了股息率，所以優先股股東的收益通常是確定的，對優先股的風險評估主要是判斷股票發行主體是否有足夠的稅後利潤用於優先股的股息分配。如果股票發行企業資本構成合理、利潤可觀、具有較強的支付能力，優先股就基本上具備了準企業債券的性質；反之，優先股就具有一定的風險，在確定折現率時要考慮適當的風險報酬率。

優先股一般有累積優先股、參與優先股、可轉換優先股等種類，各自對股東權利的規定有所不同，因此，在確定優先股的預期收益時要採用不同的方法。

累積優先股評估。累積優先股股票本年未支付的股利可以累積到下一年或以後的盈利年度支付，其實收益是額定股息。若持有者不打算轉讓股票，計算公式為：

$$P = \sum_{t=1}^{\infty} [R_t(1+r)^{-t}] = A/r$$

式中，P 為優先股的評估值，R_t 為第 t 年的優先股收益，A 為優先股的年等額股息收益，r 為折現率，t 為優先股的持有年限。

若持有者打算 n 年後轉讓其優先股，計算公式為：

$$P = \sum_{t=1}^{n} [R_t(1+r)^{-t}] + P_{n+1}(1+r)^{-n}$$

式中，P_{n+1} 為優先股 n 年後的預期變現價格，n 為優先股轉讓前的持有年限。

【例9-4】甲企業持有乙企業發行的累積性優先股股票 300 股，每股面值 600 元，股息率為 15%。評估時的市場利率為 8%，乙企業的風險報酬率為 2%。甲企業打算持有 3 年後將這些優先股出售，若出售時市場利率上升 2 個百分點，其他條件不變，試評估該優先股的價值。

對 3 年後優先股每股市價進行折現，其價格為：

3 年後優先股股價 = (600×15%) ÷ (8%+2%) = 900 (元)

確定優先股的評估值，計算過程為：

$$優先股的評估值 = \sum_{t=1}^{3} [(300 \times 600 \times 15\%) \times (1+10\%)^{-t}] + (300 \times 900) \times (1+12\%)^{-3}$$

$$= 27,000 \times (0.909,1+0.826,4+0.751,3) + 270,000 \times 0.711,8$$

= 67,143.6+192,186
= 259,329.6（元）

參與優先股評估。參與優先股股票不僅能按規定分得額定股息，而且還有權與普通股一同參加公司剩餘利潤分配。其收益由三部分構成：額定股息、額外紅利和將來的出售價。由於額外紅利的風險大於額定股息，兩者的風險報酬率以及確定的折現率就會有差別。

評估參與優先股價值的計算公式為：

$$P = \sum_{t=1}^{n}[R_t(1+r)^{-t}] + \sum_{t=1}^{n}[R_t'(1+r')^{-t}] + P_{n+1}(1+r)^{-n}$$

式中，R_t 為第 t 年的額定股息，R_t' 為第 t 年的額外紅利，r 為額定股息的用的本金化利率，r' 為額外股息的用的本金化利率，一般 $r'>r$，P_{n+1} 為 n 年後優先股的預期變現價格。

可轉換優先股評估。可轉換優先股股票在一定條件下可轉換為普通股股票或公司債券。其收益包括股息或轉換成普通股股票或債券的價格，計算公式為：

$$P = \sum_{t=1}^{n}[R_t(1+r)^{-t}] + P_{n+1}(1+r)^{-n}$$

式中，P_{n+1} 為優先股轉換為普通股或債券的時價，$P_{n+1} = P_0(1+P')^{n+1} \times K$；$P_0$ 為評估基準日普通股市價；K 為面額對換比；P' 為普通股股價上漲率。

$(1+P')^{n+1}$ —轉換期普通股市場價格與面額或評估基準日市價比例。

【例 9-5】甲企業於前年購入乙企業發行的可轉換優先股股票 500 股，每股面值 200 元，乙企業發行時承諾 5 年後優先股持有者可按 1：30 轉換成乙企業的普通股票。優先股的股息率為 15%，乙企業的風險報酬率為 2%，乙企業普通股現行市價為 5.6 元，預計股票價每年上漲 20%，假設評估時與 3 年後的市場利率均為 10%。試評估這批可轉換優先股的價值。

甲企業持股滿 5 年後（從評估時起算為 3 年）即可轉換為普通股，屆時優先股轉換為普通股的時價為：

$P_{n+1} = 5.6 \times (1+20\%)^3 \times 30 = 9.677 \times 30 = 290.31$(元)

根據公式計算優先股的評價值：

該優先股的評估值 $= \sum_{t=1}^{3}[(500 \times 200 \times 15\%) \times (1+12\%)^{-3}] + (500 \times 290.31)$
$\times (1+12\%)^{-3}$
$= 15,000 \times (0.892,9+0.797,2+0.711,8) + 145,155 \times 0.711,8$
$= 36,028.5+103,321.33 = 139,349.83$（元）

（2）普通股的價值評估。

對非上市普通股一般採用收益現值法進行評估，即對普通股預期收益進行預測，並折算成評估基準日的價值，也就是對股東在持有期內能獲得的現金收益進行評估。這就要求在評估時必須對股票發行企業進行全面的分析，詳細考察企業歷史上的利潤水準、收益分配政策、所在行業的穩定性、經營管理水準、經營風險和財務風險、發

展規劃以及國家的宏觀經濟政策和證券市場的發展趨勢等。

普通股是永遠不還本的,其收益包括紅利收入和資本利得(即期末對期初股價的升值)兩部分,具體評估非上市普通股價值時根據股票發行企業的股利分配政策和普通股的收益趨勢,評估通常採用以下三種模型:固定紅利模型、紅利增長模型和分段式模型。

固定紅利模式(零增長型)。假設前提是股票發行企業經營穩定,每年股利分配保持在一個相對固定的水準。這種情況下,普通股股票價值的評估採用年金法,其計算公式為:

$P = R/r$

式中,P 為股票評估值,R 為股票未來收益額,r 為折現率。

【例9-6】A 企業擁有 B 企業發行的非上市普通股股票2,000股,每股面值100元,經評估人員調查分析,B 企業生產經營狀況良好,所處行業的發展也較為平穩,在今後若干年內,股利分配能保持穩定,預計平均收益率能維持在16%的水準。當前國庫券預計利率為4%,考慮到通貨膨脹的等因素,確定風險報酬率為4%,確定的折現率為8%,試確定這批普通股股票的評估值。

股票的評估價值 = R/r =(2,000×100×16%)÷8% = 400,000(元)

紅利增長模型。假設前提是股票發行企業有很大的發展潛力,企業並未將剩餘收益分配給股東,而是用於追加投資。因此,在今後若干年,股票的收益率會逐漸提高,紅利呈增長趨勢。在這種情況下,普通股價值評估應考慮股票收益的預期增長率。其計算公式為:

$P = R/(r - g)$ $(r > g)$

式中,P 為股票評估值,R 為股票未來收益額,r 折現率,g 為股利增長率。

在實踐中,對股利增長率的計算方法主要有兩種:一種是統計分析法,即根據股利的歷史數據,用統計學的方法進行計算;另一種是趨勢分析法,即根據企業剩餘收益中擁有在投資的比例與企業淨資產利潤率相乘來確定。

【例9-7】甲企業擁有乙企業發行的非上市普通股股票3,000股,每股面值100元。經評估人員調查分析,乙企業前3年的股票年收益率分別為15%、17%、18%,預計今年股票收益率為16%,以後每年以2%的比率增長。當前國庫券預計利率為4%,考慮到通貨膨脹等因素,確定風險報酬率為4%,確定折現率為8%。試評估該普通股股票的價值。

股票的評估值 =(3,000×100×16%)÷(8%-2%)= 800,000(元)

分段式模型。該模型是針對前兩種模型過於極端化、容易放大誤差、很難應用於所有股票的特點而產生的。基本思路是:首先,按企業的經營效益狀況把股票收益期分成兩段,第一段是能夠客觀地預測股票收益的期間或者股票發行企業的某一個生產經營週期,第二段從不以預測收益的時間算起,延續到企業持續經營的未來期間;其次,依據被評估股票的具體情況進行收益預測,對第一段運用有限期間的預期收益採用折現法計算估值,對第二段先用趨勢分析法判斷確定今後的股票收益趨勢,然後採用固定紅利模型或紅利增長模型將預期收益資本化並折現;最後,將兩段的折現值加

總，從而確定股票價值。

9.4 長期投資評估典型案例

9.4.1 被評估企業概況

科創電子集團是一家以偏轉線圈為主導產業，集電子、機械、化工、紡織、商貿及第三產業為一體的現代企業集團，擁有 18 家下屬企業。科創電子集團公司共有投資 20 項，包括長期債權投資 1 項、長期股票投資 1 項和直接性股權投資 18 項。

9.4.2 評估目的

科創電子集團公司擬改制為股份有限公司，需對長期投資的價值進行評估。

9.4.3 評估基準日

評估基準日為 2016 年 3 月 31 日。

9.4.4 長期投資評估的基本思路

根據科創電子集團公司長期投資的項目和內容，評估人員首先對委託方填寫的長期投資評估明細表進行審核，並對委託方提供的有關投資協議、章程、驗資報告、經審計的年度會計報表等資料進行了統計分析。在此基礎上，根據資產評估操作規範和委託的實際情況，經評估師分析判斷，擬採用以下三種方法對長期投資進行評估：

對公司持有的債券，按債券的票面價值加上應收利息確定其評價估值。

對公司持有的股票，屬於上市公司股票的，按評估基準日該股票的收盤價確定評估值；屬於未上市股票的，按收益現值法確定評估值。

對於直接性股權投資，分三種情況分別確定其價值：若被投資方企業委託其他資產評估機構進行了資產評估，需對其評估報告進行審核，按淨資產的評估值以及科創電子集團公司在該企業中所占的股權比例確定長期投資金額；對於科創電子集團公司的控股企業，若沒有委託其他評估機構進行資產評估，則由達偉資產評估公司（即本案例中的評估機構）對該被投資企業進行整體資產評估，再根據評估後的淨資產及科創電子集團公司在該企業中所占的股權比例確定長期投資金額；對於科創電子集團公司未控股的企業，需審核被投資方企業填報的清產核資明細表、2016 年 3 月 31 日的資產負債表和經過審計的 2015 年度會計報表，從而確定該企業的淨資產，再根據科創電子集團公司在該企業中所占的股權比例確定長期投資金額。

9.4.5 長期債券投資的評估方法

科創電子集團公司擁有某金融機構 2015 年 3 月 1 日發行的 5 年期、年利率為 3%（單利計息）、到期一次還本付息的債券 5,000 張，每張面值為 100 元。評估時點距離

到期日還有4年，當年國債利率表為4%，經評估人員對債券發行者的分析調查，認為其經營穩定，財務狀況較好，具有一定的償債能力，投資風險較小，故取2%的風險報酬率。經估算，評估基準日科創電子集團公司長期債券投資價值為455,453.86元。該債權評估值的計算過程如下：

$F = A(1 + m \times i) = 5,000 \times 100 \times (1 + 5 \times 3\%) = 575,000(元)$

$P = F/(1 + r)^n = 575,000 \div (1 + 2\% + 4\%)^4 = 4,554\,453.86(元)$

9.4.6 長期股權投資的評估方法

科創電子集團公司在評估基準日擁有祥盛旅遊股份有限公司的股票100,000股，帳面價值為150,000元，持股比例為5%。該股份有限公司的股票已經上市，在評估基準日的收盤價為每股8.5元，但是，科創電子集團公司擁有的股票為法人股，按政策規定目前不能上市交易，故不能按股票的收盤價對該股票進行評估。

評估人員經查閱有關資料瞭解到，祥盛旅遊股份有限公司所在的省份是一個旅遊大省，該公司是由該省著名風景名勝區的經營管理公司和省內大型旅行社共同發起組建的。祥盛旅遊股份有限公司於2012年、2013年、2014年、2015年的稅後每股利潤分別為0.25元、0.28元、0.21元、0.26元。隨著人們收入水準的提高和休閒時間的增多，旅遊產業將面臨良好的發展機遇，因此2016年祥盛旅遊集團有限公司實現每股稅後利潤0.25元是有保證的。當前，國債利率為4%，考慮到旅遊企業的經營風險，評估人員在與有關專家探討後，確定風險報酬率取1%，故折現率為5%。經估算，該項股權投資的評估值為500,000元。具體估算過程如下：

股票每股收益現值 = 0.25÷5% = 5（元）

股票評估值 = 100,000×5 = 500,000（元）

9.4.7 直接性股權投資的評估方法

科創電子集團公司的直接性股權投資項目較多，這裡僅以科創利達電子有限公司的投資為例來說明其評估方法。

科創利達電子有限公司於1992成立，是科創電子集團公司與日本永達公司共同出資興辦的企業，主要生產彩色電視機用偏轉線圈，協議經營期限為30年。其中，科創電子集團公司出資9,343,052.2元，股權比例達75%，是科創利達電子有限公司的控股公司。對此項投資，評估人員擬按規定先對科創利達電子有限公司進行整體資產評估，再按科創電子集團公司持股比例計算股權投資的價值。評估人員經過對科創電子有限公司在評估基準日的資產和負債的核實和評估，確定其整體資產價值為5,035,357元，按75%的持股比例，計算得到科創電子集團公司對科創利達電子有限公司的股權投資價值為37,765,179元。具體計算過程為：

50,353,572×75% = 37,765,179（元）

實訓　長期投資性資產評估實訓

【實訓目標】

長期投資性資產評估是企業價值評估的重要內容之一。通過長期投資性資產評估的實際操作訓練，使學生熟悉評估程序，合理選擇並熟練運用評估方法，能夠獨立完成企業長期投資性資產等項目的評估。

【實訓內容與要求】

一、實訓項目
（1）非上市債券評估。
（2）非上市股票評估。
（3）上市債券評估。
（4）上市股票評估。
（5）長期股權投資評估值。
二、實訓要求
（1）學生按每組6~8人分為若干小組，每組為一個實訓團隊開展實際操作訓練，每個團隊分別確定一位負責人，具體組織和管理實訓活動。
（2）依照資產評估準則規定的程序實施評估。
（3）根據實訓項目分析確定評估方法，總結各種評估方法的應用前提條件。
（4）能夠正確、規範的完成每一個評估項目。
（5）熟悉評估程序，按照評估準則要求實施。
（6）熟練應用評估方法，按教師給出的案例資料進行練習。

長期投資性資產評估實訓應以學生為中心，分組訓練，集中總結。教師主要擔任輔導者、具體組織者和觀察員，向學生布置任務，介紹相關背景資料，進行必要的指導，解答有關問題，進行進度控制與質量監督。

【成果檢測】

（1）每個團隊寫出一份簡要的實訓總結報告，在班級內進行交流。
（2）由各團隊負責人組織成員進行評價打分。
（3）教師根據各個團隊的實訓情況、總結報告及各位同學的表現予以評分。

課後練習

一、簡答題

1. 簡述長期投資評估的程序。
2. 怎樣評估長期債券投資的價值?
3. 簡述分段型股利政策下股票價值評估的方法。
4. 簡述上市股票及其評估方法。

二、案例分析題

被評估企業 M 公司擁有面值共 90 萬元的非上市股票，在持股期間，每年股利分派相當於股票面值的 10%。評估人員通過調查瞭解到，M 公司只把稅後利潤的 80% 用於股利分配，另外 20% 用於公司擴大再生產，公司有很強的發展後勁，其股本利潤保持在 15% 水準上，折現率設定為 12%。試運用紅利增長模型評估該企業擁有的 M 公司股票。

1. 運用紅利增長模型評估票價值的前提條件是什麼?
2. 本例題中應用紅利增長模型的關鍵是什麼?
3. 評價你得出的評估結論的客觀性。

第 10 章　企業價值評估

案例導入

一個常見的問題：如何確定企業的價值

綠園有限公司是中國、德國雙方於 2015 年共同投資設立的合營企業，投資總額和註冊資本均為 8 億元人民幣，其中，中方出資占公司註冊資本的 37.36%，德方以現匯出資的方式，出資占公司註冊資本的 62.64%，公司合營期限為 50 年，主要從事啤酒的生產和銷售。金冠股份有限公司在國內啤酒市場中居於龍頭地位，現擬收購綠園公司的部分外方股權，故需對綠園公司的整體資產價值進行評估。

問題 1：你認為決定綠園公司整體資產價值的因素包括哪些？
問題 2：評估企業整體資產價值應當如何操作？

10.1　企業價值評估及其特點

10.1.1　企業及企業價值

10.1.1.1　企業及其特點

在古典經濟學中，企業被看作是一個追求利潤最大化的理性經濟人，企業的存在就是為了把土地、資本和勞動力等生產投入要素按照利潤最大化的原則轉化為產出。但是現代經濟學更傾向於認為企業是一個合同關係的集合，在這個合同關係集合中，企業的資本所有者（股東）、債權人、管理者、職工、供應商、客戶、政府以及相關社會團體等不同利益集團通過一系列合同聯繫在一起，每個利益團體在企業中都有不同的利益。所有者和債權人希望得到投資收益，管理者希望得到報酬和榮譽，員工希望得到好的工資待遇和工作條件，供應商希望得到銷售的收入，客戶希望得到好的產品，政府希望得到稅收，不同社會團體希望企業承擔社會責任，等等。正是這一系列利益相關者促成了企業的形成和運轉。從資產評估和企業價值評估的角度，可以把企業看作是以盈利為目的，按照法律程序建立起來的經濟實體，從形式上體現為在固定地點的相關資產的有序組合，從功能和本質上講，企業是由構成它的各個要素資產圍繞著一個系統目標，保持有機聯繫，發揮各自特定功能，共同構成一個有機的生產經營能

力載體和獲利能力載體以及由此產生的相關權益的集合。從這個角度的企業定義中不難發現，現代企業不僅是經營能力和獲利能力的載體以及由此產生的相關權益的集合，而且是按照法律程序建立起來的並接受法律法規約束的經濟組織。企業作為一類特殊的資產也有其自身的特點：

合法性。企業首先是依法建立起來的經濟組織，它的存在必須接受法律法規的約束。對企業的判斷和界定必須從法律法規的角度，從合法性、產權狀況等方面進行界定。

盈利性。企業作為一類特殊的資產，其存在的目的性就是盈利。為了達到盈利性的目的，企業需具備相應的功能。企業的功能是以企業的生產經營範圍為依據，以其工藝生產經營活動為主線，將若干要素資產有機組合起來形成的。

整體性。構成企業的各個要素資產雖然各具不同性能，但他們是在服從特定系統目標前提下而構成企業整體，成為具有良好整體功能的資產綜合體。當然，如果構成企業的各個要素資產的個體功能良好，但他們之間的功能不匹配，那麼他們組合而成的企業整體功能也未必很好。企業強調它的整體性。

持續經營與環境適應。企業要實現盈利的目的，就必須保持持續經營，在持續經營中不斷地創造收入，降低成本。而企業要在持續經營中保證實現盈利目的，企業的要素資產不僅要有良好的匹配性和整體性，還必須能夠適應不斷變化的外部環境及市場結構，並適時地對生產經營方向、生產經營規模做出調整以及保持企業生產結構、產品結構與市場結構協調。

權益的可分性。從企業作為生產經營能力和獲利能力的載體的角度來看，企業具有整體性的特點。雖然企業是由若干要素資產組成，作為一個整體企業，作為經營能力和獲利能力的載體，企業的要素資產是不能隨意拆分的。但是，與企業經營能力和獲利能力的載體的相關權益卻是可分的。因此，企業的權益可劃分為股東（投資者）全部收益和股東部分權益。

10.1.1.2 企業價值及其決定

企業價值可以從不同的角度來看待和定義。大家比較常見的是從政治經濟學角度、會計核算的角度、財務管理的角度以及從市場交換的角度來說明企業的價值。

從政治經濟學的角度，企業價值是指凝結在其中的社會必要勞動時間；從會計核算的角度，企業價值是指建造或取得企業的全部支出或全部耗費；從財務管理的角度，企業價值是企業未來現金流的折現值，即所謂的企業內在價值；從市場交換的角度，企業價值是企業在市場上的貨幣表現。

企業價值從資產評估的角度，企業價值需要從兩個方面進行考慮和界定：第一，資產評估是評估對象在交易假設前提下的公允價值，企業作為一類特殊資產，在評估中其價值也應該是在交易假設前提下的公允價值，即企業在市場上的公允貨幣表現。第二，企業價值由企業特定點所決定，企業在市場上的貨幣表現實際上是企業所具有的獲利能力可實現部分的市場表現及貨幣化和資本化。

企業價值是企業在市場上的公允價值，是企業獲利能力可實現部分的市場表現及

貨幣化和資本化。企業價值不僅是由企業作為資產評估對象所決定的，而且是由對企業進行價值評估的目的所決定的。在企業評估中，企業價值及其決定顯然要基於企業評估目的這一個大前提來考慮。企業評估從根本上講是服從或服務於企業的產權轉讓或產權交易。在企業產權轉讓或產權交易中需要的是企業的交換價值或市場上的公允價值。企業作為一種特殊的商品，之所以能在市場中進行轉讓和交易，不僅因為企業是勞動產品，社會必要勞動時間凝結在其中，更重要的是企業具有持續獲利能力，這種持續獲利能力是企業具有交換價值的根本所在。當然，企業具有持續獲利能力所代表的價值，只能說是企業的潛在價值或內在價值，還不一定就是企業在評估基準日可實現的交換價值。資產評估強調的是企業內在價值的可實現部分，是企業內在價值在評估基準日條件下的可實現部分。關於企業在非持續經營情況下是否有價值的問題，可以從另一個方面看，即企業本身就是一個以營利為目的持續經營的經濟實體，如果企業持續經營不能產生獲利能力而是虧損，企業就不能再持續經營了。清算或變現可能是企業的一個明智選擇。那時企業也只是一些要素資產的堆積，顯然不能按持續經營的企業對待，當然也談不上正常意義上的企業市場交換價值了。如果那時的「企業」有價值，也只是企業拆零變現價值，已經不是真正意義上的企業價值了。

在這裡我們強調資產評估中的企業價值通常是一種持續經營條件下的價值，並且其價值是由企業獲利能力決定的，目的在於提醒評估人員在企業持續經營價值評估過程中把握住企業價值評估的關鍵，即企業獲利能力。

由於評估實踐中的執業人員對企業有不同的理解，他們不僅把對一個持續經營中的企業進行評估叫企業價值評估，有時對破產清算中的企業的價值評估也稱作企業價值評估。從理論上講，企業價值評估是指對持續經營條件下的企業的獲利能力轉化為（公允）市場價值的評估，而不包括由破產清算或其他原因引起的非持續經營企業的價值評估。這並不是說非持續經營的企業沒有價值，非持續經營企業有價值，但非持續經營企業的價值並不是本章所討論的企業的價值，它並不是由企業的獲利能力決定的而是由構成企業的各個資產要素的變現價值決定的。它可能是企業的產權價值，但不一定是企業作為獲利能力的載體的市場表現價值。鑒於評估實踐中人們習慣把一個企業作為評估對象，而不論它是否持續經營都將評估實踐活動稱為企業價值評估的這一事實，要求評估人員在企業價值評估中必須說明企業價值評估的前提條件，即持續經營或非持續經營。本章前面所強調的企業價值評估的核心是企業的獲利能力，這主要是針對持續經營條件下的企業價值評估而言的。

10.1.1.3　企業價值評估的對象、範圍和價值類型

（1）企業價值評估的對象和範圍。

在當今世界範圍內，還沒有一個權威的企業價值評估（Bussinness Valuation）定義。有時人們也將企業價值評估稱為企業整體價值評估或整體企業價值評估等。這大概與企業價值評估具體目標多樣性的特點有關。根據人們的理解，企業價值經常被理解成企業總資產價值、企業整體價值、企業股東全部權益價值和企業股東部分權益價值等。上述概念可以大致理解如下：①企業總資產價值是企業流動資產價值加上固定資產價

值、無形價值資產和其他資產價值之和。②企業整體價值是企業總資產價值減去企業負債中的非付息債務價值後的餘值，或用企業所有者權益價值與企業的全部付息債務價值之和表示。③企業投資資本價值是企業總資產價值減去企業流動負債價值後的餘值，或用企業所有者權益價值加上企業的長期付息債務價值表示。④企業股東全部權益價值就是企業的所有者權益價值或淨資產價值。⑤企業股東部分權益價值就是企業的所有者權益價值或淨資產價值的某一部分。

根據《資產評估準則——企業價值》對企業價值評估對象進行確定，企業價值評估對象應該是企業整體價值、股東全部權益價值或部分權益價值。

企業總資產價值、企業投資資本價值作為企業價值的表現形式，可能並不是企業價值評估的對象。但採用間接法評估企業價值的時候，企業總資產價值、企業投資資本價值等也經常會被用作確定企業整體價值、股東全部權益價值以及股東部分權益價值。

企業價值評估範圍是指為評估企業價值所涉及的被評估企業的具體資產數量及其資產邊界。企業價值評估範圍可分為產權範圍和有效資產範圍等。

（2）企業價值評估中的價值類型。

從企業價值評估的目的、評估條件和委託方對評估報告使用的需求等對價值類型要求的角度，企業價值可分為市場價值和市場價值以外的價值（非市場價值），而非市場價值又主要包括了持續經營價值、投資價值和清算價值等。

企業的市場價值是指企業在評估基準日公開市場上正常經營所表現出來的市場交換價值估計值，或者說是整個市場對企業的認同價值。

企業的非市場價值是指不滿足企業市場價值定義和條件的所有其他企業價值表現形式的集合。企業的非市場價值是對同類企業價值表現形式的概括，而不是具體的企業價值表現形式。企業非市場價值只在價值類型分類時使用，它並不直接出現在評估報告中。

持續經營價值是非市場價值的一種具體價值表現形式，具體是指企業作為一個整體的價值。由於企業各個組成部分對該企業整體價值都有相應的貢獻，可以將企業總體的持續經營價值分配給企業的各個組成部分，即構成企業持續經營的各局部資產的在用價值。持續經營價值是根據企業在評估基準日正在使用的地點、自身的經營方式和經營管理水準等條件繼續經營下去所表現出的市場交換價值估計值。企業的持續經營價值可能等於、大於或小於企業的市場價值。

投資價值也是非市場價值的一種具體表現形式，具體是指企業對於特定投資者所具有的市場交換價值的估計值，它可能等於、大於或小於企業的市場價值。

清算價值是指企業在非持續經營條件下的各要素資產的變現價值，這裡可能包含了快速變現的因素。因而，企業的清算價值包括了有序清算價值和強制清算價值等。

10.1.2　企業價值評估的特點

當把企業作為一種獨立的整體評估對象進行評估時，它有以下特點：

（1）從評估對象載體的構成來看，評估對象載體是由多個或多種單項資產組成的

資產綜合體。

（2）從決定企業價值高低的因素來看，其決定因素是企業的整體獲利能力。

（3）企業價值評估是對企業具有的潛在獲利能力所能實現部分的估計。

（4）企業價值評估是一種整體性評估，它充分考慮了企業各構成要素之間的匹配與協調以及企業資產結構、產品結構與市場結構之間的協調，它與企業的各個要素資產的評估值之和既有聯繫又有區別。一般來說，企業的各個要素資產的評估值之和是整體性企業價值的基礎，在此基礎上考慮企業的商譽或綜合性經濟性貶值，就是整體性企業價值了。

當然，企業價值與企業的各個要素的評估值之和之間還是有區別的，這些區別主要表現為三個方面。

第一，評估具體標的上的差別。企業整體性價值評估與企業各個要素資產評估值加總的評估的具體標的是不同的。企業價值整體性評估的具體評估標的是資產的整體獲利能力及其市場表現。而企業各個要素資產的評估值之和的評估，其具體評估標的卻是企業的各個要素資產。就具體評估標的而言，兩者是有差別的。

第二，由於具體評估標的上的差別，在評估過程中所考慮的影響因素是不完全相同的。企業價值整體性評估是以企業的獲利能力為核心，圍繞著影響企業獲利能力因素以及企業面臨的各種風險進行評估。而將構成企業的要素資產單項評估加總的評估，是針對影響各個單項資產價值的各種因素展開的，兩者所考慮的價值影響因素有明顯的差異。

第三，評估結果的差異。企業價值整體性評估和構成企業的要素資產的簡單評估加總在具體評估標的上的差異以及由此引起的在評估時考慮的因素等方面的差異，兩種評估的結果通常會有所不同。兩者的差異通常會表現為企業的商譽（即企業的整合效應產生的不可確指的無形資產）或企業的綜合性經濟性貶值（企業要素資產之間的不匹配、產品結構與市場需求之間的不匹配形成的貶值）。

在這裡通過企業價值的整體性評估與要素資產加總評估的比較，是為了說明企業要素資產加總評估的方法可能並不一定能夠完全客觀地將持續經營前提下的企業價值反應出來。因此，在一般情況下，盡量不要單獨採用這種方法評估企業價值。

10.1.3 企業評估價值辨析

對企業價值的界定主要從兩個方面來考慮：第一，資產評估揭示的是評估對象的公允價值，企業作為資產評估中的一類評估對象，其評估價值也應該是公允價值；第二，企業又是一類特殊的評估對象，其價值取決於要素資產組合的整體盈利能力，企業的公允價值是其實際或潛在盈利能力在各種市場條件下的客觀反應。

10.1.3.1 企業的評估價值是企業的公允價值

這不僅是由企業作為資產評估的對象所決定的，而且是由對企業進行價值評估的一般目的所決定的。企業價值評估的一般目的是為企業產權交易提供服務，使交易對方對擬交易企業的價值有一個較為清晰的認識，因此企業價值評估應建立在有效市場

假設之上,其揭示的是企業的公允價值。當然,由於企業價值評估都有其特定的,具體的對象,因此企業價值評估也應該是企業公允價值的具體表現形式——市場價值、投資價值或其他價值。

10.1.3.2 企業的評估價值基於企業的盈利能力

企業在廣義上可以被認為是生產同一種產品即利潤(現金流)的組織。人們創立企業或收購企業的目的不在於獲得企業本身具有的物質資產或企業生產的具體產品,而是在於獲得企業生產利潤(現金流)的能力並從中受益。因此,企業之所以存在價值並且能夠進行交易,是因為它們具有產生利潤(現金流)的能力。

10.1.3.3 資產評估中的企業價值有別於帳面價值、公司價值和清算價值

企業的帳面價值是一個以歷史成本為基礎進行計量的會計概念,可以通過企業的資產負債表獲得。由於企業的帳面價值沒有考慮或很少考慮通貨膨脹和資產的經濟性貶值等重要因素的影響,所以企業的帳面價值明顯區別於資產評估中的企業價值。

公司市值是指上市公司的股票價格與總股本的乘積。在成熟的資本市場上,信息相對充分,市場機制相對有效,公司價值與企業價值具有趨同性。但是,由於股票的市場價格通常是少數股份的交易價格,企業價值並不一定就等於股票價格與總股本的乘積。中國尚處在經濟轉型中,證券市場既不規範,也不成熟,因而不宜將公司市值直接作為企業價值。

清算價值是指企業停止經營,變賣所有的企業資產減去負債後的現金餘額。這時企業資產價值應是可變現的,其不滿足整體持續經營假設。破產清算企業的價值評估不是對企業一般意義上的價值的揭示,該類企業作為生產要素整體已經喪失了盈利能力,因而也就不具有通常意義上的企業所具有的價值。對破產清算企業進行價值評估,實際上是對該企業的單項資產的公允價值之和進行判斷和估計。

資產評估人員應當知曉,在某些情況下企業在持續經營前提下的價值並不必然大於在清算前提下的企業變現價值。如出現了這種情況,評估人員可以向委託方提出諮詢建議,如果相關權益人有權啟動被評估企業清算程序,資產評估人員應當根據委託,分析評估對象在清算前提下的價值的可能性和評估價值。

10.1.4 企業價值評估在經濟活動中的重要性和複雜性

企業價值評估是市場經濟和現代企業制度相結合的產物,在西方發達國家經過長期發展已形成多種模式並日趨成熟。目前中國正處於經濟轉型期,企業價值評估在對外開放和企業改革中的作用越來越突出。

10.1.4.1 企業價值評估是利用資本市場實現產權轉讓的基礎性專業服務

公司上市需要專業評估機構按照有關規定,制定合理的評估方案,運用科學的評估方法,評估企業的盈利能力及現金流量狀況,對企業價值做出專業判斷。與此同時,為企業的兼併和收購活動提供企業價值評估服務也已成為許多資產評估機構的核心業務之一。由於戰略性併購決策著眼於經濟利益最大化,而不是著眼於管理範圍最大化,

所以併購中對目標企業的價值評估非常重要。評估人員應在詳細瞭解目標企業的情況，分析影響目標企業盈利能力和發展前景的基礎上，評估目標企業的價值。

10.1.4.2 企業價值評估能在企業評價和管理中發揮重要作用

以開發企業潛在價值為主要目的價值管理正在成為當代企業管理的新潮流。管理人員的業績越來越多地取決於他們在提高企業價值方面的貢獻。企業價值管理強調對企業整體獲利能力的分析和評估，通過制定和實施合適的發展戰略及行動計劃以保證企業的經營決策有利於增加企業股東的財富價值。

企業價值管理將使習慣於運用基於會計核算的財務數據的企業管理人員的工作發生重大變化，使其不再滿足於要求財務數據反應企業的歷史，而應運用企業價值評估的信息展望企業的未來，並形成和提高利用企業當前資產在未來創造財富的能力。

10.1.4.3 企業價值評估的複雜性

企業本身就是一個複合的概念，有盈利的和虧損的，盈利和虧損的原因又極其複雜，這些原因可以分為政府層面、技術層面、管理層面、資產要素層面、市場層面等。企業評估價值類型和具體價值形式也呈現多樣化。因此，在進行企業價值評估時，應清楚界定評估對象、評估範圍、影響企業價值的主要因素、企業價值類型和具體價值定義選擇等。

10.2 企業價值評估的基本程序

企業價值評估的基本程序包括：明確評估基本事項、選擇評估途徑與方法、收集相關信息資料、運用評估技術分析判斷企業價值、撰寫企業價值評估報告。

10.2.1 明確評估基本事項

根據企業、企業價值及企業價值評估的特點，評估人員在進行企業價值評估時，應當明確下列事項：委託方及資產佔有方的基本情況、被評估企業的基本情況、評估目的、評估對象及其評估的具體範圍、本次評估的價值類型及其價值定義、評估假設及限定條件、評估基準日。

10.2.2 選擇評估途徑與方法

評估人員在進行企業價值評估時，應當根據評估目的、被評估企業的情況、評估時的限定條件、評估的價值類型以及預計可收集到的信息資料和相關條件等，分析熟悉途徑及其方法、市場途徑及其方法、資產基礎途徑及其方法和其他評估技術方法的適用性與可操作性，選擇適用於本次企業價值評估的一種或多種評估途徑及其方法。

由於企業價值的特殊性和複雜性，一般情況下不宜單獨使用資產基礎途徑及其方法評估企業價值。因此，在選擇評估途徑及其方法的過程中，應盡可能選擇多種評估途徑及其方法。如果確實受條件限制，只能選擇資產基礎途徑及其方法，應在企業價

值評估報告中做出說明。

10.2.3　收集相關信息資料

評估人員在進行企業價值評估時，應當根據所選擇的評估途徑和方法等相關條件，收集被評估企業以及與被評估企業相關的信息資料。就一般情況而言，這些資料主要包括：

（1）企業性質、相關資產的權益狀況等信息資料；
（2）企業經營歷史、現狀和發展前景資料；
（3）企業的財務資料，包括歷史的、當前的和預期的；
（4）企業價值評估涉及的具體資產的詳細情況資料；
（5）影響判斷企業價值的國民經濟情況和地區經濟狀況；
（6）被評估企業所在行業及相關行業的狀況和發展前景；
（7）資本市場上與被評估企業相關的行業及企業的價格信息、可比財務數據等；
（8）被評估企業中具體資產的市場價格資料和技術資料；
（9）與企業價值評估有關的其他信息資料。

10.2.4　運用評估技術分析判斷企業價值

根據評估目的與評估目的對被評估企業在評估時點經營狀況和面臨的市場條件的影響以及對企業價值評估結果的價值類型的影響，利用所選擇的多種評估途徑及其方法和所收集的信息資料，對影響企業價值的各種因素進行系統全面的分析，在充分分析的基礎上，綜合判定企業價值。

評估人員應當知曉股東部分權益價值並不必然等於股東全部權益價值與股權比例的乘積。當評估股東部分權益價值時，應當在適當及切實可行的情況下考慮由控股權和少數股權等因素產生的溢價或折價。同時也應考慮股權的流動性對評估對象價值的影響。

10.2.5　撰寫企業價值評估報告

註冊資產評估師在完成上述企業價值評估程序後，可根據評估項目的性質、評估過程以及委託方和相關當事人的要求，選擇恰當的報告形式出具企業價值評估報告，並在評估報告中披露評估結果的價值類型和定義、在評估過程中是否考慮了控股權和少數股權等因素產生的溢價或折價以及流動性對評估對象價值的影響。

10.3　企業價值評估的範圍界定

10.3.1　企業價值評估的一般範圍

企業價值評估的一般範圍即企業的資產產權範圍。從產權的角度界定，企業價值

評估的範圍應該是企業的全部資產，包括企業產權主體自身占用及經營的部分，企業產權主體所能控制的部分，如全資子公司、控制子公司以及非控股公司中的投資部分。在具體界定企業價值評估的資產範圍時，應根據以下有關數據資料進行：

（1）企業的資產評估申請報告及上級主管部門批復文件所規定的評估範圍；

（2）企業有關產權轉讓或產權變動的協議、合同、規章中規定的企業資產變動的範圍。

10.3.2　企業價值評估的具體範圍

在對企業價值評估的一般範圍進行界定之後，並不能將所有界定的企業的資產範圍直接作為在企業價值評估中進行評估的具體資產範圍。因為企業價值基於企業整體的盈利能力。所以，判斷企業價值，就是要正確分析和判斷企業的盈利能力。企業是由各類單項資產組合而成的資產綜合體，這些單項資產對企業盈利能力的形成具有不同的貢獻。其中，對企業盈利能力的形成做出貢獻、發揮作用的資產就是企業的有效資產，而對企業盈利能力的形成沒有做出貢獻的資產就是企業的無效資產或溢餘資產。企業的盈利能力是企業的有效資產共同作用的結果，要正確揭示企業價值，就要將企業資產範圍內的有效資產和無效資產及溢餘資產進行正確的界定與區別，將企業的有效資產作為評估企業價值的具體資產範圍。這種區分是進行企業價值評估的重要前提。

在相當長的一段時間裡，由於在企業價值評估中沒有對企業評估範圍進行一般範圍和具體範圍的劃分，沒有將企業資產劃分為有效資產和溢餘資產，導致按不同評估途徑及其方法評估出的在同一條件下的同一企業的價值出現巨大差異，並使許多評估人員誤將此現象理解為不同的評估途徑及其方法可能造成同一企業在相同的條件下具有截然不同的評估價值。事實上，在未對企業價值評估範圍和資產範圍進行界定的前提下，不同評估途徑及其方法評估的企業價值評估範圍和資產範圍可能存在著差別，企業價值評估範圍和資產範圍的差異可能是造成不同評估途徑及其方法評估企業價值存在差異的主要原因之一。只有將企業價值評估範圍和資產範圍界定清楚，將不同評估途徑及其方法的評估對象範圍界定清楚，運用不同的評估途徑及其方法評估的企業價值之間才有可比性。不同評估途徑及其方法評估企業價值的共同範圍基礎是企業的有效資產，而溢餘資產的評估則要根據評估目的及委託方的要求單獨進行，並妥善處理溢餘資產的評估值。

在界定企業價值評估的具體範圍時，應注意以下幾點：

（1）對於在評估時點產權不清的資產，應劃為「待定產權資產」，不列入企業價值評估的資產範圍。

（2）在產權清晰的基礎上，對企業的有效資產、溢餘資產進行區分。在進行區分時應注意把握以下幾點：第一，對企業有效資產的判斷應以該資產對企業盈利能力形成的貢獻為基礎，不能背離這一原則；第二，在有效資產的貢獻下形成企業的盈利能力，應是企業的正常盈利能力，由於偶然因素而形成的短期盈利及相關資產，不能作為判斷企業盈利能力和劃分有效資產的依據；第三，評估人員應對企業價值進行客觀揭示。例如，企業的出售方擬進行企業資產重組，則應以不影響企業盈利能力為前提。

（3）在企業價值評估中，對溢餘資產有兩種處理方式：一是進行「資產剝離」，即將企業的溢餘資產在進行企業價值評估前剝離出去，不列入企業價值評估的範圍；二是在溢餘資產不影響企業盈利能力的前提下，用適當的方法將其進行單獨評估，並將評估值加總到企業價值評估的最終結果之中，或將其可變現淨值進行單獨列示披露。

（4）例如，企業出售方擬通過「填平補齊」的方法對影響企業盈利能力的薄弱環節進行改進時，評估人員應著重判斷該改進對正確揭示其盈利能力的影響。就目前中國的具體情況而言，該改進應主要針對由工藝瓶頸和資金瓶頸等因素所導致的企業盈利能力無法正常發揮的薄弱環節。

10.4 轉型經濟與企業價值評估

10.4.1 關於產權的界定

目前理論界關於產權的定義很多，具有代表性的有以下幾種：

產權是一種社會工具，包括一個人或其他人受益或受損的權利。其重要性就在於事實上它們能幫助一個人形成他與其他人進行交易時的合理預期，這些預期通過社會的法律、習俗和道德得到表達。它界定人們如何受益及如何受損，因而誰必須向誰提供補償以使其修正所採取的行動。

產權的核心是關於人的行為的約束條件，是對交易過程中人與人之間利益關係的明確界定，它把法律上的所有權的一系列權能都轉化為可交易的相對獨立和平等的權利，這些權利在法律上必須回復到物的所有者的權能，而在現實經濟生活中逐漸成為可自由選擇交易的對象。由於產權內含的一系列權利的分解、轉讓和創新，交易關係變得異常複雜。

在現代經濟學中，產權不同於生產資料所有權，也不同於通常法律意義上的財產權，而是指在不同財產所有權（廣義的財產權包括知識產權、勞動力所有權等）之間對各自權利與義務的進一步劃分和界定。

上述有關產權的定義，或是因為過於抽象而難於理解，或是因著力對產權的表現形式的描述而未揭示產權的本質特徵。其實，產權應是在一定生產力和生產關係水準制約下的，財產所有權具體能通過契約形式達成的反應與財產相關的利益主體之間的各種權利責任。產權模糊就是指或沒有契約規定，或契約沒有明示財產相關利益主體之間的權利責任關係，在他們之間出現一個模糊的、可以共享的「空間」，亦即「共享財產」。產權模糊是「搭便車」、外部不經濟和低效率配置資源的基本原因。

產權相關利益主體是一個複雜的組合，包括投資者、經營者、勞動者、債權人等在產權契約中起特殊作用，並相應具有特殊權利和責任的利益集團。

10.4.2 轉型經濟中企業價值評估相關問題的討論

經濟轉型或改革使得很多東西處在變化和完善當中，這就使得包括企業價值評估

在內的資產評估問題變得複雜起來。當然這些問題也會隨著經濟轉型的不斷完善而逐漸消失。但是，評估人員還必須注意以下問題對企業價值評估的影響。

10.4.2.1 轉型經濟條件下，企業價值評估的風險估計問題

在企業價值評估中，收益途徑是被國內外公認的主要評估方法。中國評估界也開始從過去的資產基礎途徑轉向收益途徑評估企業價值。在運用收益途徑時，一個關鍵的因素就是需要用與企業獲利所面臨或承擔的風險相符的折現率來折現企業未來的現金流。在成熟市場經濟條件下，企業面臨的宏觀經濟環境較為穩定，市場行為較為規範，企業面臨的未來風險相對更易預期和估計。但在轉型經濟條件下，企業交易雙方所面臨的風險和障礙遠大於成熟市場，企業價值評估也變得格外困難。在中國轉型經濟中，企業面臨的風險包括通貨膨脹或通貨緊縮、經濟不穩定、資本控制權變動、國家有關政策的變化、合同法對投資者權益定義模糊、法律保護不力、會計制度鬆弛等。對這些風險的估計和判斷不同，其估測就會大相徑庭。在企業價值評估中，企業面臨的風險可以通過折現率和現金流量兩個參數的選擇來反應。傳統的評估方法大多數將風險反應在折現率中，如果通過折現率反應企業面臨的風險，評估人員仍可以利用這種方法，但是，評估人員也可採用另外一種方法考慮企業面臨的風險，即進行加權平均風險概率的分析，將風險反應在現金流預測中。評估人員可以根據宏觀經濟各項指標及行業和公司未來可能面臨的風險建立不同的假設情境，並對各種假設情境的概率進行估計。然後，分析各種假設情境下現金流的各組成部分是如何變化的，並對現金流進行調整。不論採用什麼方法估計企業面臨的風險，都應注意經濟轉型時期中國企業面臨的特殊風險。

10.4.2.2 高新技術企業產權變動引發的評估技術方法創新

隨著中國高新技術企業的快速發展，與之相關的各種融資、併購、上市、交易等活動日益活躍，其中企業併購的數量和價值總量呈逐年遞增趨勢。高新技術企業間的併購重組已經成為其擴大規模、提高核心競爭力、實現價值增值的戰略選擇。實現併購或上市等經濟活動的前提就是對高新技術企業價值的深刻認識和準確計量，而被併購高新技術企業價值評估的準確性對於併購的成功與否起著決定性作用。近年出現在高新技術領域的併購不乏失敗的案例，研究發現導致這些併購交易失敗的主要原因是對標的企業定價不合理，即高新技術企業的評估價值存在著不同程度的偏離。高新技術企業價值評估的高成長性和高風險性開始受到重視，運用傳統的企業價值評估方法評估高新技術企業價值的非完整性缺陷已經顯現，評估行業探索新的評估方法的腳步正在加快。模糊現金流量折現法和期權定價法等在其業務價值評估中的應用頻率和規模正在逐步加大，逐漸成為傳統的三大評估途徑及其方法的有效補充。充分關注國內外對企業價值評估技術方法的研究非常重要，在收益途徑及其方法、市場途徑及其方法和資產基礎途徑及其方法的基礎上探索新的評估方法的適用性和可操作性，是擺在行業面前的一個非常重要的課題。

10.5 收益途徑在企業價值評估中的應用

10.5.1 收益途徑評估企業價值的核心問題

在運用收益途徑對企業價值進行評估時，一個必要的前提是判斷企業是否具有持續的盈利能力。只有當企業具有持續的盈利能力時，運用收益途徑對企業進行價值評估才具有意義。運用收益途徑對企業進行價值評估，關鍵在於對以下三個問題的解決：

第一，要對企業的收益予以界定。企業的收益能以多種形式出現，包括淨利潤、淨現金流量（股權自由現金流量）、息前淨利潤和息前現金流量（企業自由現金流量）。選擇以何種形式的收益作為收益法中的企業收益，直接影響對企業價值的最終判斷。

第二，要對企業的收益進行合理的預測。要求評估人員對企業將來的收益進行精確預測是不可能的。但是，由於企業收益的預測直接影響對企業盈利能力的判斷，是決定企業最初評估值的關鍵因素。所以，在評估中應全面考慮影響企業盈利能力的因素，客觀、公正地對企業的收益做出合理的預測。

第三，在對企業的收益做合理的預測後，要選擇合適的折現率。合適的折現率的選擇直接關係到對企業未來收益風險的判斷。由於不確定性的客觀存在，對企業未來收益的風險進行判斷至關重要。能否對企業未來收益的風險做出恰當的判斷，從而選擇合適的折現率，對企業最終評估值具有較大影響。

10.5.2 收益途徑中具體方法的說明

10.5.2.1 永續經營假設前提下的具體方法

（1）年金法。

年金法的公式為：

$P = A/r$

式中，P 為企業評估價值，A 為企業每年的年金，r 為收益資本化率。

用於企業價值評估的年金法是將已處於均衡狀態、其未來收益具有充分的穩定性和可預測性的企業的收益進行年金化處理，然後再把已年金化的企業預期收益進行還原，估測企業的價值。因此公式又可以寫成：

$$P = \sum_{i=1}^{n} \left[R_i \times (1+r)^{-i} \right] \div \sum_{i=1}^{n} \left[(1+r)^{-i} \right] \div r$$

式中，$\sum_{i=1}^{n} \left[R_i \times (1+r)^{-i} \right]$ 為企業前 n 年預期收益折現值之和，$\sum_{i=1}^{n} (1+r)^{-i}$ 為年金現值系數，r 為資本化率。

【例 10-1】待估企業預計未來 5 年的預期收益額分別為 100 萬元、120 萬元、110 萬元、130 萬元、120 萬元，假設資本化率為 10%，試用年金法估測待估企業價值。

$$P = \sum_{i=1}^{n}\left[R_i \times (1+r)^{-i}\right] \div \sum_{i=1}^{n}\left[(1+r)^{-i}\right] \div r$$

$= (100\times0.909,1+120\times0.826,4+110\times0.751,3+130\times0.683,0+120\times0.620,9)\div$
$\quad (0.909,1+0.826,4+0.751,3+0.683,0+0.620,9) \div 10\%$
$= (91+99+83+75)\div 3.790,7\div 10\%$
$= 1,153$（萬元）

（2）分段法。

分段方式將持續經營的企業的收益預測分為前後兩段。將企業的收益預測分為前後兩段的理由在於：在企業發展的前一個期間，企業處於不穩定狀態，因此企業的收益是不穩定的；而在該期間之後，企業處於均衡狀態，其收益是穩定的或按某種規律進行變化。對於前段企業的預期收益採取逐年預測並折現累加的方法；而對於後段的企業收益，則針對企業具體情況並按企業收益的變化規律，對企業後段的預測收益進行折現和返原處理。將企業前後兩段的收益現值加在一起便構成企業的收益現值。

假設以前段最後一年的收益作為後段各年的年金收益，分段法的公式可寫成：

$$P = \sum_{i=1}^{n}\left[R_i \times (1+r)^{-i}\right] + \frac{Rn}{r} \times (1+r)^{-n}$$

假設 $n+1$ 年之後為後段，企業預期年收益將按一固定比率 g 增長，則分段法可寫成：

$$P = \sum_{i=1}^{n}\left[R_i \times (1+r)^{-i}\right] + \frac{Rn(1+g)}{r-g} \times (1+r)^{-n}$$

【例10-2】待估企業預計未來5年的預期收益額分別為100萬元、120萬元、150萬元、160萬元、200萬元。根據企業的實際情況推斷，從第6年開始，企業的年收益額將維持在200萬元水準上，假定資本化率為10%，使用分段法估測企業的價值。

運用公式：

$$P = \sum_{i=1}^{n}\left[R_i \times (1+r)^{-i}\right] + \frac{Rn}{r} \times (1+r)^{-n}$$

$= (100\times0.909,1+120\times0.826,4+150\times0.751,3+160\times0.683,0+200\times0.620,9)+200$
$\quad \div 10\%\times0.620,9$
$= 536+2,000\times0.620,9$
$= 1,778$（萬元）

根據上述資料，假如評估人員根據企業的實際情況推斷，企業從第6年起，收益額將在第五年的水準上以2%的增長率保持增長，其他條件不變，試估測待估企業的價值。

運用公式：

$$P = \sum_{i=1}^{n}\left[R_i \times (1+r)^{-i}\right] + \frac{Rn(1+g)}{r-g} \times (1+r)^{-n}$$

$= (100\times0.909,1+120\times0.826,4+150\times0.751,3+160\times0.683,0+200\times0.620,9)+$
$\quad 200\times$

（1+2%）÷（10%-2%）×0.620,9
= 536+204÷8%×0.620,9
= 2,119（萬元）

10.5.2.2 企業有限持續經營假設前提下的具體方法

關於企業持續經營假設的應用。對企業而言，它的價值在於其所具有的持續的盈利能力。一般而言，對企業價值的評估應該在持續經營前提下進行，只有在特殊的情況下，才能在有限持續經營前提下對企業價值進行評估。如果企業章程已經對企業經營期限做出規定，而企業的所有者無意逾期並繼續經營企業，則可在該假設前提下對企業進行價值評估。評估人員在運用該假設對企業價值進行評估時，應對企業能否適用該假設做出合理判斷。

企業有限持續經營假設是從最有利於回收企業投資的角度，爭取在不追加資本性投資的前提下，充分利用企業現有的資源，最大限度地獲取投資收益，直至企業無法持續經營為止。

對於有限持續經營假設前提下企業價值評估的具體方法，其評估思路與分段法類似。首先，將企業在可預期的經營期限內的收益加以估測並折現；其次，將企業在經營期限後的殘值資產的價值加以評估並折現；最後，將兩者相加，其數學表達式為：

$$P = \sum_{i=1}^{n} [R_i \times (1+r)^{-i}] + P_n \times (1+r)^{-n}$$

式中，P_n為第 n 年的企業資產變現值，其他符號的含義同前。

10.5.3 企業收益及其預測

10.5.3.1 企業收益額

收益額是運用收益途徑及其方法評估整體企業的基本參數之一。在資產評估中，收益是指根據投資回報的原理，資產在正常情況下所能得到的歸產權主體的所得額。在企業價值評估中，收益額具體是指企業在正常條件下獲得的歸企業的所得額。在企業價值評估過程中從可操作的角度來看，評估人員大都採用會計學上的收益。會計學上的收益概念是指來自企業期間交易已實現收入與相應費用之間的差額。

（1）企業收益的界定與選擇。

企業收益都來自企業勞動者創造的純收入，企業價值評估中的企業收益也不例外。但是，在具體界定企業收益時，應注意以下幾個方面：

從性質上講，不歸企業權益主體所有的企業純收入不能作為企業評估中的企業收益。例如，稅收包括流轉稅和所得稅。

凡是歸企業權益主體所有的企業收支淨額，無論是營業收支、資產收支，還是投資收支，只要形成淨現金流入量，就應視同收益。企業收益是指將企業發生產權變動為確定企業交易價格這一特定目的作為出發點，從潛在投資者參與產權交易後企業收益分享的角度，企業收益只能是企業所有者投資於該企業所能獲得的淨收入。它的基本表現形式是企業淨利潤和企業淨現金流量（還可以有其他表現形式）。企業淨利潤合

計現金流量是判斷和把握企業價值評估中的收益的最重要的基礎，也是評估人員認定、判斷和把握企業獲利能力最重要、最基本的財務數據和指標。

從企業價值評估操作的層面上講，企業價值評估中的收益額是作為反應企業獲利能力的一個重要參數和指標。它最重要的作用在於客觀地反應企業的獲利能力並通過企業獲利能力來反應企業的價值。由於企業價值評估的目標範圍包括了企業整體價值、股東全部權益價值和股東部分權益價值等多重目標。因此，從實際操作的角度，用於企業價值評估的收益額又不僅限於企業的淨利潤和淨現金流量兩個指標。也就是說，理論上的企業收益可能與企業價值評估實際操作中使用的收益額不完全等同。理論上的企業收益是指歸企業所用或擁有的、可支配的淨收入。而用於企業價值評估的企業收益既可以是理論上的企業收益，也可以是其他口徑的企業收益，它的作用主要是用來準確、客觀地反應企業的獲利能力。

（2）關於收益額的口徑。

從投資回報的角度來看，企業收益的邊界是可以明確的。企業淨利潤是所有者的權益，利息是債權人的權益。針對企業發生產權變動而進行企業價值評估這一事項，企業價值評估的目標可能是企業的總資產價值、企業股東全部權益價值或企業股東部分權益價值，企業價值評估目標的多樣性是選擇收益額口徑的客觀要求之一。另外，不同企業之間資本結構的不同會對企業價值產生不同的影響以及由此產生的利息支出、股利分配等對企業價值的影響問題，都造成了企業價值評估中不同口徑收益選擇的必要。企業價值評估的口徑、企業整體價值、企業股東全部權益價值（企業所有者權益）和企業股東部分權益價值不同，與之相對應的收益口徑也是有差異的。

明確企業收益的邊界和口徑對於運用收益途徑及其方法評估企業價值是極其重要的。不同的投資主體在企業中的投資或權益在資產實物形態上是難以割分的。只有在明確了企業收益的邊界和口徑，以不同邊界和口徑的企業收益與企業價值評估結果的口徑的對應關係的基礎上，才能根據被評估企業的具體情況，採取各種切實可行的收益折現方案或資本化方案實現企業價值評估目標。

從過去的評估實踐來看，使用頻率最高的企業評估價值目標是企業的股東全部權益價值，即企業的淨資產價值或所有者權益價值。同時，也存在著對企業整體價值以及企業部分股權價值的評估。但是，在企業價值評估實踐中，間接法的使用頻率要高於直接法。間接法，是指先通過企業自由現金流量和適當的折現率或資本化率評估出企業整體價值或投資資本價值，再扣減企業的負債來計算企業股東全部權益價值及其部分股權價值。所謂直接法是指利用股東自由現金流量和適當的折現率或資本化率，評估出企業的股東全部權益價值。因此，在進行企業價值評估時，根據被評估企業價值的內涵選擇適當具體的企業收益形式、口徑和結構是十分必要的。在企業價值評估中，經常使用的收益口徑主要包括淨利潤、淨現金流量（股東自由現金流量）、息前淨利潤、息前現金流量（企業自由現金流量）等。再假定折現率口徑與收益額口徑一致，即不存在統計口徑或核算口徑上的差別，不同形式、口徑或結構的收益額，其折現的價值內涵和目標是不同的。例如，淨利潤或淨現金流量折現或還原為股東全部權益價值淨（資產價值、所有者權益）。「淨利潤或淨現金流量＋長期負債利息×（1－所得稅稅

率）」折現或還原為投資資本價值（所有者權益+長期負債）。

　　選擇合適口徑的企業收益作為收益法評估企業價值的基礎，首先應服從企業價值評估的目的和目標，明確企業價值評估的目的和目標是評估反應股東全部權益價值（企業所有者權益或淨資產價值）還是反應企業所有者權益及長期債權人權益之和的投資資本價值或企業整體價值。其次，對企業收益口徑的選擇，應在不影響企業價值評估目的的前提下，選擇最能客觀反應企業正常盈利能力的收益額作為對企業進行價值評估的收益基礎。對於某些企業，淨現金流量（股權自由現金流量）就能客觀地反應企業的獲利能力，而另一些企業可能採用息前淨現金流量（企業自由現金流量），更能反應企業的獲利能力。如果企業評估的目標是企業的股東全部權益價值（淨資產價值），則使用淨現金流量最為直接，即評估人員直接利用企業的淨現金流量評估企業的股東全部權益價值（企業的淨資產價值）。當然，企業人員也可以利用企業的息稅前淨現金流量（企業自由現金流量）先估算出企業的整體價值，然後再從企業整體價值中扣減企業的付息債務，得到股東全部權益價值。在具體實踐中，是運用企業的淨現金流量（股權自由現金流量）直接估算出企業的股東全部權益價值，還是採用迂迴的方法先估算企業的整體價值或投資者價值，再估算企業的股東全部權益價值（淨資產價值），取決於企業的淨現金流量或是企業的息前淨現金流量是否能更客觀地反應企業的獲利能力。掌握收益口徑或表現形式與不同層次的企業價值的對應關係以及不同層次企業價值之間的關係是企業價值評估中非常重要的事情。

　　當然，在評估實踐中折現率往往也是有層次或口徑的，因為折現率是一種期望，投資回報率也是一個相對數或比率，這個比率的分子一定是某種口徑的收益額。例如，當使用行業收益率作為企業價值評估的折現率或資本化率時，就存在總率資產收益率、投資資本收益率和淨資產收益率等不同含義的折現率或資本化率。而每一種含義的折現率或資本化率又可以有不同的口徑。例如，計算淨資產收益率中的收益額可以是淨利潤，也可以是淨現金流量，還可以是無負債淨利潤等不同形式和口徑的收益額。此時用於折現或資本化的收益額的選擇就必須與折現率和資本化率中的所選用的收益額保持統一或核算口徑上的一致。否則評估結果就沒有任何經濟意義和實際意義。

　　上述關於企業價值評估中的收益額邊界的界定思路是建立在現有的產權制度框架下。事實上，企業價值是資本能力技術和管理諸要素有機結合共同作用的結果。而在目前的產權制度下，企業價值評估值的歸屬，通常只考慮了企業的所有者權益和債權人權益，顯然忽略了資本、人力、技術和管理主體在企業中的貢獻和權益。就是說，目前的企業價值評估是把所有對企業價值有貢獻的因素都考慮進去了，但是在產權界定時，卻把企業價值全部歸於資產所有者和債權人。企業評估價值的合理分配上有待於要素分配理論的確立、進一步完善和被廣泛接受。

10.5.3.2　企業收益預測

　　從嚴格意義上講，企業收益預測應當由企業管理層負責。企業管理層有責任提供企業的預期經營規劃和完整的收益預測數據，並對上述預測數據負責。評估人員和評估機構的責任和義務，是對管理層提供的企業收益預測進行必要的分析和判斷，並與

管理層進行必要溝通協調確定。

評估師對企業管理層提供的收益預測的分析和監測大致分為三個階段。首先是企業收益現狀的分析和判斷，其次是對企業未來可預測的若干年的預期收益預測的分析和判斷；最後是對企業未來持續經營條件下的長期預期收益趨勢的判斷。

（1）企業收益現狀的分析和判斷。

企業收益現狀的分析和判斷的重點是瞭解和掌握企業評估基準日的日常獲利能力水準，為分析企業管理層提供的預測收益建立一個平臺。

瞭解和判斷一個企業的獲利能力現狀可以通過一系列財務數據並結合對企業生產經營的實際情況來加以綜合分析和判斷。有必要對企業以前年度的獲利能力情況做出考察，以確定企業現在的正常獲利能力。可作為分析和判斷企業獲利能力的財務指標主要有：企業資金利潤率、投資資本利潤率、淨資產利潤率、成本利潤率、銷售收入利潤率、企業資金收益率、投資資本收益率、淨資產收益率、成本收益率、銷售收入收益率。企業資金利潤率與企業資金收益率之間的區別如下：前者是以企業利潤總額與企業資金占用額之比，而後者是企業淨利潤與企業資金占用額之比。

評估人員不可以單憑上述企業的有關財務數據來判定企業現時的正常獲利能力。要想較為客觀地把握企業的正常獲利能力，必須結合企業內部及外部的影響企業獲利能力的各種因素進行綜合分析。評估人員也要十分注意企業產品或服務的成長性，以便對企業的市場因素做出正確的判斷。再如企業資金融通、渠道能力、動力原材料等的供給情況，企業的產品和技術開發能力，企業的經營管理水準和管理制度，企業存量資產的狀況及匹配情況，還有國家的政策性因素等。只有結合企業內部和外部的具體條件來分析企業的財務指標，才有可能正確地認識企業的獲利能力。

（2）企業收益預測的基礎的分析。

用於衡量企業獲利能力的企業收益，不僅具有層次性和不同的口徑，同時還存在著收益預測的基礎問題。企業的預期收益的基礎有以下兩個方面的問題：其一，是預期收益預測的出發點，這個出發點是以企業評估時的收益現狀及企業的實際收益為出發點。按普通人的想法，似乎一切在評估時點的實際收益為出發點，更符合資產評估的客觀性原則。實際上在進行企業價值評估時，既可以用企業在評估時點的實際收益為基礎測算的預期收益，也能以被評估企業所在行業的正常投資收益水準為基礎預測收益。如果是以企業實際收益為基礎預測的預期收益，一定要注意在企業實際收益中，如果存在一次性的，或者是偶然的，或者是當企業產權發生變動後不復存在的收入或費用因素，應當進行調整。如果把企業評估時點的包括收入或費用的實際收益作為預測企業未來預期收益的基礎，而不做任何調整的話，等於把那些不復存在的因素仍然作為影響企業未來預期收益的因素加以考慮。很顯然，這將導致企業未來收益預測的失實。因此企業評估收益的預測基礎，可以是企業在正常經營管理前提下的正常收益或客觀收益，或者是排除偶然因素和不可比因素後的企業實際收益。當然，企業價值評估的兩種收益預測基礎及在此基礎上預測的企業未來收益以及據此對企業價值做出的判斷，企業的評估價值類型和定義應該是有差別的。其二，如何客觀地把握新的產權主體的行為對企業預期收益的影響。因為企業在預期收益繼續企業存量資產運作的

函數同時也是未來新的產權主體經營管理的函數。新的產權主體的行為是評估人員無法確切評估的因素。同時，新的產權主體的個別行為對企業預期收益的影響也不應該成為預測企業預期收益的因素。從這個意義上講，對於企業預期收益的預測，一般只能以企業現時存量資產為出發點，可以考慮存量資產的合理改進，甚至是合理重組，並以企業的正常經營管理為基礎，一般不考慮這不正常的個人因素或新的產權主體的超常行為等因素對企業預期收益的影響。

關於企業預期收益預測基礎的以上論述只是一種原則性的、從總的方面對企業預期收益預測基礎的認識。在企業價值評估的實際操作中，情況可能會更為複雜，特別是通過產權變動。例如，企業併購所產生的協同效應，如果完全不考慮被評估企業存量資產的作用也是不合適的，這就存在一個協同效應在新舊產權主體之間的分配問題。由於企業併購以及其他類似經濟行為產生的協同效應的分配和分成問題十分複雜，這裡就不做更深層次的討論。

(3) 對企業收益預測分析的基本步驟。

對企業預期收益的預測分析大致可以分為以下幾個步驟：評估基準日企業收益或正常收益的審核（計）和調整；對企業管理層提供的企業未來經營規劃、財務預算或預測資料以及預期收益趨勢的總體分析和判斷；在此基礎上對企業預測收益的可靠性做出判斷。

如果以一切實際收益為基礎預測未來企業收益，評估基準日企業收益審核（計）和調整包括兩個部分的工作：其一是對評估基準日審核收益的審核（計），按照國家的財務通則、會計準則以及現行會計制度等對企業與評估基準日的實際收益額進行審核，並按審核結果編製評估基準日企業資產負債表、利潤表和現金流量表。其二是對審核後的重編財務報表進行非正常因素調整，主要是利潤表和現金流量表的調整（資產負債表以及非經營性資產閒置資產、溢餘資產的調整，這裡不做論述）。對一次性、偶發性或以後不再發生的收入或費用進行剔除，把企業評估基準日的企業利潤和現金流量調整到正常狀態下的數量，為企業預期收益的趨勢分析打好基礎。

如果是以被評估企業所在行業正常收益水準為基礎預測企業未來收益，實際上是假設企業發生產權變動後，企業能夠以行業的正常經營水準和正常獲利能力進行營運。這時，首先應對評估基準日的企業實際收益進行分析，在可以確定企業在評估基準日後以行業正常經營水準和獲利能力水準預測未來收益是客觀的基礎上，編製按被評估企業有效資產所對應的用於本次企業價值評估的資產負債表、利潤表和現金流量表。

企業預期收益趨勢的總體分析和判斷是在對企業評估基準日實際收益或正常收益的審核（計）和調整的基礎上，結合被評估企業管理層提供的企業預期收益預測和評估機構調查收集到的有關信息資料進行的。這裡需要強調出：①對企業評估基準日的財務報表的審核（計）和重編，尤其是客觀受益的調整僅作為評估人員進行企業預期收益預測的參考依據，不能用於其他目的；②企業管理層提供的關於企業預期收益的預測是評估人員預測企業未來預期收益的重要基礎；③儘管對企業在評估基準日的財務報表進行了必要的調整或重編，並掌握了企業提供的收益預測，評估人員必須深入到企業現場進行實地考察和現場調研，充分瞭解企業的生產工藝過程、設備狀況、生

產能力和經營管理水準以及市場狀況等，再輔之以其他數據資料對企業未來收益趨勢做合乎邏輯的總體判斷。

企業預期收益的預測是在前兩個步驟完成以後的前提下，運用具體的技術方法和手段測算企業預期收益。在一般情況下，企業的收益預測也分為兩個時間段。對於已步入穩定期的企業而言，收益預測的分段較為簡單：一是對企業未來前若干年的收益進行預測，二是對企業未來前若干年後的各項收益進行預測。而對於仍處於發展期，其收益尚不穩定的企業而言，對其收益預測的分段應是首先判斷企業在何時步入穩定期，其收益呈現穩定性。而後將其步入穩定期的前一年作為收益預測分段的時點。對企業何時步入穩定期的判斷，應在企業管理人員的充分溝通和佔有大量資料並加以理性分析的基礎上進行，其確定較為複雜。下面主要介紹處於穩定期的企業預期收益的預測。

對於企業未來前若干年的收益進行預測，前若干年可以是 3 年，也可以是 5 年，或其他時間跨度。若干年的時間跨度的長短取決於評估人員對預測值的精度要求以及評估人員的預測手段和能力。對評估基準日後若干年的收益預測是在評估基準日調整的企業收益或企業歷史收益的平均收益趨勢的基礎上，結合影響企業收益實現的主要因素在未來預期變化的情況，採用適當的方法進行的。目前較為常用的方法有綜合調整法、產品週期法、時間趨勢法等。不論採用何種預測方法估測企業的預期收益，首先都應進行預測前提條件的設定。因為無論如何，企業未來可能面臨的各種不確定因素是無法完全納入評估參數中，因此，科學合理地設定預測企業預期收益的前提條件是必需的。這些前提條件包括：①國家的政治、經濟等政策變化對企業預期收益的影響，對於已經出抬，但尚未實施的政策，只能假定其將不會對企業預期收益構成重大影響；②不可抗拒的自然災害或其他無法預測的突發事件不作為預測企業收益的相關因素考慮；③ 企業經營管理者的某些個人行為也未在預測企業預期收益時考慮等。當然，根據評估對象，評估目的和評估時的條件還可以對評估的前提條件做出必要的限定。但是，評估人員對企業預期收益預測的前提條件設定必須合情合理。否則，這些前提條件不能構成合理預測企業預期收益的前提和基礎。

在明確了企業收益預測前提條件的基礎上，就可以著手對企業未來前若干年的預期收益進行預測。預測的主要內容有：對影響被評估企業及所屬行業的特定經濟及競爭因素的估計，未來若干年市場的產品或服務的需求量或被評估企業市場佔有的份額的估計，未來若干年銷售收入的估計，未來若干年成本費用及稅金的估計，完成上述生產經營目標需追加投資及技術、設備更新改造因素的估計，未來若干年預期收益的估計，等等。關於企業的收益預測，評估人員不能直接引用企業和其他機構提供的企業收益預測。評估人員應把企業或其他機構提供的收益預測作為參考，根據可收集到的數據資料，在經過充分分析論證的基礎上做出獨立的預測判斷。

在具體運用預測技術和方法預算企業收益時，不論採用哪種方法，大都採用目前普遍使用的財務報表格式予以表現，如利用利潤表的形式表現或採用現金流量表的形式表現。運用利潤表或現金流量的形式表現預測企業收益的結果通俗易懂、便於理解和掌握。需要說明的是，用企業利潤表或現金流量表來表現企業預期收益的預測結果，

并不等于说企业预期收益预测就相当于企业利润表或现金流量表的编制。企业收益预测的过程是一个比较具体、需要大量数据并运用科学方法的运作过程。用利润表或现金流量表表现的仅仅是这个过程的结果。所以，企业收益预测不能简单地等同于企业利润表或现金流量表的编制，而是利用利润表或现金流量表的已有栏目或项目通过对影响企业收益的各种因素变化情况的分析，在评估基准日企业收益水准的基础上，对应表内各项项目（栏目）进行合理的预算，汇总分析得到所测年份的各年企业收益。

不论采用何种方法测算企业收益，都需要注意以下几个基本问题：①一定收益水准是一定资产运作的结果。在企业收益预测时应保持企业预期收益与其资产及获利能力之间的协调关系。②企业的销售收入或营业收入与产品销售量（服务量）及销售价格的关系，会受到价格需求弹性的制约，不允许不考虑价格需求弹性而想当然地价量并长。③企业销售收入或服务收入的增长与其费用的变化是有联系的，评估人员应根据不同行业的企业特点，尽可能科学合理预测企业的销售收入及各种费用。④企业的预期收益与企业所采用的会计政策、税收政策关系极为密切，评估人员不可以违背会计政策及税收政策，以不合理的假设作为预测的基础，企业收益预测应与企业未来实行的会计政策和税收政策保持一致。

企业未来前若干年的预期收益测算可以通过一些具体的方法进行。面对于企业未来更久远的年份的预测收益，则难以具体地进行预算。可行的方法是：在企业未来前若干年预期收益测算的基础上，从中找出企业收益变化的规律和趋势，并借助某些手段，诸如采用假设的方式把握企业未来长期收益的变化区间和趋势。比较常用的假设是保持假设，即假定企业未来若干年以后各年的收益维持在一个相对稳定的水准上不变。当然也可以根据企业的具体情况，假定企业收益在未来若干年以后将在某个收益水准上，每年保持一个递增比率等。但是，不论采用何种假设，都必须建立在合乎逻辑、符合客观实际的基础上，以保证企业预期收益预测的相对合理性和准确性。

由于对企业预期收益的预测存在较多难以准确把握的因素并且操作时易受评估人员主观的影响，而该预测又直接影响企业的最终评估值，因此，评估人员在对企业的预期收益预测基本完成之后，应对所做预测进行严格检验，以判断所做预测的合理性。检验可以从以下几个方面进行：第一，将预测的数据与企业历史收益的平均数据进行比较，如预测的结果与企业历史收益的平均数据明显不符，或出现较大变化，又无充分理由加以支持，则该预测的合理性值得质疑。第二，将预测的数据与行业收益的平均数据进行比较，如预测的结果与行业收益的平均数据明显不符，或出现较大变化，又无充分理由加以支持，则该预测的合理性值得质疑。第三，对影响企业价值评估的敏感性因素加以严格的检验。在这里，敏感性因素具有两方面的特征，一是该因素未来存在多种变化，二是其变化能对企业的评估值产生较大的影响。如对销售收入的预测，评估人员可以基于对企业所处市场前景的不同假设而会对企业的销售收入做出不同的预测，并分析不同预测结果可能对企业评估价值产生的影响，在此情况下，评估人员就应对销售收入的预测进行严格的检验，对决定销售收入预测的各种假设反覆推敲。第四，对所预测的企业收入与成本费用的变化的一致性进行检验。企业收入的变化与其成本费用的变化存在较强的一致性，如预测企业的收入变化而成本费用不进行

相應變化，則該預測值得質疑。第五，在進行敏感性因素檢驗的基礎上，與其方法評估的結果進行比較，檢驗在哪一種評估假設下能得到更為合理的評估結果。

10.5.4　折現率和資本化率及其估測

　　折現率是將未來有限期收益還原或轉換為現值的比率。資本化率是將未來非有限期收益轉換成現值的比率。資本化率在資產評估業務中有著不同的稱謂：資本化率、本金化率、還原利率等。折現率和資本化率在本質上是相同的，都屬於投資報酬率。投資報酬率通常由兩部分組成：一是無風險報酬率（正常投資報酬率）；二是風險投資報酬率。正常報酬率亦稱為無風險報酬率、安全利率，它取決於資金的機會成本，即正常的投資報酬率不能低於該投資的機會成本。這個機會成本通常以政府發行的國債利率和銀行儲蓄利率作為參照依據。風險報酬率的高低主要取決於投資的風險的大小，風險大的投資，要求的風險報酬率就高。由於折現率和資本化率反應了企業在未來有限期和非有限期的持續獲利能力和水準，而企業未來的獲利能力在有限期與永續期能否保持相當恐怕要取決於企業在未來有限期與永續期所面對的風險是否一樣，從理論上講，折現率與資本化率並不一定是一個恒等不變的量，它們既可以相等也可以不相等，這取決於評估師對企業未來有限經營期與永續經營期的風險的判斷。因此，必須強調折現率與資本化率並不一定是一個恒等不變的定值。

10.5.4.1　企業評估中選擇折現率的基本原則

　　在運用收益途徑中的具體方法評估企業價值時，折現率起到至關重要的作用，它的微小變化會對評估結果產生較大的影響，因此，在選擇和確定折現率時，必須注意以下幾個方面的問題。由於折現率與資本化率的構成、測算及選擇思路相同，下面我們就以折現率為代表來說明折現率與資本化率的預算原則和方法。

　　（1）折現率不低於投資的機會成本。在存在著正常的資本市場和產權市場的條件下，任何一項投資的回報率不應低於該投資的機會成本。在現實生活中，政府發行的國債利率和銀行儲蓄利率可以作為投資者進行其他投資的機會成本。由於國債的發行主體是政府，幾乎沒有破產或無力償付的可能，投資的安全系數大。銀行雖大多屬於商業銀行，但中國的銀行仍屬國家壟斷並嚴格監控，其信譽也非常高，儲蓄也是一種風險極小的投資。因此，國債和銀行儲蓄利率可看成是其他投資的機會成本，相當於無風險投資報酬率。

　　（2）行業基準收益率不宜直接作為折現率，但行業平均收益率可作為確定折現率的重要參考指標。中國的行業基準收益率是基本建設投資管理部門為篩選建設項目，從擬建項目對國家經濟的淨貢獻方面，按照行業統一制定的最低收益率標準，凡是投資收益率低於行業基準收益率的擬建項目不得上馬。只有投資收益率高於行業基準收益率的擬建項目才有可能得到批准進行建設。行業基準收益率旨在反應擬建項目對國民經濟的淨貢獻的高低，包括擬建項目可能提供的稅收收入和利潤，而不是對投資者的淨貢獻。因此，不宜直接將其作為企業產權變動時價值評估的折現率。再者，行業基準收益率的高低也體現著國家的產業政策。在一定時期，屬於國家鼓勵發展的行業，

其行業基準收益率可以相對低一些；屬於國家控制發展的行業，國家就可以適當調高其行業的基準收益率，達到限制項目建設的目的。因此，行業基準收益率不宜直接作為企業評估中的折現率。而隨著中國證券市場的發展，行業的平均收益率日益成為衡量行業平均盈利能力的重要指標，可作為確定折現率的重要參考指標。

（3）貼現率不宜直接作為折現率。貼現率是商業銀行對未到期票據提前兌現所扣金額（貼現息）與期票票面金額的比率。貼現率雖然也是將未來值換算成現值的比率，但貼現率通常是銀根據市場利率和貼現票據的信譽程度來確定的。並且票據貼現大多數是短期的，並無固定週期。從本質上講，貼現率接近於市場利率。而折現率是針對具體評估對象的風險而生成的期望投資報酬率。從內容上講折現率與貼現率並不一致，簡單地把銀行貼現率直接作為企業評估的折現率是不妥當的。但也要看到，在有些情況下，如對採礦權評估所使用的貼現現金流量法，正是以貼現率折現評估價值的。但就是在這種場合，所使用的貼現率也包括安全利率和風險溢價兩部分，與真正意義的貼現率不完全一樣。

10.5.4.2 風險報酬率的測算

在折現率的測算過程中，無風險報酬率的選擇相對比較容易一些，通常是以政府債券利率和銀行儲蓄利率為參考依據。而風險報酬率的測度相對比較困難，因評估對象、評估時點的不同而不同。就企業而言，在未來的經營過程中要面臨著經營風險、財務風險、行業風險、通貨膨脹風險等。從投資者的角度來看，要投資者承擔一定的風險，就要有相對應的風險補償。風險越大，要求補償的數額也就越大。風險補償額相對於風險投資額的比率就叫風險報酬率。

在測算風險報酬率的時候，評估人員應注意以下因素：第一，國民經濟增長率及被評估企業所在行業在國民經濟中的地位；第二，被評估企業所在行業的發展狀況及被評估企業在行業中的地位，第三，被評估企業所在行業的投資風險；第四，企業在未來的經營中可能承擔的風險等。

在充分考慮和分析以上各因素以後，風險報酬率可以通過以下兩種方法估測：

（1）風險累加法。企業在其持續經營過程可能要面臨著許多風險，像前面已經提到的行業風險、經營風險、財務風險、通貨膨脹等。將企業可能面臨的風險對回報率的要求予以量化並累加，便可得到企業評估折現率中的風險報酬率。用公式表示：

風險報酬率＝行業風險報酬率＋經營風險報酬率＋財務風險報酬率＋其他風險報酬率

行業風險主要指企業所在行業的市場特點、投資開發特點以及國家產業政策調整等因素造成的行業發展不確定性給企業預期收益帶來的影響。

經營風險是指企業在經營過程中，由於市場需求變化、生產要素供給條件變化以及同類企業間的競爭給企業的未來預期收益帶來的不確定性影響。

財務風險是指企業在經營過程中的資金融通、資金調度、資金週轉可能出現的不確定性因素影響企業的預期收益。

其他風險包括國民經濟景氣狀況，通貨膨脹等因素的變化可能對企業預期收益的影響。

量化上述各種風險所要求的回報率，主要是採取經驗判斷。它要求評估人員充分

瞭解國民經濟的運行態勢、行業的發展方向、市場狀況、同類企業競爭情況等。只有在充分瞭解和掌握上述數據資料的基礎上，對於風險報酬率的判斷才能較為客觀合理。當然，在條件許可的情況下，評估人員應盡量採取統計和數理分析方法並對風險回報率進行量化。

（2）β系數法。β系數法用於估算企業所在行業的風險報酬率。其基本思路是，行業風險報酬率是社會平均風險報酬率與被評估企業所在行業平均風險和社會平均風險的比率係數（β係數）的乘積。

β係數法估算風險報酬率的步驟為：

第一，用社會平均收益率扣除無風險報酬率求出社會平均風險報酬率；第二，將企業所在行業的平均風險與社會平均風險進行比較，求出企業所在行業的β係數；第三，用社會平均風險報酬率乘以企業所在行業的β係數，便可得到被評估企業所在行業的風險報酬率。用公式表示為：

$$R = (R_m - R_f) \times \beta$$

式中，R為被評估企業所在行業的風險報酬率，R_m為社會平均收益率；R_f為無風險報酬率，β為被評估企業所在行業的β係數。

在評估某一具體的企業價值時，可以根據具體情況考慮被評估企業的規模、經營狀況、財務狀況及競爭實力等因素，確定該企業在其所在行業中的地位係數（α）或企業風險調整係數，然後與企業所在行業的風險報酬率相乘或相加，得到該企業的風險報酬率。用公式表示為：

$$R = (R_m - R_f) \times \beta \times \alpha$$

式中，R為被評估企業所在行業的風險報酬率，R_m為社會平均收益率，R_f為無風險報酬率，β為被評估企業所在行業的風險協變係數，α為被評估企業的風險協變係數。

3. 折現率的測算

如果能通過一系列方法測算出風險報酬率，則企業評估的折現率的測算就相對簡單了。其中，累加法、資本資產定價模型和加權平均資本模型是測算企業評估中的折現率的三種較為常用的方法。

（1）累加法。累加法是採用無風險報酬率加風險報酬率的方法確定折現率或資本化率，如果風險報酬率是通過β係數法或資本資產定價模型估測出來的，此時，累加法測算的折現率和資本化率適用於股權收益的折現或資本化。累加法測算折現率的表達式如下：

$$R = R_f + R_r$$

式中，R為企業價值評估中的折現率，R_f為無風險報酬率，R_r為風險報酬率。

（2）資本資產定價模型。資本資產定價模型是適用於股權自由現金流量的資本成本或折現率。用公式表達如下：

$$R = R_f + (R_m - R_f) \times \beta$$

式中，R為企業價值評估中股權自有現金流量的折現率，R_f為無風險報酬率，R_m為平均風險報酬率；β為被評估企業所在行業的β係數。

（3）加權平均資本成本模型。加權平均資本成本模型是適用於企業自有現金流量評估的折現率，是針對企業的所有者權益和企業付息債務所構成的資本按其各自權重，經加權平均計算獲得的企業價值評估所需折現率的一種數學模型。加權平均資本成本模型同時適用於企業的所有者權益與長期附在所構成的投資資本，作為投資資本所要求的回報率。用公式表示為：

企業評估的折現率＝長期負債占投資資本的比重×長期負債成本＋所有者權益占投資資本的比重×淨資產投資要求的回報率

其中，淨資產投資要求的回報率是指股權投資回報率，可以通過資本資產定價模型確定。

負債成本是指扣除所得稅後的負債成本。

確定各種投資權數的方法一般有三種：企業資產負債表中（帳面價值）各種資本的比重為權數，以占企業外發證券市場價值（市場價值）的現有比重為權數，以在企業的目標資本構成中應保持的比重為權數。

10.5.5 收益額與折現率口徑一致問題

根據不同的評估目的和評估價值目標，用於企業評估的收益額可以有不同的口徑，如淨利潤、淨現金流量（股權自由現金流量）、無負債利潤（息前淨利潤）、無負債淨現金流量（企業自由現金流量、息前淨現金流量）等。而折現率作為一種價值比率，就要注意折現率的計算口徑。有些折現率是從股權投資回報率的角度考慮，有些折現率既考慮了股權投資的回報率同時也考慮了債權投資的回報率，淨利潤、淨現金流量（股權自由現金流量）是股權收益形式只能用股權投資回報率作為折現率，即只能運用通過資本資產定價模型獲得的折現率。而無負債淨利潤（息前淨利潤）、無負債淨現金流量（企業自由現金流量、息前淨現金流量）等是股權與債權收益的綜合形式。因此，只能運用股權與債權綜合投資回報率，即只能運用通過加權平均資本成本模型獲得的折現率。如果運用行業平均資金收益率作為折現率，就要注意計算折現率時的分子與分母的口徑與收益額的口徑一致的問題。折現率具有按不同口徑收益額為分子計算的折現率，也有按同一口徑收益額為分子，而以不同口徑資金佔有額或投資額分母計算的折現率，如企業資產總額收益率、企業投資資本收益率、企業淨資產收益率等。因此，在運用收益法評估企業價值時，必須注意收益額與計算折現率所使用的收益額之間結構與口徑上的匹配和協調，以保證評估結果合理且有意義。

10.6　市場途徑在企業價值評估中的應用

市場途徑在企業價值評估中的應用是通過在市場中找出若干個與被評估企業相同或相似的參照企業，分析比較被評估企業和參照企業的重要指標的可比性，在此基礎上確定若干價值比率，利用價值比率估測被評估企業的初步價值，然後做必要的修正和調整，最後確定被評估企業的價值。

10.6.1 企業價值評估的市場途徑是基於類似資產應該具有類似交易價格的理論推斷

企業價值評估市場途徑的技術路線是首先在市場上尋找與被評估企業相類似企業的交易案例，通過對所尋找到的交易案例中相類似的企業交易價格進行分析，從而確定被評估企業的評估價值，於 2012 年 7 月 1 日實行的《資產評估準則——企業價值》指出，企業價值評估中的市場法是指將評估對象與可比上市公司或者可比交易案例進行比較，確定評估對象價值的評估方法。

市場途徑常用的兩種具體方法是上市公司比較法和併購案例比較法。

上市公司比較法是指通過對投資市場上與被評估企業處於同一或類似行業的上市公司的經營和財務數據進行分析，計算恰當的價值比率或經濟指標，在與被評估企業比較分析的基礎上，得出評估對象價值的方法。

併購案例比較法是指通過分析與被評估企業處於同一或類似行業的公司的買賣、收購及合併案例，獲取並分析這些交易案例的數據資料，計算恰當的價值比率或經濟指標，在與被評估企業比較分析的基礎上，得出評估對象價值的方法。

10.6.2 運用市場途徑及其具體方法評估企業價值存在的兩個障礙

一是企業的個體差異。每一個企業都存在不同的特性，除了所處行業規模大小等因素各不相同外，影響企業盈利能力的無形因素更為複雜。因此，幾乎難以找到能夠與被評估企業直接進行比較的類似企業。二是交易案例的差異。即使存在能與被評估企業進行直接比較的類似企業，要找到能與被評估企業的產權交易相近的交易案例也相當困難。首先，目前中國市場上不存在一個可以共享的企業交易案例資料庫，因此，評估人員無法以較低的成本獲得可以應用的交易案例；其次，即使有渠道獲得一定的案例，但這些交易發生的時間、市場條件和宏觀環境又各不相同，評估人員對這些影響因素的分析也會存在主觀和客觀條件上的障礙。因此運用市場途徑及其具體方法對企業價值進行評估，不能基於直接比較的簡單思路，而是要通過間接比較分析影響企業價值的相關因素對企業價值進行評估，其思路以公式表示如下：

$$\frac{V_1}{X_1} = \frac{V_2}{X_2}$$

即：$V_1 = \frac{V_2}{X_2} \times X_1$

式中，V_1 為被評估企業價值，V_2 為可比企業價值，X_1 為被評估企業價值與企業價值相關的可比指標；X_2 為可比企業價值與企業價值相關的可比指標；

$\frac{V}{X}$ 通常又稱為可比價值倍數。式中 X 參數通常選用的財務變量有：利息、折舊和稅收前利潤，無負債的淨現金流量，銷售收入，淨利潤，淨現金流量，淨資產等。

10.6.3　用相關因素間接比較的方法，評估企業價值的關鍵

用相關因素間接比較的方法評估企業價值的關鍵在於兩點：

第一，對可比企業的選擇。運用相關因素的間接比較法雖然不用在市場上尋找能直接進行比較的企業交易案例，但仍然需要為評估尋找可比企業。判斷企業的可比性存在兩個標準。首先是行業標準，處於同一行業的企業，存在著某種可比性，但是同一行業內選擇可比企業時應注意，目前的行業分類過於寬泛，處於同一行業的企業所生產的產品和所面臨的市場可能完全不同，在選擇時應加以注意。即使是處於同一市場、生產同一產品的企業，由於其在該企業中的競爭地位不同、規模不同，相互之間的可比性也不同。因此，在選擇時應盡量選擇與被評估企業地位相類似的企業。其次是財務標準。既然企業都可以視同是在生產同一種產品——現金流，那麼存在相同盈利能力的企業，通常具有相類似的財務結構。可以從財務指標和財務結構入手，對企業的可比性進行判斷。

第二，對可比指標的選擇。對可比指標的選擇要遵循以下原則：一是可比指標應與企業的價值直接相關。在企業價值的評估中，現金流量和利潤是最基本的候選指標，因此企業的現金流量和利潤直接反應了企業的盈利能力，企業的盈利能力與企業的價值直接相關。當然，企業的銷售收入、淨資產等也與企業價值有一定的關聯性，也可以作為可比指標使用。二是可比指標的多樣性。這一指標都不可避免地具有某種局限性或片面性，採用市場途徑評估企業價值時，可比指標的選擇應有一定寬度，即多樣性。就是說應用市場途徑評估企業價值，不僅需要參考企業或交易案例，企業需要有一定的數量（不少於 3 個），可比指標也需要一定的數量（不少於 3 個）。

基於成本和便利的原因，目前運用市場途徑對企業價值進行評估主要在證券市場上尋找與被評估企業可比的，尤其是上市公司作為可比企業，通常選用市盈率、市淨值和市銷率作為價值比例。下面我們就用類似上市公司的市盈率指標評估目標企業價值，以此來說明上市公司比較法的應用。市盈率比較法（倍數法和乘數法）的思路是將上市公司的股票年收益和被評估企業利潤作為可比指標，在此基礎上評估企業價值的方法。具體思路是，首先，從證券市場搜尋與被評估企業相似的可比企業，按企業的不同收益口徑，如息前淨現金流、淨利潤，計算出與之相應的市盈率。其次，確定被評估企業不同口徑的收益額。再次，以可比企業相應口徑的市盈率，乘以被評估企業相對應口徑的收益額，初步評定被評估企業的價值。最後，對於按不同樣本計算的企業價值分別給出權重，加權平均計算出也是與市盈率為價值比率的初步價值。可以用同樣的思路評估出按其他指標作為價值比率的企業初步價值，再將這些按不同價值比率估算出來的企業初步價值按權重或其他標準綜合確定企業評估價值。在被評估企業為非上市公司，而應用了上市公司作為參考企業時，還需對評估結果進行調整，以充分考慮被評估企業與上市公司的差異。

由於企業的個體差異始終存在，把某一個相似企業的某個關鍵參數作為比較的唯一標準，往往會存在一定誤差。為了降低單一樣本單一參數所帶來的誤差和變異性，目前國際上比較通用的辦法是採用多樣本多參數的綜合方法。例如，評估 W 公司的價

值，我們從市場上找了3個（一般為3個以上的樣本）相似的公司A、B、C，然後分別計算各公司的市場價值（格）與銷售額比率、與帳面價值的比率以及與淨現金流量的比率，這裡的價值比率為可比價值倍數（V/X），得到的結果見表10.1。

表 10.1　相似公式價值比率匯總表

	A 公司	B 公司	C 公司	平均
市價/銷售額	1.2	1.0	0.8	1.0
市價/帳面價值	1.3	1.2	2.0	1.5
市價/淨現金流	20	15	25	20

把3個樣本公司的各項可比價值倍數分別進行平均，就得到了應用於W公司評估的三個倍數。需要注意的是，計算出來的各個公式的比例或倍數在數值上相對接近是十分重要的，如果它們差別很大，就意味著平均數附近的離差是相對較大的，所選樣本公司與目標公司在某項特徵上就存在較大的差異性，此時的可比性就會受到影響，需要重新篩選樣本公司。

如表10.1所示，得出的數字結果具有較強的可比性。此時，假設W公司的年銷售額為1億元，帳面價值為6,000萬元，淨現金流量為500萬元，然後我們使用表10.1得到的3個倍數，計算出W公司的指示價格，再將3個指示價值進行算術平均，如表10.2所示。

表 10.2　W 公司的評估價值

項目	W 公司實際數據（萬元）	可比公司平均比率	W 公司指示價值（萬元）
銷售額	10,000	1.0	10,000
帳目價值	6,000	1.5	9,000
淨現金流量	500	20	10,000
W 公司的平均價值			9,700

表10.2中得到的3個可比價值倍數分別是1.0、1.5和20，然後分別以W公司的3個指標10,000萬元、6,000萬元和500萬元，分別乘以這3個可比價值倍數得到W公司的三個指示價格，為10,000萬元、9,000萬元和10,000萬元，再將3個指示價值進行平均得到W公司的評估價值，為9,700萬元。

10.6.4　運用市場途徑評估企業價值時需要注意的幾個問題

（1）在運用上市公司比較法評估非上市企業價值時，在可能的情況下需要考慮上市公司與非上市公司之間流動性差異。

（2）在運用上市公司比較法評估股東部分權益價值時，在可能的情況下需要考慮控股權溢價與少數股權折價因素。

10.7　資產基礎途徑在企業價值評估中的應用

企業價值評估中的資產基礎途徑是指在合理評估企業各項資產價值和負債的基礎上，確定企業價值的評估思路與實現該評估思路的各種評估具體技術方法的總稱。《資產評估準則——企業價值》指出，企業價值評估中的資產基礎法是指以被評估企業評估基準日的資產負債表為基礎，合理評估企業表內以及表外各項資產、負債價值，確定評估對象價值的評估方法。

資產基礎途徑實際上是通過對企業表內資產和表外資產的評估加以得到的企業價值。其操作基礎是「替代原則」，即任何一個精明的潛在投資者，在購置一項資產時所願意支付的價格不會超過建造一項與所購資產具有相同用途的替代品所需的成本。這是基於評估思路的考慮，資產基礎途徑有時也被視為模擬成本途徑與資產基礎途徑以及企業單項資產為具體評估對象和出發點，企業的表內和表外資產及資產的可辨識性是其應用的重要前提。也正是由於資產基礎途徑是對企業單項資產的評估值加和，有忽視企業的獲利能力的可能性以及很難考慮那些未在財務報表上出現的項目，如企業的管理效率、自創商譽、銷售網路等。因此，以持續經營為前提，對企業進行評估時，資產基礎途徑及其方法一般不應當作為唯一使用的評估途徑和方法。

在具體運用資產基礎途徑評估企業價值時，主要有兩種常用的方法，其一是資產加和法，其二是有形資產評估價值加整體無形資產評估價值法。

10.7.1　資產加和法在企業價值評估中的應用

資產加和法具體是指將構成企業的各種要素資產的評估值加總求得企業價值的方法。

10.7.1.1　運用資產加和法應注意的有關事項

在運用資產加和法評估之前，應對企業的盈利能力以及相匹配的單項資產進行認定，以便在委託方委託的評估一般範圍基礎上，進一步界定納入企業盈利能力範圍內的有效資產和閒置資產的界限，明確企業價值評估的具體範圍以及具體評估對象和評估前提。作為一項原則，評估人員在對評估具體範圍內構成企業的各單項資產進行評估時，應該首先明確各項資產的評估前提，即持續經營假設前提和非持續經營假設前提。在不同的假設前提下，運用資產加和法評估出的企業價值是有區別的。對於持續經營假設前提下的單項資產的評估，應按貢獻原則評估其價值。而對於非持續經營假設前提下的單項資產的評估，則按變現原則進行。

在正常情況下，運用資產加和法評估持續經營的企業應同時運用收益途徑及其方法進行驗證。特別是在中國目前的條件下，企業的社會負擔和非正常費用較多，企業的財務數據難以真實反應企業的盈利能力，影響了基於企業財務數據進行的企業預期收益預測的可靠性。因此，將資產加和法與收益途徑及其具體方法配合使用，可以起

到互補的作用。這樣既便於評估人員對企業盈利能力的把握，又可使企業的預期收益預測建立在較為堅實的基礎上。因此，在運用資產加和法評估持續經營企業，對構成企業的各單項資產進行評估時應參考以下步驟進行。

10.7.1.2 資產加和法在企業價值評估中的應用

在對企業各個單項資產實施評估並將評估值加和後，就可以此作為運用資產加和法評估的企業價值。

資產評估人員如果對同一企業採用多種評估方法評估其價值時，應當對運用各種評估方法形成的各種初步價值結論進行分析，在綜合考慮運用不同評估方法及其初步價值結論的合理性及所使用數據的質量和數量的基礎上，形成合理的評估結論。

10.7.2 有形資產評估值之和加整體無形資產價值法

有形資產評估值之和加整體無形資產價值法是將企業價值分為兩個部分：企業所有有形資產的評估，可以採取單向資產評估值加總的方式，具體方法如前面所述的資產加和法。企業整體無形資產價值的評估則通過將被評估企業投資回報率與行業平均回報率的差乘以被評估企業資產額而得到被評估企業超額收益，再用行業平均投資回報率作為折現率或資本化率，將被評估企業超額收益資本化，從而得到被評估企業的整體無形資產價值。將被評估企業的所有有形資產價值加上被評估企業的整體無形資產價值，便得到被評估企業的整體價值。

資產評估人員在對同一企業採用多種評估方法評估其價值時，應當對運用各種評估方法形成的各種初步價值結論進行分析，在綜合考慮運用不同評估方法及初步價值結論的合理性及所使用的數據的質量和數量的基礎上，形成合理的評估結論。

實訓　企業淨資產價值評估實訓

【實訓項目】

綠園有限公司是中國、德國雙方於 2005 年共同投資設立的合營企業，投資總額和註冊資本均為 8 億元人民幣。其中，中方出資占公司註冊資本的 37.36%，外方以現匯出資占公司註冊資本的 62.64%，公司合營期限為 50 年，主要從事啤酒的生產和銷售。金冠股份有限公司在國內啤酒市場中居於龍頭地位，現擬收購綠園公司的部分外方股權，故需對綠園公司的整體資產價值進行評估。

評估綠園公司整體資產價值和中方所占資本部分的價值。

【實訓要求】

（1）確定評估方法。
（2）確定前提條件和假設。

(3) 確定評估程序。

(4) 比較並分析評估結果。

企業價值評估實訓採取項目小組方式進行，確定某項評估任務後，學生按每組6~8人組成項目小組具體實施評估，教師組織學生進行集中交流和總結。

(1) 嚴格依照《企業價值評估指導意見》和資產評估相關準則的規定實施評估。

(2) 準確把握實訓意圖，圓滿完成實訓任務。

(3) 及時總結操作技巧，積極交流評估心得。

【成果檢測】

(1) 各項目小組分別撰寫實訓總結報告並進行交流。

(2) 師生共同總結企業價值評估實訓中存在的問題，並分析其原因，對今後的教學提出完善和改進措施。

(3) 由各團隊負責人組織小組成員進行自評打分。

(4) 教師根據各團隊的實訓情況、總結報告及各位同學的表現予以評分。

課後練習

一、單項選擇題

1. 評估企業價值時選擇不同口徑的收益額作為評估參數應當依據（　　）。
   A. 企業價值評估的方法　　　　B. 企業價值評估的價值目標
   C. 企業價值評估的假設條件　　D. 企業價值評估的價值標準

2. 在持續經營假設前提下，運用資產基礎途徑評估企業價值時，對各個單項資產評估應當採用的經濟技術原則是（　　）。
   A. 變現原則　　　　　　　　　B. 預期收益原則
   C. 替代原則　　　　　　　　　D. 貢獻原則

3. 某待評估企業未來三年的預期收益分別為100萬元、120萬元和130萬元，根據企業實際情況推斷，從第四年開始，企業的年預期收益額將在第三年的水準上以2%的增長率保持增長，假定折現率為8%，則該企業的評估值最接近於（　　）。
   A. 1,600萬元　　　　　　　　B. 1,614萬元
   C. 1,950萬元　　　　　　　　D. 2,050萬元

二、多項選擇題

1. 下列各項中，不宜作為企業價值評估中折現率的經濟參數包括（　　）。
   A. 社會平均投資報酬率　　　　B. 行業基準收益率
   C. 行業平均投資報酬率　　　　D. 銀行貼現率

2. 就一般意義而言，可用於企業價值評估的收益額，通常包括（　　）。

A. 息前淨現金流量　　　　B. 無負債淨利潤
C. 淨利潤　　　　　　　　D. 利潤總額

三、判斷題

1. 企業價值評估中的企業自由現金流量對應的折現率是股權資本成本。（　）
2. 企業價值評估中的價值比率包括市盈率、市銷率、市淨率等。（　）
3. 折現率在評估業務中有著不同的稱謂：資本化率、還原利率等。但其本質都是相同的，都屬於期望投資報酬率。（　）

四、思考題

1. 為什麼要保持折現率的口徑與收益額的口徑一致？
2. 資產基礎途徑與成本途徑有什麼區別？
3. 紅利增長模型成立的假設前提是什麼？

第 11 章 資產評估報告

案例導入

違反資產評估行業規範的行為

李某系 A 資產評估公司的註冊資產評估師、部門經理和項目負責人，於 2018 年 5 月 8 日與甲企業商討房地產評估事宜。由於李某曾於 2013 年 5 月至 2014 年 10 月在甲企業財務部門任經理，雙方比較熟悉，故甲企業以該企業房地產平均每平方米的評估價值不低於 8,000 元為條件，決定是否委託 A 資產評估公司進行評估。李某為了評估公司的利益，口頭承諾了甲企業的要求，並接受了甲企業的評估委託。

李某按照資產評估協議書的要求在 5 日內完成了對甲企業房地產的評估，評估結果為每平方米 7,300 元。因李某曾對甲企業有過口頭承諾，即不動產評估值不低於每平方米 8,000 元。李某認為 7,300 元/平方米與 8,000 元/平方米之差並未超過 10%，屬於正常誤差範圍，而且資產評估本身就是一種估計，帶有諮詢性質，故以每平方米 8,000 元出具了評估報告，並打電話給本所已在外地開會一週的註冊資產評估師周某，得到其允許後，加蓋李某本人和周某的註冊資產評估師印鑒並簽字，又以項目負責人的名義簽字，加蓋公章，出具了資產評估報告書，交與甲企業；同時，將該資產評估報告書送給在乙企業當顧問的評估界專家趙某一份。

案例思考：

以下做法是否可以：

(1) 李某擔任委託單位資產評估師。
(2) 甲企業與李某約定評估價值不低於每平方米 8,000 元。
(3) 李某以註冊資產評估師周某的名義簽字並加蓋印章。
(4) 以項目負責人的名義簽字。
(5) 將評估報告書送給在乙企業當顧問的趙某。

11.1 資產評估結果

11.1.1 資產評估結果的內涵與性質

資產評估結果是評估人員用表述性文字及數字完整地敘述資產評估機構對評估對象價值發表的結論。就一般意義上講，不論採用文字或數字表達的評估結論在性質上都是評估專業人員對評估對象在一定條件下特定價值（內涵及定義）的一種主觀估計。

資產評估結果是評估人員的一種主觀估計。首先，資產評估行為不是定價行為，而是一種專業諮詢活動；其次，資產評估結果是評估人員對評估對象價值進行判斷的專家意見或專業意見，不具有強制執行力；再次，資產評估結果是評估專業人員對評估對象在一定條件下特定價值的一種主觀估計，資產評估結果成立的條件與評估過程中依據的條件相匹配，資產評估結果都有特定的價值定義，不同的價值定義有著相應的合理性指向和適用範圍。

11.1.2 資產評估結果與評估目的

資產評估（特定）目的是資產評估結果的具體用途的另一種表達方式。資產評估（特定）目的雖然不能直接決定資產評估結果，但對資產評估結果的性質、內涵及其價值定義有著直接或間接的影響。保持資產評估結果與評估目的在性質、內涵上的邏輯聯繫和協調關係至關重要，評估目的是影響評估結果價值定義及其價值類型選擇的重要因素之一。

11.1.3 資產評估結果與評估途徑

資產評估途徑包含了資產評估技術思路與實現評估技術思路的具體技術方法，是評估資產價值的工具和手段。資產評估結果都是通過一定的評估途徑完成或實現的，資產評估結果與資產評估途徑有著緊密的聯繫，但要注意資產評估結果與資產評估途徑之間的聯繫僅僅是工具與結果之間的關係。從理論的層面上講，評估途徑對評估結果的性質、內涵及其價值定義等沒有直接的影響。

11.1.4 資產評估結果定義與價值類型

資產評估中的價值定義指對資產評估價值內涵、屬性及其合理性指向的概括和規範說明。資產評估的價值類型是對資產評估結果的價值屬性及其合理性指向的歸類。根據資產評估目的及相關條件恰當選擇和定義評估結果至關重要。因為資產的價值具有多重屬性，不同屬性的資產價值存在著量的差異。資產評估作為專業人員向非專業客戶提供專業估值意見的活動，恰當定義評估結果是保證客戶正確理解和使用資產評估結果的重要前提條件。另外，從資產評估專業的角度看，任何一個評估結果都需要給出確切的定義，沒有定義或定義不清的評估結果是沒有使用價值的。

資產評估結果的價值定義及價值類型是要根據評估的特定目的及相關條件加以選擇和確定的。在實際評估實踐中，評估資產價值時要注意其依據的數據資料的來源，從大的方面來講，評估中所使用的數據資料來源於公開市場，其評估結果就是市場價值；相反，如果評估中所使用的數據資料來源於非公開市場，其評估結果就是市場價值以外的價值中的某一種。

11.2　資產評估報告制度

11.2.1　資產評估報告的基本概念

資產評估報告是指註冊資產評估師根據資產評估準則的要求，在履行了必要的評估程序後，對評估對象在評估基準日特定目的下的價值發表的、由其所在資產評估機構出具的書面專業意見。資產評估報告是按照一定格式和內容來反應評估目的、假設、程序、標準、依據、方法、結果及適用條件等基本情況的報告書。資產評估報告從其內涵及其外延的角度還可以劃分為廣義的資產評估報告和狹義的資產評估報告兩類。

廣義的資產評估報告其實是一種工作制度。作為一種工作制度，它規定資產評估機構及其註冊資產評估師在完成評估工作之後必須按照一定程序的要求，用書面形式向委託方及相關主管部門報告評估過程和結果。

廣義的資產評估報告主要是為了適應中國國有資產評估設置的，目的在於使國有資產管理部門能夠較好地瞭解資產評估過程及其結果，便於其指導、監督和管理工作的進行。因此，服務於國有資產的資產評估報告就演變成了一種工作制度，引入了評估報告申報、備案和審核等工作環節。

狹義的資產評估報告即資產評估結果報告書。資產評估結果報告書既是資產評估機構與註冊資產評估師完成對評估對象估價，就評估對象在特定條件下的價值所發表的專家意見，也是資產評估機構履行評估合同情況的總結以及資產評估機構與註冊資產評估師為資產評估項目承擔相應法律責任的證明文件。它是資產評估機構及其評估師的工作成果和產品，是評估師表達其專業意見的載體。不論是國有資產評估還是非國有資產評估，資產評估結果報告書都是必須出具的。

中國資產評估報告的編製與國際資產評估報告的編製存在較大的差別，主要是中國資產評估管理體制所致，即有相當一部分資產評估的對象是國有資產，相當一部分資產評估報告需要國有資產管理部門備案審核。因此，相當一部分資產評估報告是圍繞著國有資產管理部門的要求來完成的。中國的資產評估報告相對複雜，既有針對國有資產評估的評估報告，也有針對非國有資產評估的評估報告。非國有資產評估的評估報告主要強調評估報告的構成要素，國有資產評估的評估報告除了強調評估報告的構成要素以外，還對評估報告的格式和內容進行了規範。

國際資產評估報告有許多做法值得中國資產評估行業借鑑。例如，《國際資產評估準則》（IVS）和美國《專業評估執業統一準則》（USPAP）對資產評估報告的規定都

是從報告類型與報告要素兩個方面進行規範的。隨著中國加入 WTO 後國際評估業務的增加，對中國評估界也提出了按照國際通行標準進行操作的要求，而評估報告作為評估工作的最終體現也要求中國評估師熟悉國際資產評估報告的要求。2007 年 11 月 28 日，由中國資產評估協會發布的《資產評估準則——評估報告》就是根據報告要素與內容對評估報告進行規範的重要評估準則。

11.2.2 資產評估報告的基本要求

根據《資產評估準則——評估報告》的規定，資產評估報告的基本要求主要有以下幾個方面：

（1）註冊資產評估師應清晰、準確地陳述評估報告內容，不得使用誤導性的表述。

（2）註冊資產評估師應在評估報告中提供必要的信息，使評估報告使用者能夠合理理解評估結論。

（3）註冊資產評估師執行資產評估業務，可以根據評估對象的複雜程度、委託方要求，合理確定評估報告的詳略程度。

（4）註冊資產評估師執行資產評估業務，評估程序受到限制且無法排除，經與委託方協商仍需出具評估報告的，應當在評估報告中說明評估程序受限情況及其對評估結論的影響，並明確評估報告的使用限制。

（5）評估報告應當由兩名以上註冊資產評估師簽字蓋章，並由評估機構蓋章。有限責任公司制評估機構的法定代表人或者合夥制評估機構負責該評估業務的合夥人應當在評估報告上簽字。

（6）評估報告應當使用中文撰寫。需要同時出具外文評估報告的，以中文評估報告為準。評估報告一般以人民幣為計量幣種，使用其他幣種計量的，應當註明該幣種與人民幣的匯率。

（7）評估報告應當明確評估報告的使用有效期。通常，只有當評估基準日與經濟行為實現日相距不超過一年時，才可以使用評估報告。

11.2.3 資產評估報告的基本要素

不論是國有資產評估還是非國有資產評估，註冊資產評估師在執行必要的資產評估程序後，應當根據《資產評估準則——評估報告》編製並由所在資產評估機構出具的資產評估報告。資產評估報告一般應包括以下基本要素：

11.2.3.1 委託方、產權持有方和委託方以外的其他評估報告使用者

委託方是指資產評估項目的委託主體。他可以是被評估資產的產權持有方，也可以不是被評估資產的產權持有方。

產權持有方是指被評估資產的產權持有者。他可以是資產評估項目的委託主體，也可以不是資產評估項目的委託主體。

其他評估報告使用者是指資產評估業務約定書中約定的其他評估報告使用者和國家法律、法規規定的評估報告使用者。

11.2.3.2 評估目的

評估目的是指評估結果的具體用途。評估報告中的評估目的應寫明本次資產評估是為了滿足委託方的何種需要及其所對應的經濟行為類型。評估報告載明的評估目的應當唯一，表述應當明確、清晰，並與資產評估業務約定書中約定的評估目的保持統一。

11.2.3.3 評估對象和評估範圍

評估對象是指評估標的物。評估範圍是指評估對象涉及的資產及其他評估對象內容。評估報告應當載明評估對象和評估範圍，表述應當明確、清晰，並與資產評估業務約定書中約定的評估對象及其範圍保持統一。在評估報告中還應當具體描述評估對象的基本情況，通常包括法律權屬狀況、經濟狀況和物理狀況。當評估對象與評估範圍不一致的時候，評估報告還要對評估範圍做出必要的說明，提示評估報告使用者注意評估對象與評估範圍之間的差異。

11.2.3.4 價值類型及其定義

價值類型是指評估結論的價值屬性及其合理性指向。價值定義則是用文字對評估價值內涵進行描述和界定。評估報告應當明確本次評估結果的價值類型及其定義，並說明選擇價值類型的理由。如果評估結果是市場價值，在評估報告中直接定義市場價值即可。如果評估結果屬於市場價值以外的價值，在評估報告中則需要明確本次評估結論是市場價值以外的價值中的哪種具體價值表現形式，而不能籠統地用市場價值以外的價值表示。

11.2.3.5 評估基準日

評估基準日是指評估的時間基準。評估報告應當載明評估基準日，並與資產評估業務約定書中約定的評估基準日保持一致。評估報告應當說明選取評估基準日時重點考慮的因素。評估基準日可以是現在時點，也可以是過去或者將來的時點。

11.2.3.6 評估依據

評估依據通常是指資產評估應當遵循的法律依據、準則依據、權屬依據及取價依據。評估報告應當說明本次評估所遵循的法律依據、準則依據、權屬依據及取價依據，對評估中採用的特殊依據應做相應的披露。

11.2.3.7 評估方法

評估方法是指完成評估工作的技術思路及其實現評估技術思路的具體技術手段。評估報告應當說明所選用的評估技術思路、具體評估方法和理由。

11.2.3.8 評估程序實施過程和情況

資產評估程序是指資產評估機構和評估人員執行資產評估業務、形成資產評估結論所履行的系統性工作步驟。評估報告應當說明評估程序實施過程中的主要環節和步驟，如現場調查、資料收集與分析、評定估算等。

11.2.3.9 評估假設

評估假設是指依據有限事實，通過一系列推理，對於所研究的事物做出合乎邏輯的假定說明。評估報告應當披露評估過程中使用的評估假設及其對評估結論的影響。

11.2.3.10 評估結論

評估結論是指評估結果。評估報告中應當以文字和數字形式清晰說明評估結論。在一般情況下，評估結論採用一個確定的數值表示。經與委託方溝通，評估結論可以使用區間值表達。以確定數值表達評估結論是評估行業中的一般做法，區間值只是一種特殊的表達方式。

11.2.3.11 特別事項說明

特別事項通常是指在評估過程中已發現可能影響評估結論，但非評估人員執業水準和能力所能左右的有關事項。例如，評估對象、評估過程中存在的特殊情況、不確定性因素以及有限度偏離評估準則的一些具體做法等。需要在評估報告中說明的特別事項通常包括產權瑕疵、未決事項、法律糾紛、重大期後事項以及在沒有違背資產評估準則基本要求的情況下，採用的不同於資產評估準則規定的程序和方法等。評估報告應當披露特別事項可能對評估結論產生的影響，並重點提示評估報告使用者予以關注。

11.2.3.12 評估報告使用限制說明

評估報告使用限制說明通常包括：評估報告只能用於評估報告載明的評估目的和用途；評估報告只能由評估報告載明的評估報告使用者使用；未徵得出具評估報告的資產評估機構同意，評估報告的內容不得被摘抄、引用或披露於公開媒體，法律、法規規定以及相關當事方另有約定的除外；評估報告的使用有效期；因評估程序受限造成的評估報告的使用受限。

11.2.3.13 評估報告日

評估報告日通常是指註冊資產評估師形成最終專業意見的日期。評估報告應當載明評估報告日。

11.2.3.14 註冊資產評估師簽字蓋章、資產評估機構蓋章和法定代表人或者合夥人簽字

評估報告應當有資產評估機構和執行本評估項目的註冊資產評估師的簽章。在正常情況下，簽章的註冊資產評估師不得少於兩人。

11.2.4 資產評估報告的主要作用

11.2.4.1 對委託評估的資產提供有價值的意見

資產評估報告是經具有資產評估資格的機構根據委託評估資產的特點和要求組織註冊資產評估師及相應的專業人員組成的評估隊伍，遵循評估準則和標準，履行必要的評

估程序，運用科學的方法對被評估資產價值進行評定和估算後，通過報告書的形式提出價值意見。該價值意見不代表任何當事人一方的利益，是一種獨立的專業人士的提供的價值意見，具有較強的公正性與客觀性，因而成為被委託評估資產作價的重要參考。

11.2.4.2 反應和體現資產評估人員的工作情況，明確委託方、受託方及有關方面責任的依據

資產評估報告用文字的形式，對受託資產評估業務的目的、背景、範圍、依據、程序和方法等方面與評定的結果進行說明、總結，體現了資產評估機構的工作成果。同時，資產評估報告也反應和體現受託的資產評估機構與執業人員的權利、義務，並以此來明確委託方、受託方有關方面的法律責任。在資產評估現場工作完成後，註冊資產評估師就要根據現場工作取得的有關資料和估算數據，撰寫評估結果報告，向委託方報告。負責評估項目的註冊資產評估師也同時在報告書上行使簽字的權利，並提出報告使用的範圍和評估結果實現的前提等具體條款。當然，資產評估報告也是資產評估機構履行評估協議和向委託方或有關方面收取評估費用的依據。

11.2.4.3 是管理部門完善資產評估管理的重要手段

資產評估報告是反應資產評估機構和註冊資產評估師職業道德、執業能力水準以及評估質量高低和機構內部管理機制完善程度的重要依據。有關管理部門通過審核資產評估報告書，可以有效地對資產評估機構的業務開展情況進行監督和管理。

11.2.4.4 是建立評估檔案、歸集評估檔案資料的重要信息來源

註冊資產評估師在完成資產評估任務之後，都必須按照檔案管理的有關規定，將評估過程中收集的資料、工作記錄以及資產評估過程的有關工作底稿進行歸檔，以便進行評估檔案的管理和使用。由於資產評估報告是對整個評估過程的工作總結，其內容包括了評估過程的各個具體環節和各有關資料的收集和記錄。因此，不僅評估報告書的底稿是評估檔案歸集的主要內容，而且還包括撰寫資產評估報告過程採用到的各種數據、各個依據、工作底稿和資產評估報告制度中形成有關的文字記錄等都是資產評估檔案的重要信息來源。

11.3 資產評估報告書的製作

11.3.1 資產評估報告的分類

根據資產評估的評估範圍、評估對象和評估性質的不同，可以對資產評估報告做如下分類：

11.3.1.1 按評估範圍分類

按資產評估的範圍可將資產評估報告分為整體資產評估報告和單項資產評估報告。整體資產評估報告是指對整體資產進行評估所出具的報告書，單項資產評估報告

是僅對某一部分、某一項資產進行評估所出具的報告書。由於整體資產評估與單項資產的評估在具體業務上存在一些差別，因而兩種資產評估報告的基本格式雖然是一樣的，但二者在內容上會存在一些差別。一般情況下，整體資產評估報告的報告內容不僅包括資產，還包括負債和所有者權益；而單項資產評估報告除在建工程外，一般不考慮負債和以整體資產為依託的無形資產等。

11.3.1.2　按評估對象分類

按評估對象可將資產評估報告分為資產評估報告、房地產估價報告、土地估價報告。

資產評估報告是以資產為評估對象所出具的評估報告。這裡的資產可能包括負債和所有者權益，也可能包括房屋建築物和土地。房地產估價報告則只是以房地產為評估對象所出具的評估價報告。土地估價報告是以土地為評估對象所出具的估價報告。鑒於以上評估標的物之間存在差別，再加上資產評估、不動產估價和土地估價的管理尚未統一，這三種報告不僅具體格式不同，而且在內容上也存在較大的差別。

11.3.1.3　按評估性質分類

按資產評估的性質可將資產評估報告分為一般評估報告和復核評估報告。

一般評估報告是指評估人員接受客戶的委託，為客戶提供的關於資產價值的估價意見的書面報告。而復核評估報告是指復核評估人員對一般評估報告的充分性和合理性發表意見的書面報告，是復核評估人員對一般評估報告進行評估和審核的報告。

除了上述評估報告的分類外，還有很多其他的分類方式，在此不再闡述。目前，國際上對資產評估報告的分類也是各種各樣的，如美國專業評估執業統一準則將評估報告分為完整型評估報告、概述型評估報告和限制使用型評估報告。不同類型的評估報告適用於不同的預期使用目的，並要求評估報告的內容與預期用途相一致。評估報告的類型應該朝著多類型方向發展，這樣才能使評估人員更恰當地表達評估的過程和評估的結果。而中國目前還沒有完全採用多類型的評估報告，因此中國應當加強對評估報告分類體系的研究，以適應中國資產評估準則特別是評估報告準則建立與完善的要求。

11.3.2　資產評估報告的基本內容

根據《資產評估準則——評估報告》和《企業國有資產評估報告指南》的規定，資產評估報告的基本內容包括：標題及文號、聲明、摘要、正文、附件。

11.3.2.1　標題及文號

標題應含有「××項目資產評估報告」的字樣。報告文號應符合公文的要求。

11.3.2.2　聲明

評估報告的聲明應當包括以下內容：註冊資產評估師恪守獨立、客觀和公正的原則，遵循有關法律、法規和資產評估準則的規定，並承擔相應的責任；提醒評估報告使用者關注評估報告特別事項說明和使用限制；其他需要聲明的內容。

11.3.2.3 摘要

資產評估報告正文之前通常需要附有表達該報告書關鍵內容和結論的摘要，以便簡明扼要地向報告書使用者提供評估報告的主要信息，包括委託方、評估目的、評估對象和評估範圍、評估基準日、評估方法、評估結論等。摘要必須與評估報告揭示的結論一致，不得有誤導性內容，並應通過文字提醒使用者，為了正確理解評估報告內容應閱讀報告書全文。

11.3.2.4 正文

根據《資產評估準則——評估報告》和《企業國有資產評估報告指南》的規定，評估報告正文應當包括以下 14 項內容：

（1）委託方、產權持有者和委託方以外的其他評估報告使用者。

這要求對委託方與產權持有者的基本情況進行介紹，要寫明委託方和產權持有者之間的隸屬關係或經濟關係，無隸屬關係或經濟關係的，應寫明發生評估的原因；當產權持有者為多家企業時，還需逐一介紹；同時還要註明其他評估報告使用者以及國家法律、法規規定的評估報告使用者。

（2）評估目的。

評估目的應寫明本次資產評估是為了滿足委託方的何種需要及其所對應的經濟行為，評估目的應當是唯一的。

（3）評估對象和評估範圍。

應寫明評估對象和納入評估範圍的資產及其類型（流動資產、長期投資、固定資產和無形資產等），描述評估對象的法律權屬狀況、經濟狀況和物理狀況。在評估時，以評估對象確定評估範圍。例如，企業價值評估的評估對象可以分別為企業整體價值、股東全部權益價值和股東部分權益價值，而評估範圍則是評估對象涉及的資產及負債內容，包括房地產、機器設備、股權投資、無形資產、債權和債務等。

（4）價值類型及其定義。

評估報告應當明確所評估資產的價值類型及其定義，並說明選擇價值類型的理由。價值類型包括市場價值和市場價值以外的價值（包括投資價值、在用價值、清算價值和殘餘價值等）。

（5）評估基準日。

應寫明評估基準日的具體日期和確定評估基準日的理由或成立條件，也應揭示確定基準日對評估結論的影響程度。如採用非基準日的價格，還應對採用非基準日的價格標準做出說明。評估基準日根據經濟行為的性質由委託方確定，可以是現在時點，也可以是過去或者將來的時點。

（6）評估依據。

評估依據包括行為依據、法規依據、產權依據和取價依據等。對評估中採用的特殊依據要做相應的披露。

（7）評估方法。

應說明評估中所選擇和採用的評估方法以及選擇和採用這些評估方法的依據或原

因。對某項資產採用一種以上評估方法的，還應說明原因並說明該項資產價值的最後確定方法。對採用特殊評估方法的，應適當介紹其原理與適用範圍。

(8) 評估程序實施過程和情況。

應反應評估機構自接受評估項目委託起至提交評估報告的全過程，包括：接受委託階段的情況瞭解，確定評估目的、對象與範圍、基準日和擬訂評估方案的過程；資產清查階段的評估人員指導資產佔有方清查資產、收集及準備資料、檢查與驗證的過程，評定估算階段的現場核實、評估方法選擇、市場調查與瞭解的過程，評估報告階段的評估資料匯總、評估結論分析、撰寫評估說明與評估報告、內部復核、提交評估報告的過程，等等。

(9) 評估假設。

評估報告應當披露評估假設，並說明評估結論是在評估假設的前提下得出的以及評估假設對評估結論的影響。

(10) 評估結論。

這部分是報告書正文的重要部分。應使用表述性文字完整地敘述評估機構對評估結果發表的結論，對資產、負債、淨資產的帳面價值、淨資產的評估價值及其增減幅度進行準確表述。採用兩種以上方法進行評估的，應當說明兩種以上評估方法結果的差異及其原因和最終確定評估結論的理由。對於不納入評估匯總表的評估事項及其結果還要單獨列示。

(11) 特別事項說明。

在這部分中應說明評估人員在評估過程中已發現可能影響評估結論，但非評估人員執業水準和能力所能評定估算的有關事項，也應提示評估報告使用者應注意特別事項對評估結論的影響，還應揭示評估人員認為需要說明的其他事項。特別事項說明通常包括下列主要內容：產權瑕疵；未決事項、法律糾紛等不確定因素；重大期後事項；在不違背資產評估準則基本要求的情況下，採用的不同於資產評估準則規定的程序和方法；等等。

(12) 評估報告使用限制說明。

這主要包括下列內容：①評估報告只能用於評估報告載明的評估目的和用途；②評估報告只能由評估報告載明的評估報告使用者使用；③未徵得出具評估報告的評估機構同意，評估報告的內容不得被摘抄、引用或披露於公開媒體，法律、法規規定以及相關當事方另有約定的除外；④評估報告的使用有效期；⑤因評估程序受限造成的評估報告的使用限制。

(13) 評估報告日。

評估報告日是指評估機構對評估報告的簽發日。

(14) 簽字蓋章。

註冊資產評估師簽字蓋章，評估機構或者經授權的分支機構加蓋公章，法定代表人或者其授權代表簽字，合夥人簽字。有限責任公司制評估機構的法定代表人可以授權首席評估師或者其他持有註冊資產評估師證書的副總經理以上管理人員在評估報告上簽字。有限責任公司制評估機構可以授權分支機構以分支機構名義出具除證券期貨

相關評估業務外的評估報告，加蓋分支機構公章。評估機構的法定代表人可以授權分支機構負責人在以分支機構名義出具的評估報告上簽字。

5. 附件

資產評估報告的附件主要包括以下基本內容：有關經濟行為文件，被評估單位的會計報表，委託方與被評估單位的企業法人營業執照複印件，委託方與被評估單位關於資產的真實性、合法性的承諾函，產權證明文件複印件，資產評估人員和評估機構的承諾函，評估機構資格證書複印件，評估機構企業法人營業執照複印件，簽字註冊評估師資格證書複印件，重要合同和其他文件。

11.3.3 資產評估報告的評估說明

評估說明是申請備案核准資產評估項目的必備材料，為方便企業國有資產監督管理機構和相關機構全面瞭解評估情況，結合國有資產評估項目備案核准的要求，為註冊資產評估師、委託方和相關當事方編寫評估說明提供指引。

第一部分　評估說明封面及目錄

一、封面

評估說明封面應當載明下列內容：

1. 標題（一般採用「企業名稱+經濟行為關鍵詞+評估對象+評估說明」的形式）。
2. 評估報告文號。
3. 評估機構名稱。
4. 評估報告日。

二、目錄

1. 目錄應當在封面的下一頁排印，包括每一部分的標題和相應頁碼。
2. 如果評估說明中收錄有關文件或者資料的複印件，應當統一標註頁碼。

第二部分　關於評估說明使用範圍的聲明

聲明應當寫明評估說明供國有資產監督管理機構（含所出資企業）、相關監管機構和部門使用。除法律法規定外，材料的全部或者部分內容不得提供給其他任何單位和個人，不得見諸公開媒體。

第三部分　企業關於進行資產評估有關事項的說明

註冊資產評估師可以建議委託方和被評估單位（或者產權持有單位）按以下格式和內容編寫《企業關於進行資產評估有關事項的說明》。

《企業關於進行資產評估有關事項的說明》應當由委託方單位負責人和被評估單位（或者產權持有單位）負責人簽字，加蓋委託方與被評估單位公章，並簽署日期。

一、委託方與被評估單位概況

1. 委託方概況。
2. 被評估單位概況。

3. 委託方與被評估單位的關係。

二、關於經濟行為的說明

1. 說明本次資產評估滿足何種需要、所對應的經濟行為類型及其經濟行為獲得批准的相關情況，或者其他經濟行為依據。

2. 獲得有關部門批准的，應當載明批件名稱、批准日期及文號。

三、關於評估對象與評估範圍的說明

1. 說明委託評估對象，評估範圍內資產和負債的類型、帳面金額以及審計情況。

2. 對於經營租入資產、特許使用的資產以及沒有會計記錄的無形資產應當特別說明是否納入評估範圍及其理由。

3. 如在評估目的實現前有不同的產權持有單位，應當列表載明各產權持有單位待評估資產的類型、帳面金額等。

4. 帳面資產是否根據以往資產評估結論進行了調帳。

5. 本次評估前是否存在不良資產核銷或者資產剝離行為等。

四、關於評估基準日的說明

1. 說明所確定的評估基準日，評估基準日表述為：××××年××月××日。

2. 說明確定評估基準日的理由。例如，評估基準日受特定經濟行為文件的約束，應當載明該文件的名稱、批准日期及文號。

五、可能影響評估工作的重大事項的說明

一般包括下列內容：

1. 曾經進行過清產核資或者資產評估的情況以及調帳情況。

2. 影響生產經營活動和財務狀況的重大合同、重大訴訟事項。

3. 抵（質）押及其或有負債或有資產的性質、金額及其對應資產負債情況。

4. 帳面未記錄的資產負債的類型及其估計金額。

六、資產負債清查情況、未來經營和收益狀況預測的說明

1. 資產負債清查情況說明。

2. 未來經營和收益狀況預測說明。

七、資料清單

第四部分　資產評估說明

一、評估對象與評估範圍說明

1. 評估對象與評估範圍內容。

2. 實物資產的分佈情況及特點。

3. 企業申報的帳面記錄或者未記錄的無形資產情況。

4. 企業申報的表外資產（如有申報）的類型、數量。

5. 引用其他機構出具的報告的結論所涉及的資產類型、數量和帳面金額（或者評估值）。

二、資產核實情況總體說明

1. 資產核實人員組織、實施時間和過程。

2. 影響資產核實的事項及處理方法。

3. 核實結論。

三、評估技術說明

(一) 成本法

採用成本法評估單項資產或者資產組合、採用資產基礎法評估企業價值，應當根據評估項目的具體情況以及資產負債類型，編寫評估技術說明。各資產負債評估技術說明應當包含資產負債的內容和金額、核實方法、評估值確定的方法和結果等基本內容。

常見的資產負債類型，評估技術說明編寫內容指引如下：

1. 貨幣資金。

2. 交易性金融資產。

3. 應收票據。

4. 應收帳款、應收股利、應收利息、預付帳款和其他應收款。

5. 存貨。

6. 一年內到期的非流動資產。

7. 其他流動資產。

8. 可供出售金融資產。

9. 持有至到期投資。

10. 長期應收款。

11. 長期股權投資。

12. 投資性房地產。

13. 固定資產。

(1) 機器設備類固定資產。

(2) 房屋建築物類固定資產。

14. 在建工程。

15. 工程物資。

16. 固定資產清理。

17. 生產性生物資產。

18. 油氣資產。

19. 無形資產。

(1) 土地使用權（含固定資產——土地）。

(2) 礦業權。

(3) 其他無形資產。

20. 開發支出。

21. 商譽。

22. 長期待攤費用。

23. 遞延所得稅資產。

24. 其他非流動資產。

25. 短期借款。
26. 交易性金融負債。
27. 應付票據。
28. 應付帳款、預收帳款和其他應付款。
29. 應付職工薪酬。
30. 應交稅費。
31. 應付利息。
32. 應付股利（應付利潤）。
33. 一年內到期的非流動負債。
34. 其他流動負債。
35. 長期借款。
36. 應付債券。
37. 長期應付款。
38. 專項應付款。
39. 預計負債。
40. 遞延所得稅負債。
41. 其他非流動負債。

（二）市場法

採用市場法進行企業價值評估，應當根據所採用的具體評估方法（參考企業比較法或者併購案例比較法）確定評估技術說明的編寫內容。一般編寫內容指引如下：

1. 說明評估對象，包括企業整體價值、股東全部權益價值、股東部分權益價值。
2. 市場法原理。
3. 選取具體評估方法的理由。
4. 基本步驟說明。
5. 被評估單位（或者產權持有單位）所在行業發展狀況與前景的分析判斷。
6. 參考企業或者併購案例的選擇及與評估對象的可比性分析。
7. 確定可比因素的方法和過程（特別說明對可比因素分析時考慮的主要方面），價值比率的確定過程，分析、調整評估對象財務狀況的內容。
8. 評估值確定的方法、過程和結果。
9. 評估結論及分析。

（三）收益法

採用收益法進行企業價值評估，應當根據行業特點、企業經營方式和所確定的預期收益口徑以及評估的其他具體情況等，確定評估技術說明的編寫內容。一般編寫內容指引如下：

1. 說明評估對象，即企業整體價值、股東全部權益價值和股東部分權益價值。
2. 收益法的應用前提及選擇的理由和依據。
3. 收益預測的假設條件。
4. 企業經營、資產、財務分析。

5. 評估計算及分析過程。
(1) 收益模型的選取。
(2) 收益年限的確定。
(3) 未來收益的確定。
(4) 折現率的確定。
6. 評估值測算過程與結果。
7. 其他資產和負債的評估（非收益性/經營性資產和負債）價值。
8. 評估結果。
9. 測算表格。

四、評估結論及分析

1. 評估結論。
2. 評估結論與帳面價值變動情況比較及原因。
3. 股東部分權益價值的溢價（或者折價）的考慮等內容企業價值評估，在適當及切實可行的情況下需要考慮由於控股權和少數股權等因素產生的溢價或者折價以及流動性對評估對象價值的影響，包括但不限於：①說明是否考慮了溢價與折價；②說明溢價與折價測算的方法，對其合理性做出判斷。

11.3.4 資產評估報告的製作步驟

資產評估報告的製作是評估機構完成評估工作的最後一道工序，也是資產評估工作中的一個重要環節。製作資產評估報告主要有 5 個步驟。

11.3.4.1 整理工作底稿和歸集有關資料

資產評估現場工作結束後，有關評估人員必須著手對現場工作底稿進行整理，按資產的性質進行分類，同時對有關詢證函、被評估資產背景資料、技術鑒定資料、價格取證等有關資料進行歸集和登記。

11.3.4.2 評估數據和評估明細表的數字匯總

在完成現場工作底稿和有關資料的歸集任務後，評估人員應著手評估明細表的數字匯總。明細表的數字匯總應根據明細表的不同級別先明細匯總，然後分類匯總，最後以資產負債表匯總。不具備採用電腦軟件匯總的評估機構，在數字匯總過程中應反覆核對有關表格的數字的關聯性和各表格欄目之間數字的鈎稽關係，防止出錯。

11.3.4.3 評估初步數據的分析和討論

在完成評估明細表的數字匯總，得出初步的評估數據後，應召集參與評估工作過程的有關人員，對評估報告的初步數據的結論進行分析和討論，比較各有關評估數據，復核記錄估算結果的工作底稿，對存在作價不合理的部分評估數據進行調整。

11.3.4.4 編寫評估報告

編寫評估報告應該分步驟進行：首先，由各組負責人分別草擬出負責部分資產的評估說明，同時提交給全面負責、熟悉本項目的人員草擬資產評估報告；其次，各組

分別草擬評估報告並提交給總負責人，總負責人全面草擬並與客戶交換意見；最後，考慮是否修改，若需修改，修正後進行撰寫。

11.3.4.5 資產評估報告的簽發與送交

評估機構撰寫出正式資產評估報告後，經審核無誤，按以下程序進行簽名蓋章：先由負責該項目的註冊評估師簽章（兩名或兩名以上），再送復核人審核簽章，最後送評估機構負責人審定簽章並加蓋機構公章。資產評估報告簽名蓋章後即可連同評估說明及評估明細表送交委託單位。

11.3.5 資產評估報告的編製要求

資產評估報告的編製要求是指在資產評估報告製作過程中的主要技能要求，具體包括文字表達、格式與內容方面的技能要求以及復核與反饋等方面的技能要求等。

11.3.5.1 文字表達方面的技能要求

資產評估報告既是一份對被評估資產價值有諮詢性和公正性作用的文書，又是一份用來明確資產評估機構和註冊資產評估師工作責任的文字依據，因此它的文字表達技能要求既要清楚、準確，又要提供充分的依據說明，還要全面地敘述整個評估的具體過程。其文字的表達必須準確，不得使用模稜兩可的措辭。其陳述既要簡明扼要，又要把有關問題闡述清楚，不得帶有任何誘導、恭維和推薦性的陳述。當然，在文字表達上也不能出現誇大其詞的語句，尤其是涉及承擔責任條款的部分。

11.3.5.2 格式與內容方面的技能要求

對資產評估報告書格式與內容方面的技能要求，按照現行制度規定，應該遵循中國資產評估協會頒發的《資產評估準則——評估報告》以及相關部門制定評估報告規範。

11.3.5.3 資產評估報告的復核與反饋方面的技能要求

資產評估報告書的復核與反饋也是資產評估報告製作的具體技能要求。通過對工作底稿、評估說明、評估明細表和資產評估報告書正文的文字、格式及內容的復核和反饋，可以使有關錯誤、遺漏等問題在出具正式報告之前得到修正。對評估人員來說，資產評估工作是一項必須由多個評估人員同時作業的仲介業務，每個評估人員都有可能因能力、水準、經驗、閱歷及理論方法的限制而產生工作盲點和工作疏忽，因此，對資產評估報告初稿進行復核就成為必要。就評估資產的情況熟悉程度來說，大多數資產委託方和佔有方對委託評估資產的分佈、結構、成新等具體情況總是會比資產評估機構和評估人員更熟悉，因此，在出具正式報告之前徵求委託方意見，收集反饋意見也很有必要。

對資產評估報告必須建立起多級復核和交叉復核的制度，明確復核人的職責，防止流於形式的復核。對委託方或佔有方意見的反饋信息應謹慎對待，應本著獨立、客觀、公正的態度去接受其反饋意見。

11.3.5.4 撰寫報告應注意的事項

資產評估報告的製作技能除了需要掌握上述三個方面的技術要點外，還應注意以下幾個事項：

（1）實事求是。資產評估報告必須建立在真實、客觀的基礎上，客觀地反應評估對象的價值，不能有虛假成分。

（2）資產評估報告前後要保持一致。資產評估報告的文字內容、數值等要前後一致，報告摘要、報告正文、評估說明、評估明細表等內容與數據要保持一致。

（3）及時提交資產評估報告並注意保密。在正式完成資產評估工作後，應按業務約定書的約定時間及時將評估報告送交委託方。涉及外商投資項目的中方資產評估的評估報告，必須嚴格按照有關規定辦理。此外，要做好客戶保密工作，尤其是對於資產評估涉及的商業秘密和技術秘密，更要加強保密工作。

（4）資產評估報告應當明確資產評估報告使用者、報告使用方式，提示評估報告使用者合理使用評估報告。應注意防止報告書的惡意使用，避免報告書的誤用，以合法規避執業風險。

（5）在資產評估報告中應當對資產評估對象法律權屬及其證明資料的來源予以必要的說明。註冊資產評估師不得對評估對象的法律權屬提供保證。

（6）如果註冊資產評估師執行資產評估業務受到限制，無法實施完整的資產評估程序時，應當在資產評估報告中明確披露受到的限制、無法履行的資產評估程序和採取的替代措施以及對資產評估報告使用者的限制。

11.3.6　資產評估報告的編製體例

以國有資產評估報告為例。

11.3.6.1　標題及文號

資產評估報告標題應當簡明清晰，含有「企業名稱＋經濟行為關鍵詞＋評估報告」字樣。資產評估報告文號包括資產評估機構特徵字、種類特徵字、年份、文件序號。

11.3.6.2　評估報告聲明

評估報告聲明通常包括以下內容：

（1）「註冊資產評估師聲明」指引（供參考）。

一、我們在執行本資產評估業務中，遵循相關法律法規和資產評估準則，恪守獨立、客觀和公正的原則；根據我們在執業過程中收集的資料，評估報告陳述的內容是客觀的，並對評估結論合理性承擔相應的法律責任。

二、評估對象涉及的資產、負債清單由委託方、被評估單位（或者產權持有單位）申報並經其簽章確認；所提供的資料具有真實性、合法性、完整性，恰當使用評估報告是委託方和相關當事方的責任。

三、我們與評估報告中的評估對象沒有現存或者預期的利益關係；與相關當事方沒有現存或者預期的利益關係，對相關當事方不存在偏見。

四、我們已（或者未）對評估報告中的評估對象及其所涉及資產進行現場調查，對評估對象及其所涉及資產的法律權屬狀況給予必要的關注，對評估對象及其所涉及資產的法律權屬資料進行了查驗，並對已經發現的問題進行了如實披露，且已提請委託方及相關當事方完善產權以滿足出具評估報告的要求。

五、我們出具的評估報告中的分析、判斷和結論受評估報告中假設和限定條件的限制，評估報告使用者應當充分考慮評估報告中載明的假設、限定條件、特別事項說明及其對評估結論的影響。

（2）「註冊資產評估師承諾函」指引（供參考）。
×××公司（單位）：

受你公司（單位）的委託，我們對你公司（單位）擬實施×××行為（事宜）所涉及的×××（資產——單項資產或者資產組合、企業、股東全部權益、股東部分權益），以××××年××月××日為基準日進行了評估，形成了資產評估報告。在本報告中披露的假設條件成立的前提下，我們承諾如下：
　一、具備相應的執業資格。
　二、評估對象和評估範圍與評估業務約定書的約定一致。
　三、對評估對象及其所涉及的資產進行了必要的核實。
　四、根據資產評估準則和相關評估規範選用了評估方法。
　五、充分考慮了影響評估價值的因素。
　六、評估結論合理。
　七、評估工作未受到干預並獨立進行。

註冊資產評估師簽章：
××××年××月××日

11.3.6.3　評估報告摘要

資產評估報告摘要（範例）

XYZ 資產評估有限公司接受 A 公司的委託，根據國家關於國有資產評估的有關規定，本著獨立、公正、科學、客觀的原則，按照國際公允的資產評估方法，對 A 公司擬收購 B 公司之目的而委託評估的 B 公司資產和負債進行了實地查看與核對，並做了必要的市場調查與徵詢，履行了公認的其他必要評估程序。據此，我們對委託評估資產在評估基準日的市場價值分別採用成本法和收益法進行了分項及總體評估，為收購行為提供價值參考依據。目前，我們的資產評估工作業已結束，現謹將資產評估結果報告如下：

經評估，截止於評估基準日 2017 年 12 月 31 日，在持續經營前提下，B 公司的委估資產和負債表現出來的市場價值反應如下：

金額單位：人民幣萬元

資產名稱	帳面值	清查調整值	評估值	增減值	增減率（％）

　　本報告僅為委託方為本報告所列明的評估目的以及報送有關主管機關審查而製作。評估報告使用權歸委託方所有，未經委託方同意，不得向他人提供或公開。除依據法律需公開的情形外，報告的全部或部分內容不得發表於任何公開的媒體上。

　　重要提示：

　　以下內容摘自資產評估報告，欲瞭解本評估項目的全面情況，應認真閱讀資產評估報告全文。

　　評估對象：XYZ 資產評估有限公司。

　　評估基準日：2017 年 12 月 31 日。

　　資產評估機構法人代表：×××。

　　註冊資產評估師：×××。

11.3.6.4　評估報告正文

　　評估報告正文應當包括：

　　（1）緒言。

　　（2）委託方、被評估單位和委託方以外的其他評估報告使用者。

　　（3）評估目的。

　　（4）評估對象和評估範圍。

　　（5）價值類型及其定義。

　　（6）評估基準日。

　　（7）評估依據。

　　（8）評估方法。

　　（9）評估程序實施過程和情況。

　　（10）評估假設。

　　（11）評估結論。

　　（12）特別事項說明。

　　（13）評估報告使用限制說明。

　　（14）評估報告日。

　　（15）尾部。

B公司資產評估報告（範例）

XYZ評報字（2017）第10號

一、緒言

XYZ資產評估有限公司接受A公司的委託，根據國家有關資產評估的規定，本著獨立、公正、科學、客觀的原則，按照國際公允的資產評估方法，為滿足A公司收購B公司之需要，對B公司資產進行了評估工作。本公司評估人員按照必要的評估程序對委託評估的資產和負債實施了實地查勘、市場調查與詢證，對委估資產和負債在2016年12月31日所表現的市場價值做出了公允反應。現將資產評估情況及評估結果報告如下：

二、委託方、被評估單位及其他評估報告使用者

委託方：A公司

被評估單位：B公司

評估報告使用者：A公司及相關投資者

被評估企業基本情況及財務狀況（略）

三、評估目的

本次評估的目的是為A公司收購B公司提供價值參考。

四、評估對象和評估範圍

評估對象為B公司股東全部權益價值（淨資產）。評估範圍包括流動資產、長期投資、固定資產（房屋建築物類、機器設備類）、在建工程、無形資產、其他資產及負債。

評估的範圍以公司提供的各類資產評估申報表為基礎，凡列入表內並經核實的資產均在本次評估範圍之內。

五、價值類型和定義

根據評估目的及相關評估條件的約束，本次評估選擇了市場價值作為評估結論的價值類型。

六、評估基準日

根據我公司與委託方的約定，本項目資產評估的基準日期確定為2016年12月31日。

由於資產評估是對某一時點的資產及負債狀況提出的價值結論，選擇會計期末作為評估基準日，能夠全面反應評估對象資產及負債的整體情況；同時根據A公司的收購方案對時間的計劃，評估基準日與評估目的的計劃實現日較接近，故選擇本時點作為評估基準日。

本次資產評估工作中，資產評估範圍的界定、評估價值的確定、評估參數的選取等，均以該日的企業內部財務報表、外部經濟環境以及市場情況確定。本報告書中一切取價標準均為評估基準日有效的價值標準。

七、評估依據

在本次資產評估工作中所遵循的國家、地方政府和有關部門的法律、法規以及參

考的文件資料主要有：

（一）評估行為依據（略）。

（二）評估法規依據（略）。

（三）評估產權依據（略）。

（四）評估取價依據（略）。

八、評估方法

本次評估採用成本法和收益法兩種方法。

九、評估實施程序和過程（略）

十、評估假設（略）

十一、評估結論

在實施了上述資產評估程序和方法後，委估的 B 公司資產於評估基準日 2016 年 12 月 31 日所表現的市場價值反應如下：

金額單位：人民幣萬元

資產名稱	帳面值	清查調整值	評估值	增減值	增減率（%）

評估結論詳細情況請見資產評估明細表（另冊）。

十二、特別事項說明（略）

十三、評估報告使用限制說明（略）

十四、評估報告日

本項目資產評估報告日期確定為 2017 年 1 月 31 日。

十五、尾部（略）

11.3.7　資產評估報告撰寫的基本要求

11.3.7.1　客觀性

資產評估的基本原則是獨立、客觀、公正，這就要求每個參加評估的人員在寫評估報告時，必須站在獨立、客觀、公正的立場上，既不能站在資產所有者一方，也不能站在資產業務中其他任何一方，要按照公允的程序和計價標準，對具體的資產評估對象做出符合專業標準並反應客觀實際情況的資產評估結論。評估結論應經得起推敲，所依據的各種資料數據應能證明其科學性，所選取的方法、參數應能反應其應用性和科學性，評估報告所使用的措辭和文字描述應反應第三者的公正立場。

11.3.7.2　完整性

資產評估報告是對資產評估工作的全面概括和總結，因此，資產評估報告正文應

能完整、準確地描述資產評估的全過程，反應資產評估的目的、所依據的前提條件、評估計價標準、評估的基本程序及選取的方法和參數等，並充分揭示被評估資產的真實情況，做到完整無缺，無一遺漏。另外，附件資料起著完善、補充、說明和支持正文的作用，所以在考慮正文內容齊全的同時，還應考慮與資產評估結論有關的各種附件。資產評估所涉及的內容一般比較繁雜，因此要求評估報告的文字表達要做到邏輯嚴密，格式規範，概念清晰準確，內容全面真實，敘述簡明扼要、突出重點，切忌模稜兩可、含混不清。

11.3.7.3 及時性

資產評估工作具有很強的時效性。在一定條件下得出的資產評估結論往往是對某一時期或某一時點資產實際價值的計量。因此，這一評估結論往往在一定時期內為社會各方所認可，並具有法律效力。一旦時過境遷，由於貨幣具有時間價值，而且被評估資產本身也隨時間、市場環境、政治、社會等因素的變化而發生很大變化，評估結論更難以反應其實際價值並失去應有的法律效力。因此，在編製資產評估報告時，必須要註明評估基準日，並且要求評估報告的編製應在委託評估合同約定時間內迅速、及時地完成。

11.3.8 資產評估報告製作的技術要求

11.3.8.1 文字表達方面

資產評估報告既是一份對被評估資產價值有諮詢性和公證性作用的文書，也是一份用來明確資產評估機構和評估人員工作責任的文字依據，因此它的文字表達技能要求既要清楚準確，又能提供充分的依據說明，還要全面地敘述整個評估的具體過程。在敘述過程中既要簡明扼要，又要把有關問題說清楚，不得帶有任何誘導、恭維和推薦性的陳述。當然，在文字表達上也不能帶有概念模糊的語句，尤其是涉及承擔責任的條款部分。

11.3.8.2 格式和內容方面

對資產評估報告格式和內容方面的技能要求，必須嚴格遵循 2008 年 7 月 1 日實施的《資產評估準則——評估報告》。

11.3.8.3 復核與反饋方面

資產評估報告的復核與反饋也是資產評估報告編製的具體技能要求。通過對工作底稿、評估說明、評估明細表和報告正文的文字、格式及內容的復核和反饋，可以將有關錯誤、遺漏等問題在出具正式報告之前予以修正。

對評估人員來說，資產評估工作是一項必須由多個評估人員同時作業的仲介業務，每個評估人員都有可能因能力、水準、經驗、閱歷及理論方法的限制而產生工作盲點和工作疏忽，因此，對資產評估報告初稿進行復核是很有必要的。但是，對資產評估報告進行復核，必須建立起多級復核和交叉復核的制度，明確復核人的職責，防止流於形式的復核。

另外，就對評估資產情況的熟悉程度來說，大多數資產委託方和佔有方對委託評估資產的分佈、結構、成新率等具體情況會比評估機構和評估人員更熟悉，因此，在出具正式報告之前應該徵求委託方的反饋意見。收集反饋意見主要是通過委託方或佔有方熟悉資產具體情況的人員來進行。而且，對委託方或佔有方的反饋意見應謹慎對待，本著獨立、客觀、公正的態度去接受。

11.3.8.4 具體的注意事項

除了需要掌握上述三個方面的技術要點外，資產評估報告的編製還應注意以下幾個事項：

（1）實事求是，切忌出具虛假報告。報告必須建立在真實、客觀的基礎上，不能脫離實際情況，更不能無中生有。報告擬定人應是參與該項目並較全面瞭解該項目情況的主要評估人員。

（2）堅持一致性做法，切忌出現表裡不一。報告文字、內容前後要一致，摘要、正文、評估說明、評估明細表內容與格式口徑、格式甚至數據要一致，不能出現表裡不一的情況。

（3）提交報告要及時、齊全和保密。在正式完成資產評估工作後，應按業務約定書的約定時間及時將報告送交委託方。送交報告時，報告書及有關文件要齊全。此外，要做好客戶資料保密工作，尤其是對評估涉及的商業秘密和技術秘密，更要加強保密工作。

11.3.9 資產評估明細表

評估明細表樣表（範例）

（一）說明

本套樣表參照《企業會計準則第30號——財務會計報表列報》應用指南的基本要求進行設計。

具體評估項目中，可以根據本指南對評估明細表的基本要求、企業會計核算所設置的會計科目，參考本套樣表編製評估明細表。

（二）評估明細表樣表

1. 表1：資產評估結果匯總表
2. 表2：資產評估結果分類匯總表
3. 表3：流動資產評估匯總表
4. 表3-1：貨幣資金評估匯總表
5. 表3-1-1：貨幣資金——現金評估明細表
6. 表3-1-2：貨幣資金——銀行存款評估明細表
7. 表3-1-3：貨幣資金——其他貨幣資金評估明細表
8. 表3-2：交易性金融資產評估匯總表
9. 表3-2-1：交易性金融資產——股票投資評估明細表

10. 表3-2-2：交易性金融資產——債券投資評估明細表
11. 表3-2-3：交易性金融資產——基金投資評估明細表
12. 表3-3：應收票據評估明細表
13. 表3-4：應收帳款評估明細表
14. 表3-5：預付帳款評估明細表
15. 表3-6：應收利息評估明細表
16. 表3-7：應收股利（應收利潤）評估明細表
17. 表3-8：其他應收款評估明細表
18. 表3-9：存貨評估匯總表
19. 表3-9-1：存貨——材料採購（在途物資）評估明細表
20. 表3-9-2：存貨——原材料評估明細表
21. 表3-9-3：存貨——在庫週轉材料評估明細表
22. 表3-9-4：存貨——委託加工物資評估明細表
23. 表3-9-5：存貨——產成品（庫存商品、開發產品、農產品）評估明細表
24. 表3-9-6：存貨——在產品（自制半成品）評估明細表
25. 表3-9-7：存貨——發出商品評估明細表
26. 表3-9-8：存貨——在用週轉材料評估明細表
27. 表3-10：一年內到期的非流動資產評估明細表
28. 表3-11：其他流動資產評估明細表
29. 表4：非流動資產評估匯總表
30. 表4-1：可供出售金融資產評估匯總表
31. 表4-1-1：可供出售金融資產——股票投資評估明細表
32. 表4-1-2：可供出售金融資產——債券投資評估明細表
33. 表4-1-3：可供出售金融資產——其他投資評估明細表
34. 表4-2：持有至到期投資評估明細表
35. 表4-3：長期應收款評估明細表
36. 表4-4：長期股權投資評估明細表
37. 表4-5：投資性房地產評估明細表（含4張備選表）
38. 表4-6：固定資產評估匯總表
39. 表4-6-1：固定資產——房屋建築物評估明細表
40. 表4-6-2：固定資產——構築物及其他輔助設施評估明細表
41. 表4-6-3：固定資產——管道和溝槽評估明細表
42. 表4-6-4：固定資產——機器設備評估明細表
43. 表4-6-5：固定資產——車輛評估明細表
44. 表4-6-6：固定資產——電子設備評估明細表
45. 表4-6-7：固定資產——土地評估明細表
46. 表4-7：在建工程評估匯總表
47. 表4-7-1：在建工程——土建工程評估明細表

48. 表 4-7-2：在建工程——設備安裝工程評估明細表
49. 表 4-8：工程物資評估明細表
50. 表 4-9：固定資產清理評估明細表
51. 表 4-10：生產性生物資產評估明細表
52. 表 4-11：油氣資產評估明細表
53. 表 4-12：無形資產評估匯總表
54. 表 4-12-1：無形資產——土地使用權評估明細表
55. 表 4-12-2：無形資產——礦業權評估明細表
56. 表 4-12-3：無形資產——其他無形資產評估明細表
57. 表 4-13：開發支出評估明細表
58. 表 4-14：商譽評估明細表
59. 表 4-15：長期待攤費用評估明細表
60. 表 4-16：遞延所得稅資產評估明細表
61. 表 4-17：其他非流動資產評估明細表
62. 表 5：流動負債評估匯總表
63. 表 5-1：短期借款評估明細表
64. 表 5-2：交易性金融負債評估明細表
65. 表 5-3：應付票據評估明細表
66. 表 5-4：應付帳款評估明細表
67. 表 5-5：預收帳款評估明細表
68. 表 5-6：應付職工薪酬評估明細表
69. 表 5-7：應交稅費評估明細表
70. 表 5-8：應付利息評估明細表
71. 表 5-9：應付股利（應付利潤）評估明細表
72. 表 5-10：其他應付款評估明細表
73. 表 5-11：一年內到期的非流動負債評估明細表
74. 表 5-12：其他流動負債評估明細表
75. 表 6：非流動負債評估匯總表
76. 表 6-1：長期借款評估明細表
77. 表 6-2：應付債券評估明細表
78. 表 6-3：長期應付款評估明細表
79. 表 6-4：專項應付款評估明細表
80. 表 6-5：預計負債評估明細表
81. 表 6-6：遞延所得稅負債評估明細表
82. 表 6-7：其他非流動負債評估明細表

11.4 資產評估報告的使用

11.4.1 資產評估報告使用者界定

　　資產評估報告使用指引的首要環節是界定評估報告使用者，即明確指出誰是評估報告的使用者或者說誰有權利用評估報告及其結論。資產評估機構出具的評估報告，其內容和相關資料只服務於評估報告使用者。非授權或指定評估報告使用者不能使用評估報告，非授權或指定評估報告使用者使用了評估報告有可能會造成對報告內容的誤解及誤用。界定評估報告使用者需要注意以下三個要點：其一，資產評估是受託進行的，資產評估報告首先應當滿足受託的要求，委託方通常就是評估報告的使用者；其二，評估結論都是有價值定義及其歸類，不同的價值定義及其類型的合理性指向是不同的，特定的價值定義及其類型限定了評估報告使用者的範圍，對於某些特定的價值定義及其類型，評估師必須在評估報告中明確指出該評估報告的使用者；其三，有些評估項目可能會涉及公共利益，資產評估報告及其評估結論的使用者是否涵蓋涉及利益的所有當事人，需要在資產評估報告中明確界定。

11.4.2 委託方對資產評估報告書的合理使用

　　委託方在收到受託評估機構送交的正式評估報告書及有關資料後，可以依據評估報告書所揭示的評估目的和評估結論，合理使用資產評估結果。從性質上說，資產評估結果和結論是註冊資產評估師的一種專業判斷和專業意見，並無強制執行力。在正常情況下，委託方完全可以在評估報告限定的條件下和範圍內根據自身的需要合理使用評估報告及評估結論，並不一定完全按照評估結論一成不變地「遵照執行」。如果委託方直接使用了評估結論，那也是委託方的自主選擇，並不是因為評估結論具有強制力。同時，評估報告及其結論雖無強制執行力，但評估結論也不得隨意使用或濫用。委託方必須按照評估報告書中所揭示的評估目的、評估結果的價值類型、評估結果成立的限制條件和適用範圍正確地使用評估結論。委託方在使用資產評估報告書及其結果時必須滿足以下幾個方面的要求：

（1）只能按評估報告書所揭示的評估目的使用評估報告及其結論。一份評估報告書只允許按一個用途使用。

（2）評估報告書只能由評估報告中限定的期望使用者使用，評估報告及其結論不適用於其他人。

（3）只能在評估報告書的有效期內使用報告。超過評估報告書的有效期，原資產評估結果無效。

（4）在評估報告書的有效期內，資產評估數量發生較大變化時，應由原評估機構或者資產佔有單位按原評估方法對評估報告書做相應調整，然後才能使用。

（5）涉及國有資產產權變動的評估報告書及有關資料必須經國有資產管理部門或

授權部門核准或備案後方可使用。

（6）作為企業會計記錄和調整企業帳項使用的資產評估報告書及有關資料，必須根據國家有關法規規定執行。

所有不按評估報告揭示的目的、期望使用者、價值類型、有效期等限制條件使用評估報告及其結論並造成損失的，應由使用者自負其責。

根據有關規定，委託方依據評估報告所揭示的評估目的及評估結論，可以作為以下幾種具體的用途進行使用：

（1）整體或部分改建為有限責任公司或股份有限公司。
（2）以非貨幣資產對外投資。
（3）合併、分立、清算。
（4）除上市公司以外的原股東股權比例變動。
（5）除上市公司以外的整體或部分產權（股權）轉讓。
（6）資產轉讓、置換、拍賣。
（7）整體資產或者部分資產租賃給非國有單位。
（8）確定涉及訴訟資產價值。
（9）國有資產佔有單位收購非國有資產。
（10）國有資產佔有單位與非國有資產單位置換資產。
（11）國有資產佔有單位接受非國有資產單位以實物資產償還債務。
（12）法律、行政法規規定的其他需要進行評估的事項。

11.4.3 資產評估管理機構對資產評估報告書的核准、備案和檢查

資產評估管理機構對資產評估報告書的核准、備案和檢查也是對資產評估報告書的一種使用。資產評估管理機構主要是指對資產評估行政管理的主管機關和資產評估行業自律管理的行業協會。資產評估管理機構對資產評估報告書的核准、備案和檢查是資產評估管理機構實現對評估機構的行政管理和行業自律管理的重要過程：

一方面，資產評估管理機構通過對評估機構出具的資產評估報告書的核准、備案和檢查，能大體瞭解評估機構從事評估工作的業務能力和組織管理水準。由於資產評估報告是反應資產評估工作過程的工作報告，資產評估管理機構通過對資產評估報告書進行核准、備案和檢查，能夠對評估機構的評估質量做出客觀的評價，從而能夠有的放矢地對評估機構的人員、技術和職業道德進行管理。

另一方面，國有資產評估報告書能為國有資產管理者提供重要的數據資料。通過對國有資產評估報告書的核准、備案和檢查以及統計與分析，可以及時瞭解國有資產佔有、使用、轉移狀況以及增減值變動情況，進一步加強國有資產管理服務。

當然，資產評估管理機構對評估報告書的使用也應該是全面和客觀的，資產評估管理機構應結合評估項目具體條件、評估機構的總體構思、評估機構設定的評估前提以及評估結果的價值類型和定義等，全面地評價評估報告和評估結論，避免就評估結論而論評估結論。

11.4.4 其他有關部門對資產評估報告書的使用

除了資產評估管理機構可以對資產評估報告書進行核准、備案和檢查外，法院、政府、證券監督管理部門、保險監督管理部門、工商行政管理部門、稅務機關、金融機構等有關部門也經常使用資產評估報告書。當然，這裡也存在一個正確、合理使用評估報告和評估結果的問題。由於上述部門大都擁有或可以行使司法或行政權力，它們在使用資產評估報告及其結果時，往往伴隨著司法和行政權力的使用，因此很容易把評估結論的諮詢性與這些機關和部門的強制權力混為一談，把資產評估結論的專業判斷性與資產定價混為一談。因而，具有司法行政權力的機關和部門正確和合理使用評估報告及其評估結論就顯得尤為重要。

11.4.4.1 政府對資產評估報告書的使用

當政府作為國有資產所有者的代表進行國有企業改制時，對國有企業改制資產評估報告及其結論的使用應等同於普通的委託方使用資產評估報告書，應按照普通委託方使用評估報告書的要求去做。政府對改制企業交易價格的最終確定是政府作為資產所有者代表的自主選擇。它既可以等同於評估機構出具的改制企業的評估結果，也可以不完全等同於評估機構的改制企業的評估結果。資產評估結果僅僅是政府確定最終交易價格的參照和專業諮詢意見。評估機構及其人員僅對評估結論的合理性負責，並不對改制企業的交易結果負責。

11.4.4.2 法院對資產評估報告書的使用

法院在通過司法程序解決財產糾紛和經濟糾紛時，也大量使用資產評估報告及其結論來處理以資抵債等案件。法院是以仲裁者的身分使用評估結論的，評估結果一經法院裁決就必須依法執行。因此這裡必須強調，資產評估不會因使用者的不同而改變其自身的性質，評估結論也不會因法院的使用而由專業諮詢變成定價，評估結論無論如何都是對資產客觀價值的估計值，而並不一定是這個客觀值本身。包括法院在內的權力機關，無論是作為仲裁者還是作為執法者，都應合理使用評估結論，都應以資產評估報告及其結論為基礎和參照，綜合經濟糾紛雙方的申辯和理由來裁定經濟糾紛涉及的資產價值或以資抵債的數額（價格）。

11.4.4.3 證券監督管理部門對資產評估報告書的使用

證券監督管理部門對資產評估報告書的使用主要是對申請上市的公司有關申報材料招股說明書中的有關資產評估數據的審核以及對上市公司的股東配售發行股票時申報材料配股說明書中的有關資產評估數據的審核。根據有關規定，公開發行股票公司的信息披露至少要列示以下各項資產評估情況：按資產負債表大類劃分的公司各類資產評估前帳面價值及固定資產淨值，公司各類資產評估淨值，各類資產增減值幅度，各類資產增減值的主要原因。公開發行股票的公司若採用非現金方式配股，其配股說明書的備查文件必須附上資產評估報告書。

證券監督管理部門對資產評估報告書和有關資料的使用主要是為了保護公眾投資

者的利益和資本市場的秩序以及加強對取得證券業務評估資格的評估機構及有關人員的業務管理。證券監督管理部門對資產評估報告書和有關資料的使用實際上是對資產評估機構及其人員的業務監管，相當於資產評估管理部門對資產評估報告的使用，因此應參照資產評估管理部門使用評估報告的要求，全面、客觀地使用評估報告。

11.4.4.4 保險監督管理部門、工商行政管理部門以及稅務、金融等其他部門對資產評估

保險監督管理部門、工商行政管理部門以及稅務、金融等其他部門也在大量使用資產評估報告書。這些部門在使用資產評估報告書時，也必須清楚地認識到資產評估結論只是一種專業判斷和專家意見，而這些專業判斷又是建立在一系列假設和前提基礎之上的。在許多情況下，這些使用資產評估報告的部門必須全面理解和認識評估結論，並在此基礎上結合本部門的資產業務做出自主決策。這並不是說因資產評估結論是一種專業判斷和專家意見就可以減輕或豁免評估機構及其評估師的責任，而是說評估師應對評估結論的合理性負責，而評估報告及其結論使用者應對他們使用評估報告是否得當負責。

課後練習

一、單項選擇題

1. 廣義的資產評估報告除指資產評估報告書外，還是（　　）。
   A. 一種工作制度　　　　　　B. 評估準則
   C. 結果確認　　　　　　　　D. 立項審批
2. 資產評估結果有效期通常為一年，從（　　）算起。
   A. 提供評估報告日　　　　　B. 評估基準日
   C. 經濟行為發生日　　　　　D. 以上都不對
3. 資產評估報告必須由（　　）名以上註冊資產評估師簽字。
   A. 1　　　　　　　　　　　B. 2
   C. 3　　　　　　　　　　　D. 4
4. 下列說法中正確的是（　　）。
   A. 資產評估報告對委託評估的資產提供價值意見
   B. 資產評估報告對資產業務定價有決策的效力
   C. 在有效期內，一份評估報告可按多個用途使用
   D. 評估師在證明資料齊全時可對評估對象的法律權屬提供保證
5. 評估機構三級復核制度中二級復核人指的是（　　）。
   A. 項目負責人　　　　　　　B. 總評估師
   C. 評估機構負責人　　　　　D. 國有資產管理部門
6. 關於資產評估報告摘要和正文二者關係表述正確的是（　　）。
   A. 資產評估報告摘要的法律效力高於資產評估報告正文

B. 資產評估報告正文的法律效力高於資產評估報告摘要
C. 二者具有同等法律效力
D. 二者法律效力的高低由當事人協商確定

7. 按有關規定，資產評估說明中進行資產評估有關事項的說明是由（　　）提供的。
    A. 委託方　　　　　　　　　　B. 受託方
    C. 資產佔有方　　　　　　　　D. 委託方與資產佔有方

8. 資產評估報告基本制度規定資產評估機構完成國有資產評估工作後由相關國有資產管理部門對評估報告進行（　　）。
    A. 審核驗證　　　　　　　　　B. 核准備案
    C. 結果確認　　　　　　　　　D. 立項審批

9. 資產評估報告應當（　　）。
    A. 按委託方的要求編寫　　　　B. 按照資產佔有方的要求編寫
    C. 按照資產接受方的要求編寫　D. 按照評估行業有關規定編寫

10. 資產評估報告書的有效期原則上為（　　）。
    A. 1 年　　　　　　　　　　　B. 2 年
    C. 3 年　　　　　　　　　　　D. 4 年

11. 資產評估報告書附件中必須列示的內容有（　　）。
    A. 評估方案
    B. 驗資報告
    C. 評估對象所涉及的主要權屬證明文件
    D. 評估結果有效期

12. 評估基準日應根據經濟行為的性質確定，並盡可能與評估目的的實現日接近，評估基準日的確定主體是（　　）。
    A. 受託方　　　　　　　　　　B. 委託方
    C. 資產佔有方　　　　　　　　D. 以上均可

二、多項選擇題

1. 按資產評估的範圍劃分，資產評估報告可分為（　　）。
    A. 整體資產評估報告　　　　　B. 房地產評估報告
    C. 單項資產評估報告　　　　　D. 土地估價報
    E. 機電設備評估報告

2. 資產評估報告的利用者一般有（　　）。
    A. 資產評估管理機構　　　　　B. 資產評估委託方
    C. 資產評估受託方　　　　　　D. 有關部門
    E. 資產佔有方

3. 按現行規定，資產評估報告應包括（　　）。
    A. 資產評估報告正文　　　　　B. 資產評估說明

C. 資產評估明細表及相關附件　　　D. 資產評估結果確認書
E. 資產評估工作底稿

4. 下列有關資產評估報告中評估目的說法正確的是（　　）。
   A. 資產評估報告中應說明評估目的所對應的經濟行為
   B. 評估目的對應的經濟行為一定要經過批准
   C. 評估目的對應的經濟行為不一定要經過批准
   D. 無須說明評估目的所對應的經濟行為
   E. 評估目的是委託人對評估報告的使用用途

5. 下列文件中屬於資產評估報告附件的是（　　）。
   A. 重要合同文件　　　　　　　B. 有關經濟行為文件
   C. 評估明細表　　　　　　　　D. 資產評估業務約定合同
   E. 評估底稿

6. 下列關於資產評估報告的說法正確的有（　　）。
   A. 資產評估報告正文之前應有摘要
   B. 評估基準日不應當由委託人確定
   C. 資產評估報告中應適當闡明所遵循的特殊原則，不必寫明遵循的公認原則
   D. 資產評估報告中應列示行為依據、產權依據
   E. 資產評估報告中應該列示評估方法的選擇依據

7. 根據中國《資產評估報告基本內容與格式的暫行規定》，資產評估報告正文應當列示（　　）。
   A. 評估範圍和對象　　　　　　B. 資產評估說明
   C. 評估基準日　　　　　　　　D. 特別事項說明
   E. 評估目的

8. 資產評估報告正文中，應闡述的評估依據包括（　　）。
   A. 行為依據　　　　　　　　　B. 法律、法規依據
   C. 取價依據　　　　　　　　　D. 產權依據
   E. 程序依據

9. 資產評估中，「關於進行資產評估有關事項的說明」具體包括（　　）。
   A. 資產及負債清查情況的說明　B. 實物資產分佈情況說明
   C. 在建工程評估說明　　　　　D. 關於評估基準日的說明
   E. 資產利用情況說明

10. 在資產評估報告中必須說明的要素有（　　）。
    A. 評估目的　　　　　　　　　B. 評估原則
    C. 評估方法　　　　　　　　　D. 評估要求
    E. 評估程序

11. 下列各項中（　　）在履行合法手續後可以查閱評估檔案。
    A. 評估機構內部　　　　　　　B. 其他評估機構
    C. 法院　　　　　　　　　　　D. 行業主管部門

E. 委託人
12. 資產評估報告的製作步驟有（　　）。
　　A. 整理工作底稿和歸集有關資料　　B. 評估數據和評估明細表的數字匯總
　　C. 評估初步數據的分析和討論　　　D. 編寫評估報告
　　E. 資產評估報告的簽發與送交
13. 資產評估報告應包括的主要內容有（　　）。
　　A. 標題及文號　　　　　　　　　　B. 聲明
　　C. 正文　　　　　　　　　　　　　D. 摘要
　　E. 附件
14. 評估報告的特別事項說明通常包括的內容有（　　）。
　　A. 產權瑕疵　　　　　　　　　　　B. 未決事項、法律糾紛等不確定因素
　　C. 重大期後事項　　　　　　　　　D. 評估假設
　　E. 評估目的
15. 資產評估報告按性質劃分可分為（　　）。
　　A. 一般評估報告　　　　　　　　　B. 機器設備評估報告
　　C. 房屋評估報告　　　　　　　　　D. 無形資產評估報告
　　E. 復核評估報告
16. 資產評估報告書製作的技術要點有（　　）。
　　A. 文字表達方面的技能要求
　　B. 格式和內容方面的技能要求
　　C. 評估報告書的復核及反饋方面的技能要求
　　D. 評估報告書的驗證與確認

三、判斷題

1. 評估對象的特點是選擇資產評估方法的唯一依據。　　　　　　　　　（　　）
2. 評估報告應當使用中文撰寫。需要同時出具外文評估報告的，以中文評估報告為準。　　　　　　　　　　　　　　　　　　　　　　　　　　　　　　　　　　（　　）
3. 經使用雙方同意，一份資產評估報告可有多個用途。　　　　　　　　（　　）
4. 資產評估報告對資產業務定價具有強制執行的效力。評估者必須對結論本身合乎職業規範要求負責。　　　　　　　　　　　　　　　　　　　　　　　　　　（　　）
5. 資產評估報告應在評估結論中單獨列示不納入評估匯總表的評估結果。（　　）

四、簡答題

1. 編製資產評估報告應按照哪些工作步驟進行？
2. 資產評估報告對資產評估的委託者有什麼用途？
3. 資產評估報告的作用主要體現在哪些方面？
4. 簡要敘述中國現行法律、法規對資產評估報告的有關制度規定。
5. 簡述資產評估報告應當具有的報告要素。

6. 簡述限制型評估報告與完整型評估報告的區別。
7. 簡述國有資產評估報告制度存在的意義。
8. 如何編製資產評估報告？
9. 資產評估報告有哪些使用要求？
10. 資產評估報告書正文及相關附件的基本內容包括哪些？
11. 資產評估報告的分類主要包括哪些？
12. 資產評估報告書的編製要求具體包括哪些？
13. 客戶應如何利用資產評估報告？
14. 如何理解資產評估報告的概念？

第 12 章　資產評估主體與行業管理

12.1　資產評估主體及其分類

12.1.1　資產評估主體界定

資產評估主體是指資產評估業務的承擔者，具體包括資產評估工作的從業人員及其由評估人員組成的評估機構。

資產評估機構是指組織專業人員依照有關規定和數據資料，按照特定目的，遵循適當的原則、方法和計價標準，對資產價格進行評定估算的專門機構。

因此，作為資產評估的具體操作機構及從業人員必須具備執業的技術業務素質和職業道德。評估機構是由評估從業人員構成的，評估人員必須具備多方面的專業知識、與資產評估相關的豐富的實踐經驗以及良好的職業道德。

12.1.2　資產評估主體分類

12.1.2.1　從執業範圍劃分

從評估主體的執業範圍劃分，資產評估機構包括專營性資產評估機構和綜合性資產評估機構兩種類型。

（1）專營性資產評估機構。專營性資產評估機構是指專門從事資產評估業務，而不從事其他仲介業務的資產評估事務所或資產評估公司。一般情況下，專營性資產評估機構的評估業務範圍比較廣泛，評估人員比較固定，評估人員的素質相對較高。專門評估某一種或某一類資產的專項評估機構也屬於專營性資產評估機構，如土地估價事務所、房地產估價事務所等。專項資產評估機構由於評估範圍較窄，評估對象的性質、功能比較統一，專業性比較強。因此，專項資產評估機構的專業化程度和專業技術水準比較高，具有比較明顯的專業優勢。

（2）綜合性資產評估機構。綜合性資產評估機構是指那些開展多種仲介服務活動的會計師事務所、審計師事務所、財務諮詢公司等。這些仲介機構把資產評估作為機構諮詢執業的一項業務內容，同時開展財務審計、查帳驗資等多種業務活動。

12.1.2.2　從企業組織形式劃分

從資產評估主體的企業組織形式劃分，資產評估機構大致可劃分為合夥制資產評估機構和有限責任制資產評估機構。

（1）合夥制的資產評估機構由發起人共同出資設立，共同經營，對合夥債務承擔無限連帶責任。

（2）有限責任制的資產評估機構由發起人共同出資設立，評估機構以其全部財產對其債務承擔有限責任。

從目前來看，中國的資產評估機構主體基本上還不是合夥制的資產評估機構，而且還有一部分是具有掛靠單位或行政主管部門的企業法人資格的資產評估機構。

為了建立與市場經濟相適應，與國際慣例相銜接的資產評估新體制，強化資產評估機構風險意識，激勵資產評估機構提高服務質量，使資產評估機構真正成為獨立、客觀公正的社會仲介組織，中國資產評估協會根據相關規定，已全面部署了資產評估機構改制的形式、程序以及管理工作，以促進中國的資產評估事業朝著健康有序的方向發展。

12.2 資產評估師職業資格制度和資產評估機構執業資格制度

12.2.1 資產評估師職業資格制度

2017年5月，根據《中華人民共和國資產評估法》要求，為加強資產評估專業人員隊伍建設，適應資產評估行業發展，在總結資產評估師職業資格制度實施情況的基礎上，人力資源社會保障部、財政部發布關於修訂印發《資產評估師職業資格制度暫行規定》和《資產評估師職業資格考試實施辦法》的通知（人社部規〔2017〕7號），通知中表明通過資產評估師職業資格考試並取得職業資格證書的人員，說明其已達到承辦法定評估業務的要求和水準，可以從事資產評估工作。同時人力資源社會保障部、財政部對中國資產評估協會實施的考試工作進行監督和檢查，指導中國資產評估協會確定資產評估師職業資格考試科目、考試大綱、考試試題和考試合格標準。

中國的資產評估師制度大致由資產評估師職業資格考試制度、資產評估師登記制度以及資產評估師後續教育制度組成。

12.2.1.1 資產評估師職業資格考試制度

從2016年起，考生應當通過中國資產評估協會（以下簡稱中評協）網站「資產評估師職業資格全國統一考試服務平臺」（以下簡稱考試平臺）進行報名，不再通過中國人事考試網報名。中國資產評估協會具體負責資產評估師職業資格考試的實施工作。資產評估師職業資格考試設《資產評估基礎》《資產評估相關知識》《資產評估實務（一）》和《資產評估實務（二）》4個科目，每個科目的考試時間為3個小時，資產評估師職業資格考試原則上每年舉行一次。

資產評估師（含珠寶評估專業）職業資格考試成績實行4年為一個週期的滾動管理辦法。在連續4年內，考試者參加全部（4個）科目的考試並合格，可取得相應資產評估師職業資格證書。

資產評估師職業資格考試報名條件：

（1）同時符合下列條件的中華人民共和國公民，可以報名參加資產評估師資格考試：①具有完全民事行為能力；②具有高等院校專科以上（含專科）學歷。

（2）符合上述報名條件，暫未取得學歷（學位）的大學生可報名參加考試。

12.2.1.2　資產評估師登記制度

考試人員資產評估師職業資格考試合格，由中國資產評估協會頒發《中華人民共和國資產評估師職業資格證書》，考試合格人員領取該證書後，應當辦理資產評估師職業資格證書登記手續。

考試合格人員有下列情形之一的，不予登記：

（1）不具有完全民事行為能力；

（2）因在資產評估相關工作中受刑事處罰，刑罰執行期滿未逾5年；

（3）因在資產評估相關工作中違反法律、法規、規章或者職業道德被取消登記未逾5年；

（4）因在資產評估、會計、審計、稅務、法律等相關工作領域中受行政處罰，自受到行政處罰之日起不滿2年；

（5）在申報登記過程中有弄虛作假行為未予登記或者被取消登記的，自不予登記或者取消登記之日起不滿3年；

（6）中評協規定的其他不予登記的情形。

經登記的資產評估師應當加入行業協會，接受自律管理。中評協定期通過協會網站或者其他公共媒體向社會分類公布資產評估師登記情況。

12.2.1.3　資產評估師後續教育制度

為了規範中國資產評估協會執業會員繼續教育工作，不斷提升執業會員的專業素質、執業能力和職業道德水準，2017年3月20日中國資產評估協會根據《中國資產評估協會章程》及相關規定，制定《資產評估師繼續教育管理辦法》。《資產評估師繼續教育管理辦法》中相關規定如下：

中評協、地方協會、資產評估機構應當聘請實踐經驗豐富、理論水準高、職業道德和社會聲譽良好的專家學者，承擔執業會員繼續教育任務，建設執業會員繼續教育師資隊伍。

執業會員繼續教育的主要內容包括：執業會員為市場主體的各類資產價值及相關事項，提供測算、鑑證、評價、調查和管理諮詢等各種服務應當掌握的理論、技術和方法等專業知識，以及相關的法律法規政策、職業規範等。

執業會員參加繼續教育的主要形式包括：

（1）中評協或地方協會舉辦的培訓班、研修班、專業論壇、學術會議、學術訪問或專題講座等；

（2）中評協或地方協會提供的遠程教育；

（3）中評協或地方協會委託相關教育培訓機構提供的網路在線培訓；

（4）經所在地地方協會認可的資產評估機構內部培訓；

（5）中評協或地方協會認可的其他形式。

執業會員每年接受繼續教育的時間累計不得少於 60 個學時，其中，網路在線形式所確認的繼續教育時間不超過 30 個學時。本年度的繼續教育學時僅在當年有效。

12.2.2 資產評估機構執業資格制度

12.2.2.1 評估機構的設立

評估機構應當依法採用合夥或者公司形式，聘用評估專業人員開展評估業務。

（1）合夥形式的評估機構，應當有兩名以上評估師；其合夥人三分之二以上應當是具有三年以上從業經歷且最近三年內未受停止從業處罰的評估師。

（2）公司形式的評估機構，應當有八名以上評估師和兩名以上股東，其中三分之二以上股東應當是具有三年以上從業經歷且最近三年內未受停止從業處罰的評估師。

評估機構的合夥人或者股東為兩名的，兩名合夥人或者股東都應當是具有三年以上從業經歷且最近三年內未受停止從業處罰的評估師。

設立評估機構，應當向工商行政管理部門申請辦理登記。評估機構應當自領取營業執照之日起三十日內向有關評估行政管理部門備案。評估行政管理部門應當及時將評估機構備案情況向社會公告。

評估機構應當依法獨立、客觀、公正開展業務，建立健全質量控制制度，保證評估報告的客觀、真實、合理。評估機構應當建立健全內部管理制度，對本機構的評估專業人員遵守法律、行政法規和評估準則的情況進行監督，並對其從業行為負責。評估機構應當依法接受監督檢查，如實提供評估檔案以及相關情況。

12.2.2.2 分級制度

資產評估機構的職業資格主要劃分為 A 級和 B 級兩個等級。A 級資產評估機構可以從事包括股票上市企業資產評估在內的所有資產評估項目，B 級資產評估機構可從事除企業股份化上市外的所有資產評估項目。

凡經資產評估行政管理部門審查合格、取得相應等級資產評估資格的機構均可以從事國有資產及非國有資產評估。其中非專項資產評估機構，可以從事與其職業資格等級相適應的土地、房地產、機器設備、流動資產、無形資產、其他長期資產及整體資產評估項目；從事土地、房地產或無形資產等專項資產評估業務的機構，其評估資格等級只限於 B 級以下，評估範圍只限在各該專項資產相應的範圍之內。各等級的資產評估機構開展資產評估業務，不受地區、部門的限制，可在全國範圍內從事與各該資格等級相適應的資產評估項目。

12.2.2.3 申請從事證券業的評估機構需要具備的條件

（1）資產評估機構依法設立並取得資產評估資格 3 年以上，發生過吸收合併的，還應當自完成工商變更登記之日起滿 1 年；

（2）質量控制制度和其他內部管理制度健全並有效執行，執業質量和職業道德良好；

（3）具有不少於 30 名資產評估師，其中最近 3 年持有資產評估師證書且連續執業

的不少於 20 人；

（4）淨資產不少於 200 萬元；

（5）按規定購買職業責任保險或者提取職業風險基金；

（6）半數以上合夥人或者持有不少於 50% 股權的股東最近在本機構連續執業 3 年以上；

（7）最近 3 年評估業務收入合計不少於 2,000 萬元，且每年不少於 500 萬元。

12.2.3　資產評估機構的年檢制度

12.2.3.1　年檢內容

（1）評估機構內部機構設置及人員配備情況。綜合性資產評估機構是否設有獨立的評估部門，是否建立了正常的工作制度；評估人員的數量、年齡結構、專業結構、技術職務結構是否符合規定，評估人員內部培訓及參加外部培訓的情況。

（2）評估機構業務開展情況，評估的項目類型、數量、規模。

（3）評估工作質量情況。主要檢查項目的評估依據、過程、方法、結果是否科學、合理，是否符合有關規定和內容。

（4）資產評估機構信譽情況。

（5）對法律法規的執行情況及遵守職業道德情況。

（6）評估機構的收費情況等。

12.2.3.2　年檢方法

由評估機構按照以上檢查內容準備資料，並將如下資料報國有資產管理部門審查：資產評估年檢表、資產評估人員參加培訓的情況以及有關證書證明的影印件、兩個評估案例、國有資產管理部門認為有必要提供的其他資料。

負責組織年檢的國有資產管理部門應對評估機構報來的資料逐戶逐項進行審查。有選擇地抽查一部分評估機構，必要時可跟蹤評估項目，實際考察評估機構的評估水準。

12.2.3.3　確認年檢結果

凡符合年檢內容要求和基本符合要求的評估機構，可作為合格處理。對於合格的評估機構，在資產評估資格證書上加蓋「評估機構年檢專用章」，並在當地通告。對於年檢不合格的評估機構，限期調整，提出處理意見，報國家國有資產管理局備案，在整頓期間不得開展評估業務。整頓期滿後，由國家國有資產管理部門對其進行審查，並提出審查意見。審查合格的，作為年檢合格處理，對於經過限期整頓仍不合格或者有嚴重錯誤的評估機構，要吊銷其資產評估資格，收回資產評估資格證書。

12.3　資產評估行業規範體系

12.3.1　《中華人民共和國資產評估法》

2016 年 7 月 2 日，中華人民共和國第十二屆全國人民代表大會常務委員會第二十一次會議通過《中華人民共和國資產評估法》，使資產評估行業進入有法可依新時代，《中華人民共和國資產評估法》規定，評估機構及其評估專業人員開展業務應當遵守評估準則；國務院有關行政管理部門組織制定評估基本準則，行業協會依據評估基本準則制定評估執業準則和職業道德準則；評估機構和評估專業人員違反評估準則需要承擔相應的法律責任。同時《中華人民共和國資產評估法》也對評估方法、評估程序等具體內容進行規定。可見，資產評估準則務必與《中華人民共和國資產評估法》做好銜接工作。

12.3.2　資產評估準則體系

2016 年 8 月 16 日，中評協召開《資產評估基本準則》修訂研討會，會議強調準則在銜接法律法規的前提下，應維護社會公共利益，注重理論研究，進一步與國際評估準則相協調，加快準則修訂進程。

2017 年 8 月 23 日，財政部制定發布了《資產評估基本準則》，自 2017 年 10 月 1 日施行。為了更好地規範和指導資產評估執業行為，財政部和中國資產評估協會建立了一系列評估準則體系，對行業市場範圍、執業行為、職業道德及執業流程等方面進行了規範，以提升行業專業服務能力和公信力。

為推動資產評估行業規範健康發展，財政部聯合中國資產評估協會於 2017 年開始對《資產評估基本準則》進行了全面修訂。在新《資產評估基本準則》的指導下，評估協會制定了 25 項執業準則和職業道德準則，對評估人員和評估機構執業過程中的行為和職業道德進行了規範。這不僅有利於保證評估人員的獨立客觀性，也保護了相關當事人的權益。

此次修訂是資產評估行業加強《中華人民共和國資產評估法》配套制度建設的又一重要舉措。此次修訂的主要內容包括 7 個方面：一是調整準則規範主體，將準則規範的主體修訂為「資產評估機構」和「資產評估專業人員」，全面涵蓋了對機構和人員的要求。二是明確準則的適用範圍，接受財政部監管，以「資產評估報告」名義出具書面專業報告，應遵守資產評估準則。三是從增加核查和驗證程序、明確資產評估檔案的規定期限等方面完善資產評估程序。四是明確評估方法的選擇範圍包括衍生方法。五是以規範資產評估報告編制，引導正確使用資產評估報告和正確理解評估結論，避免內容誤導為出發點調整資產評估報告出具要求。六是根據《資產評估法》和實踐發展要求，整合和強化資產評估職業道德要求，形成了 1 項職業道德準則。七是加強了準則間的協調。

自此，修訂後的資產評估準則體系包括 1 項基本準則、1 項職業道德準則和 25 項執業準則，執業準則包括具體準則、評估指南、指導意見等。

《資產評估基本準則》

第一章　總則

第一條　為規範資產評估行為，保證執業質量，明確執業責任，保護資產評估當事人合法權益和公共利益，根據《中華人民共和國資產評估法》《資產評估行業財政監督管理辦法》等制定本準則。

第二條　資產評估機構及其資產評估專業人員開展資產評估業務應當遵守本準則。法律、行政法規和國務院規定由其他評估行政管理部門管理，應當執行其他準則的，從其規定。

第三條　本準則所稱資產評估機構及其資產評估專業人員是指根據資產評估法和國務院規定，按照職責分工由財政部門監管的資產評估機構及其資產評估專業人員。

第二章　基本遵循

第四條　資產評估機構及其資產評估專業人員開展資產評估業務應當遵守法律、行政法規的規定，堅持獨立、客觀、公正的原則。

第五條　資產評估機構及其資產評估專業人員應當誠實守信，勤勉盡責，謹慎從業，遵守職業道德規範，自覺維護職業形象，不得從事損害職業形象的活動。

第六條　資產評估機構及其資產評估專業人員開展資產評估業務，應當獨立進行分析和估算並形成專業意見，拒絕委託人或者其他相關當事人的干預，不得直接以預先設定的價值作為評估結論。

第七條　資產評估專業人員應當具備相應的資產評估專業知識和實踐經驗，能夠勝任所執行的資產評估業務，保持和提高專業能力。

第三章　資產評估程序

第八條　資產評估機構及其資產評估專業人員開展資產評估業務，履行下列基本程序：明確業務基本事項、訂立業務委託合同、編製資產評估計劃、進行評估現場調查、收集整理評估資料、評定估算形成結論、編製出具評估報告、整理歸集評估檔案。
資產評估機構及其資產評估專業人員不得隨意減少資產評估基本程序。

第九條　資產評估機構受理資產評估業務前，應當明確下列資產評估業務基本事項：

（一）委託人、產權持有人和委託人以外的其他資產評估報告使用人；
（二）評估目的；
（三）評估對象和評估範圍；
（四）價值類型；

（五）評估基準日；

（六）資產評估報告使用範圍；

（七）資產評估報告提交期限及方式；

（八）評估服務費及支付方式；

（九）委託人、其他相關當事人與資產評估機構及其資產評估專業人員工作配合和協助等需要明確的重要事項。

資產評估機構應當對專業能力、獨立性和業務風險進行綜合分析和評價。受理資產評估業務應當滿足專業能力、獨立性和業務風險控制要求，否則不得受理。

第十條　資產評估機構執行某項特定業務缺乏特定的專業知識和經驗時，應當採取彌補措施，包括利用專家工作等。

第十一條　資產評估機構受理資產評估業務應當與委託人依法訂立資產評估委託合同，約定資產評估機構和委託人權利、義務、違約責任和爭議解決等內容。

第十二條　資產評估專業人員應當根據資產評估業務具體情況編製資產評估計劃，包括資產評估業務實施的主要過程及時間進度、人員安排等。

第十三條　執行資產評估業務，應當對評估對象進行現場調查，獲取資產評估業務需要的資料，瞭解評估對象現狀，關注評估對象法律權屬。

第十四條　資產評估專業人員應當根據資產評估業務具體情況收集資產評估業務需要的資料。包括：委託人或者其他相關當事人提供的涉及評估對象和評估範圍等資料；從政府部門、各類專業機構以及市場等渠道獲取的其他資料。

委託人和其他相關當事人依法提供並保證資料的真實性、完整性、合法性。

第十五條　資產評估專業人員應當依法對資產評估活動中使用的資料進行核查和驗證。

第十六條　確定資產價值的評估方法包括市場法、收益法和成本法三種基本方法及其衍生方法。

資產評估專業人員應當根據評估目的、評估對象、價值類型、資料收集等情況，分析上述三種基本方法的適用性，依法選擇評估方法。

第十七條　資產評估專業人員應當在評定、估算形成評估結論後，編製初步資產評估報告。

第十八條　資產評估機構應當對初步資產評估報告進行內部審核後出具資產評估報告。

第十九條　資產評估機構應當對工作底稿、資產評估報告及其他相關資料進行整理，形成資產評估檔案。

第四章　資產評估報告

第二十條　資產評估機構及其資產評估專業人員出具的資產評估報告應當符合法律、行政法規等相關規定。

第二十一條　資產評估報告的內容包括：標題及文號、目錄、聲明、摘要、正文、附件。

第二十二條　資產評估報告正文應當包括下列內容：
（一）委託人及其他資產評估報告使用人；
（二）評估目的；
（三）評估對象和評估範圍；
（四）價值類型；
（五）評估基準日；
（六）評估依據；
（七）評估方法；
（八）評估程序實施過程和情況；
（九）評估假設；
（十）評估結論；
（十一）特別事項說明；
（十二）資產評估報告使用限制說明；
（十三）資產評估報告日；
（十四）資產評估專業人員簽名和資產評估機構印章。
第二十三條　資產評估報告載明的評估目的應當唯一。
第二十四條　資產評估報告應當說明選擇價值類型的理由，並明確其定義。
第二十五條　資產評估報告載明的評估基準日應當與資產評估委託合同約定的評估基準日一致，可以是過去、現在或者未來的時點。
第二十六條　資產評估報告應當以文字和數字形式表述評估結論，並明確評估結論的使用有效期。
第二十七條　資產評估報告的特別事項說明包括：
（一）權屬等主要資料不完整或者存在瑕疵的情形；
（二）未決事項、法律糾紛等不確定因素；
（三）重要的利用專家工作情況；
（四）重大期後事項。
第二十八條　資產評估報告使用限制說明應當載明：
（一）使用範圍；
（二）委託人或者其他資產評估報告使用人未按照法律、行政法規規定和資產評估報告載明的使用範圍使用資產評估報告的，資產評估機構及其資產評估專業人員不承擔責任；
（三）除委託人、資產評估委託合同中約定的其他資產評估報告使用人和法律、行政法規規定的資產評估報告使用人之外，其他任何機構和個人不能成為資產評估報告的使用人；
（四）資產評估報告使用人應當正確理解評估結論。評估結論不等於評估對象可實現價格，評估結論不應當被認為是對評估對象可實現價格的保證。
第二十九條　資產評估報告應當履行內部審核程序，由至少兩名承辦該項資產評估業務的資產評估專業人員簽名並加蓋資產評估機構印章。

法定評估業務資產評估報告應當履行內部審核程序，由至少兩名承辦該項資產評估業務的資產評估師簽名並加蓋資產評估機構印章。

第五章　資產評估檔案

第三十條　資產評估檔案包括工作底稿、資產評估報告以及其他相關資料。

資產評估檔案應當由資產評估機構妥善管理。

第三十一條　工作底稿應當真實完整、重點突出、記錄清晰，能夠反應資產評估程序實施情況、支持評估結論。工作底稿分為管理類工作底稿和操作類工作底稿。

管理類工作底稿是指在執行資產評估業務過程中，為受理、計劃、控制和管理資產評估業務所形成的工作記錄及相關資料。

操作類工作底稿是指在履行現場調查、收集資產評估資料和評定估算程序時所形成的工作記錄及相關資料。

第三十二條　資產評估檔案保存期限不少於十五年。屬於法定資產評估業務的，不少於三十年。

第三十三條　資產評估檔案的管理應當嚴格執行保密制度。除下列情形外，資產評估檔案不得對外提供：

（一）財政部門依法調閱的；

（二）資產評估協會依法依規調閱的；

（三）其他依法依規查閱的。

第六章　附則

第三十四條　中國資產評估協會根據本準則制定資產評估執業準則和職業道德準則。資產評估執業準則包括各項具體準則、指南和指導意見。

第三十五條　本準則自 2017 年 10 月 1 日起施行。2004 年 2 月 25 日財政部發布的《關於印發〈資產評估準則——基本準則〉和〈資產評估職業道德準則——基本準則〉的通知》（財企〔2004〕20 號）同時廢止。

總體來說，修改後的資產評估準則體系發生了較大變化。其中基本準則的修訂為理論研究和實務操作提供了更大的空間，如刪除了一些不適合的條例、對一些條例的表述更為嚴謹，整合歸納了相關的一些條例以及補充完善了一些有利於實務操作的準則。修改後的基本準則更體現了原則性和指導性。

12.3.3　資產評估職業道德規範

資產評估師職業道德規範是指資產評估師在資產評估執業過程中應當具有的職業品格和應當遵守的職業標準要求。

12.3.3.1　資產評估師的職業品格

資產評估師的職業品格的基本內容主要反應在資產評估師的職業理想、職業態度和職業榮譽等方面。

（1）職業理想是資產評估師對資產評估工作的一種總體認識，即資產評估師是把資產評估工作作為一種事業看待，還是僅僅作為一種謀生的手段來看待。只有將資產評估作為一種事業來做，才能在資產評估工作中不斷地追求，不斷地提高，並自覺地遵守資產評估執業紀律和職業規範。

（2）職業態度就是資產評估師的工作態度。資產評估師的執業態度是否端正將直接影響資產評估工作的效果和質量。樹立為客戶、為社會服務的思想，樹立提供高質量的專業服務的工作態度，是資產評估師應有的職業態度。

（3）職業榮譽是指資產評估師在執業過程中形成的職業形象，包括資產評估師個人的社會認同度以及資產評估機構的社會公信度。資產評估師在日常執業過程中不斷地培養和塑造職業形象，保持職業榮譽，以取信於民，取信於社會。

12.3.3.2 資產評估師的職業標準和要求

資產評估師的職業標準和要求主要包括資產評估師遵紀守法的要求，堅持獨立、客觀、公正和專業性執業原則的要求，堅持勝任能力的要求以及承擔責任的要求。

（1）資產評估師遵守職業紀律是指資產評估師應當遵守國家的有關法律法規和資產評估執業準則，保證資產評估在合法和合規的前提下進行。

（2）資產評估師在執業過程中應堅持獨立、客觀、公正和專業性的執業原則，應主要體現在資產評估機構和資產評估人員兩個方面。

①獨立性原則。其一，是評估機構本身應該是一個獨立的、不依附於他人的社會公正性仲介組織（法人），在利益及利害關係上與資產業務各當事人沒有任何聯繫。其二，是評估機構在執業過程中應始終堅持獨立的第三者地位，評估工作不受委託人及外界的意圖及壓力的影響，進行獨立公正的評估。

②客觀公正性原則。客觀公正性原則是指資產評估人員在執業過程中應以客觀的數據資料為依據，而不可以以自己的好惡或其他個人的情感進行評估。資產評估結果是評估人員認真調查研究，通過合乎邏輯的分析、推理得出的，具有客觀公正性的評估結論。

③專業性原則。資產評估是一項技術性很強的工作，要保證資產評估工作客觀公正以及為客戶提供良好的諮詢服務，資產評估從業人員必須是與資產評估相關的各個方面的專業人士或專家。

資產評估機構必須擁有一批專業人士或專家，這些專業人士應該有良好的教育背景、豐富的實踐工作經驗和良好的職業道德修養，以保證資產評估結論是一種客觀公正的、具有專業水準的專家判斷或專家意見。

（3）專業勝任能力要求是指資產評估機構與資產評估師在承攬資產評估項目時，要衡量自身的專業勝任能力，以判斷評估機構和評估師是否有能力完成該評估項目。任何超過自身能力而承攬評估項目的行為都是違反資產評估職業道德的。

（4）資產評估師的職業責任是指資產評估師必須對自己的執業行為和評估結果承擔經濟責任和法律責任。資產評估師在行使對資產進行鑑證和估值的權利的過程中，也必須承擔為客戶保守秘密以及公證執業的責任。任何違背資產評估職業道德的行為

都將承擔相應的民事責任和刑事責任。

12.3.3.3 《資產評估職業道德準則》

為貫徹落實《資產評估法》，規範資產評估執業行為，保證資產評估執業質量，保護資產評估當事人合法權益和公共利益，在財政部指導下，中國資產評估協會根據《資產評估基本準則》，制定了《資產評估職業道德準則》，現予印發，自 2017 年 10 月 1 日起施行。

第一章　總則

第一條　為規範資產評估機構及其資產評估專業人員職業道德行為，提高職業素質，維護職業形象，根據《資產評估基本準則》制定本準則。

第二條　本準則所稱職業道德是指資產評估機構及其資產評估專業人員開展資產評估業務應當具備的道德品質和體現的道德行為。

第三條　資產評估機構及其資產評估專業人員開展資產評估業務，應當遵守本準則。

第二章　基本遵循

第四條　資產評估機構及其資產評估專業人員應當誠實守信，勤勉盡責，謹慎從業，堅持獨立、客觀、公正的原則，不得出具或者簽署虛假資產評估報告或者有重大遺漏的資產評估報告。

第五條　資產評估機構及其資產評估專業人員開展資產評估業務，應當遵守法律、行政法規和資產評估準則，履行資產評估委託合同規定的義務。資產評估機構應當對本機構的資產評估專業人員遵守法律、行政法規和資產評估準則的情況進行監督。

第六條　資產評估機構及其資產評估專業人員應當自覺維護職業形象，不得從事損害職業形象的活動。

第三章　專業能力

第七條　資產評估專業人員應當具備相應的評估專業知識和實踐經驗，能夠勝任所執行的資產評估業務。

第八條　資產評估專業人員應當完成規定的繼續教育，保持和提高專業能力。

第九條　資產評估機構及其資產評估專業人員應當如實聲明其具有的專業能力和執業經驗，不得對其專業能力和執業經驗進行誇張、虛假和誤導性宣傳。

第十條　資產評估機構執行某項特定業務缺乏特定的專業知識和經驗時，應當採取彌補措施，包括利用專家工作及相關報告等。

第四章　獨立性

第十一條　資產評估機構及其資產評估專業人員開展資產評估業務，應當採取恰當措施保持獨立性。資產評估機構不得受理與自身有利害關係的資產評估業務。資產評

估專業人員與委託人、其他相關當事人和評估對象有利害關係的，應當迴避。

第十二條　資產評估機構及其資產評估專業人員開展資產評估業務，應當識別可能影響獨立性的情形，合理判斷其對獨立性的影響。可能影響獨立性的情形通常包括資產評估機構及其資產評估專業人員或者其親屬與委託人或者其他相關當事人之間存在經濟利益關聯、人員關聯或者業務關聯。

（一）親屬是指配偶、父母、子女及其配偶。

（二）經濟利益關聯是指資產評估機構及其資產評估專業人員或者其親屬擁有委託人或者其他相關當事人的股權、債權、有價證券、債務，或者存在擔保等可能影響獨立性的經濟利益關係。

（三）人員關聯是指資產評估專業人員或者其親屬在委託人或者其他相關當事人擔任董事、監事、高級管理人員或者其他可能對評估結論施加重大影響的特定職務。

（四）業務關聯是指資產評估機構從事的不同業務之間可能存在利益輸送或者利益衝突關係。

第十三條　資產評估機構不得分別接受利益衝突雙方的委託，對同一評估對象進行評估。

第五章　與委託人和其他相關當事人的關係

第十四條　資產評估機構及其資產評估專業人員不得以惡性壓價、支付回扣、虛假宣傳，或者採用欺騙、利誘、脅迫等不正當手段招攬業務。資產評估專業人員不得私自接受委託從事資產評估業務並收取費用。

第十五條　資產評估機構及其資產評估專業人員不得利用開展業務之便，為自己或者他人謀取不正當利益，不得向委託人或者其他相關當事人索要、收受或者變相索要、收受資產評估委託合同約定以外的酬金、財物等。

第十六條　資產評估機構及其資產評估專業人員執行資產評估業務，應當保持公正的態度，以客觀事實為依據，實事求是地進行分析和判斷，拒絕委託人或者其他相關當事人的非法干預，不得直接以預先設定的價值作為評估結論。

第十七條　資產評估機構及其資產評估專業人員執行資產評估業務，應當與委託人進行必要溝通，提醒資產評估報告使用人正確理解評估結論。

第十八條　資產評估機構及其資產評估專業人員應當遵守保密原則，對評估活動中知悉的國家秘密、商業秘密和個人隱私予以保密，不得在保密期限內向委託人以外的第三方提供保密信息，除非得到委託人的同意或者屬於法律、行政法規允許的範圍。

第六章　與其他資產評估機構及資產評估專業人員的關係

第十九條　資產評估機構不得允許其他資產評估機構以本機構名義開展資產評估業務，或者冒用其他資產評估機構名義開展資產評估業務。資產評估專業人員不得簽署本人未承辦業務的資產評估報告，也不得允許他人以本人名義從事資產評估業務，或者冒用他人名義從事資產評估業務。

第二十條　資產評估機構及其資產評估專業人員在開展資產評估業務過程中，應

當與其他資產評估專業人員保持良好的工作關係。

第二十一條 資產評估機構及其資產評估專業人員不得貶損或者詆毀其他資產評估機構及資產評估專業人員。

第七章 附則

第二十二條 資產評估機構及其資產評估專業人員在執行資產評估業務過程中，應當指導專家和相關業務助理人員遵守本準則相關條款。

第二十三條 本準則自 2017 年 10 月 1 日起施行。中國資產評估協會於 2012 年 12 月 28 日發布的《關於印發〈資產評估職業道德準則——獨立性〉的通知》（中評協〔2012〕248 號）同時廢止。

12.4 中國資產評估的政府管理與行業自律管理

12.4.1 資產評估的政府管理

中國資產評估管理工作實行「統一政策、分級管理」的原則，在 2005 年財政部第 22 號令《資產評估機構審批管理辦法》頒布之前，國有資產評估工作按照國有資產管理權限，由國有資產管理行政主管部門負責管理和監督。

根據 2005 年財政部第 22 號令《資產評估機構審批管理辦法》的規定，財政部為全國資產評估主管部門，依法負責審批管理、監督全國資產評估機構，統一制定資產評估機構管理制度。各省、自治區、直轄市財政廳（局）（簡稱省級財政部門）負責對本地區資產評估機構進行審批管理和監督。

資產評估協會負責對資產評估行業進行自律性管理，協助資產評估主管部門對資產評估機構進行管理與監督檢查。

中國政府監管資產評估行業的主要內容包括：對資產評估機構的管理、對資產評估業務的管理、對資產評估收費的管理以及對資產評估的法制管理等。

對資產評估機構的管理，主要是嚴格審查資產評估機構的資格並頒發資產評估資格證書。對暫不具備條件的資產評估機構，緩發資格證書，並幫助它們積極創造條件。

對資產評估業務的管理，主要是做好對資產評估立項工作的管理、對資產評估工作的監督管理、對資產評估確認工作的管理等。

對資產評估收費的管理，主要是監督和審查各資產評估機構是否嚴格按照《資產評估收費管理暫行辦法》執行收費，對違反規定、進行削價競爭或超標準收費的，應進行嚴肅處理。

對資產評估的法制管理，主要是通過頒布一系列的法規和規章制度：明確資產評估的評估範圍，明確資產評估組織管理體系及其責權關係，明確資產評估資格的法定條件，明確資產評估機構的權利和義務，明確資產評估的管理機構、委託人與資產評估機構之間的法律關係，明確資產評估估價的標準和原則方法，明確對資產評估結果

的使用和帳務處理方法以及明確處理評估機構與委託人及其他當事人之間的相互關係等。

12.4.2 資產評估的行業自律管理

2001年12月31日,國務院辦公廳轉發了財政部《關於改革國有資產評估行政管理方式加強資產評估監督管理工作意見的通知》(國辦發〔2001〕102號),對國有資產評估管理方式進行重大改革,取消財政部門對國有資產評估項目的立項確認審批制度,實行財政部門的核准制或財政部門、集團公司及有關部門的備案制。之後財政部相繼制定了《國有資產評估管理若干問題的規定》《國有資產評估違法行為處罰辦法》等配套改革文件。

通過這些改革措施,評估項目的立項確認制度改為備案、核准制度,加大了資產評估機構和註冊資產評估師在資產評估行為中的責任。與此相適應,財政部將資產評估機構管理、資產評估準則制定等原先劃歸政府部門的行業管理職能移交給行業協會。這次重大改革不僅是國有資產評估管理的重大變化,同時也標誌著中國資產評估行業的發展進入到一個強化行業自律管理的新階段。

2004年2月,財政部決定中國資產評估協會繼續單獨設立,並以財政部名義發布了《資產評估準則——基本準則》《資產評估職業道德準則——基本準則》。根據101號文件的要求,財政部組織在全國範圍內對資產評估行業進行全面檢查,進一步推動了中國資產評估行業的健康發展。

2005年8月25日,國務院原國有資產監督管理委員會發布了《企業國有資產評估管理暫行辦法》,對企業國有資產評估行為進行了進一步的規範。

中國的資產評估由政府管理逐漸轉向在政府指導下的行業自律管理,是形勢所迫。這既是社會主義市場經濟發展的需要,也是與國際慣例接軌的需要。要充分發揮協會的行業管理作用,必須有一個健全的協會組織體系。

1993年12月10日,中國成立了中國資產評估協會,它是一個自我教育、自我約束、自我管理的全國性資產評估行業組織。評估協會作為獨立的社團組織,具有跨地區、跨部門、跨行業、跨所有制的特點,使資產評估管理工作覆蓋整個行業和全社會。它既可把培訓評估人員、研究評估理論方法、制定評估技術標準和執業標準、進行國內外業務交流合作等作為己任,又可接受政府授權和委託,辦理屬於政府職能的工作。

評估協會的建立,標誌著中國資產評估行業建設進入了一個新的歷史發展階段。

12.4.2.1 協會的宗旨

建立資產評估協會的宗旨是為了適應社會主義市場經濟發展的需要,加強資產評估工作的行業管理和監督,引導資產評估機構及其執業人員強化自律管理,獨立、客觀、公正地開展資產評估業務,維護產權所有者各方面的合法權益,研究資產評估的理論,交流資產評估的經驗,溝通業務信息,提高資產評估機構和評估執業人員的素質和評估水準,指導評估機構和評估執業人員正確執行國家法律、法規,遵守職業道德,維護評估機構和評估人員的合法權益,促進評估工作健康發展。

12.4.2.2 協會的基本職責

（1）負責協會會員及組織聯絡工作。

（2）開展資產評估理論、方法、政策的研究，制定資產評估準則和標準。

（3）辦理協會日常文秘工作，管理協會財務收支，定期向理事會提供財務及工作報告。

（4）受理資產評估糾紛的調解和仲裁。

（5）反應會員的意見和要求，維護會員的合法權益。

（6）出版協會刊物，組織編寫、出版有關評估書籍、資料，開展評估宣傳工作。

（7）開展國際交流。

（8）收集評估信息和數據，逐步建立以電子信息技術為基礎的信息網路，為資產評估提供信息服務。

（9）對資產評估人員進行業務培訓，提高執業技能。

（10）其他應由協會辦理的事項。

課後習題

一、單選題

1. 一般認為，資產評估業管理較為理想的模式是（　　）
   A. 政府監管下行業自律管理　　　B. 政府管理
   C. 財政部門管理　　　D. 行業自律管理

2. 中國第一部對全國的資產評估行業進行政府管理的最高法規是1991年11月國務院發布的（　　）。
   A. 《專業評估執業統一準則》　　　B. 《資產評估操作規範意見》
   C. 《國有資產評估管理辦法》　　　D. 《資產評估機構審批管理方法》

3. 中國最早對資產評估報告制度進行規範的文件是（　　）。
   A. 《國有資產評估管理辦法》
   B. 《關於資產評估報告書的規範意見》
   C. 《資產評估報告基本內容與格式的暫行規定》
   D. 《資產評估操作規範意見（試行）》

二、多選題

1. 中國資產評估機構設立時，採取的組織形式可以是（　　）。
   A. 有限責任公司制　　　B. 無限責任公司制
   C. 獨資制　　　D. 合夥制
   E. 職業公司制

2. 資產評估業的管理模式主要有以下幾種（　　）。

A. 行業自律管理 　　　　　　　B. 財政部門管理
   C. 政府管理 　　　　　　　　　D. 地方政府管理
   E. 政府監管下行業自律管理

三、簡答題

1. 試述制定中國的資產評估準則的必要性。
2. 簡述中國資產評估準則的框架體系。

國家圖書館出版品預行編目（CIP）資料

資產評估 - 以中國為例 / 楊芳, 劉鑫春, 陳平生 編著. -- 第一版.
-- 臺北市：財經錢線文化, 2020.05
　　面；　　公分
POD版

ISBN 978-957-680-422-9(平裝)

1.資產管理 2.中國

495.44　　　　　　　　　　　　　　　109005683

書　　名：資產評估-以中國為例
作　　者：楊芳,劉鑫春,陳平生 編著
發 行 人：黃振庭
出 版 者：財經錢線文化事業有限公司
發 行 者：財經錢線文化事業有限公司
E - m a i l：sonbookservice@gmail.com
粉 絲 頁：　　　　　網　址：
地　　址：台北市中正區重慶南路一段六十一號八樓 815 室
8F.-815, No.61, Sec. 1, Chongqing S. Rd., Zhongzheng
Dist., Taipei City 100, Taiwan (R.O.C.)
電　　話：(02)2370-3310　傳　真：(02) 2388-1990
總 經 銷：紅螞蟻圖書有限公司
地　　址：台北市內湖區舊宗路二段 121 巷 19 號
電　　話:02-2795-3656 傳真:02-2795-4100　網址：
印　　刷：京峯彩色印刷有限公司（京峰數位）

本書版權為西南財經大學出版社所有授權崧博出版事業股份有限公司獨家發行電子書及繁體書繁體字版。若有其他相關權利及授權需求請與本公司聯繫。

定　　價：480 元
發行日期：2020 年 05 月第一版
◎ 本書以 POD 印製發行